Richtige Akkorde

Zugleich ein praktischer Weg zur Rationalisierung der Fertigung besonders im Maschinenbau

Von

Dr.-Ing. G. Peiseler

Mit 64 Textabbildungen

Berlin
Verlag von Julius Springer
1929

ISBN-13: 978-3-642-98333-7 e-ISBN-13: 978-3-642-99145-5
DOI: 10.1007/978-3-642-99145-5

Softcover reprint of the hardcover 1st edition 1929

Vorwort.

Über die meisten Fragen des Akkordproblems liegt eine reichhaltige und vielseitige Literatur vor sowohl von der technischen, als auch von der juristischen Seite. Wertvolle Gemeinschaftsarbeiten — es sei hier nur auf die bedeutsamen Arbeiten des Reichsausschusses für Arbeitszeitermittlung hingewiesen — haben einzelne Lösungen dieser großen Aufgabe sehr weit vorwärts getrieben, während andererseits noch manche Lücke offen ist.

In dieser Arbeit soll das Akkordgebiet so behandelt werden, wie es sich dem Betriebswirtschaftler darstellt, oder richtiger noch, wie es ihm zur Förderung der Wirtschaft unserer Betriebe gesund, gerecht und zweckdienlich geregelt erscheint. So gefaßt ist die Behandlung der Akkordfragen heute nicht nur Sache der Betriebsbeamten und Arbeiter oder des Zeitingenieurs und der Zeitenstelle, sondern wegen der einschneidenden Tarifbestimmungen ebenso Sache aller Arbeitgeber- und Arbeitnehmerorganisationen. Und wie eine solche Darstellung von den allgemeinen Akkordgrundlagen bis zur Ermittlung richtiger Akkorde unter Hinweis auf die Wechselwirkungen zwischen Akkord und Rationalisierung bei dem Ingenieur wieder ein besonderes Interesse für eine der bedeutendsten seiner Alltagsaufgaben wecken soll, so dürfte zugleich eine solche Darstellung all denen, die außerhalb des Betriebes mit den formellen Akkordfragen (Tarif- und Rechtsfragen) zu tun haben, die Richtung einer wirtschaftsfördernden Behandlung dieser Fragen weisen.

In einem I. Teil sind die Überlegungen zusammengefaßt, die alle Betriebe der verschiedenen Art und Größe mehr oder weniger in der gleichen Weise betreffen. Dabei ist versucht, vom Standpunkt des unabhängigen Wirtschaftlers der Einstellung der Arbeitgeber und Arbeitnehmer gerecht zu werden. Keine Aufgabe führt beide immer wieder so eng und so gleichmäßig interessiert zusammen, als der Akkordvertrag, weshalb der Weg zu einer jede Volkswirtschaft steigernden Gemeinschaftsarbeit über eine Verständigung in allen Akkordfragen führen muß.

In einem II. Teil kann gezeigt werden, daß heute sehr wohl die Möglichkeit besteht, unter den im I. Teil gemachten Voraussetzungen auf praktisch einfachen Wegen zu richtigen Akkorden zu gelangen. Eine solche Feststellung ist nicht nur für den Einzelbetrieb, sondern zugleich für die gesamte Wirtschaft von Bedeutung. Und so ist zu fordern, daß all die außerhalb des einzelnen Unternehmens stehenden

Beteiligten, so die Verbände bezüglich der Tarife und die Behörden wegen gesetzlichen Bestimmungen, sich auf eine verständige Akkordregelung einstellen, die einer einfachen und gerechten Akkordermittlung und Akkordabrechnung nicht entgegenstehen.

Bei der Behandlung der Akkordfrage im Einzelunternehmen wurde auf die Vorbereitung der Arbeiten sowohl, als auch der Werkstatt selbst besonders großer Wert gelegt, desgleichen auf langfristige Zeitaufnahmen, um Paradeaufnahmen und Zufallswerte zu vermeiden, da solche das notwendige Vertrauen auf den gerechten Akkordaufbau nicht aufkommen lassen. All das läßt sich heute ermöglichen durch eine weitgehende Mechanisierung der Zeitaufnahmen.

Wenn auch die vorliegende Arbeit bezüglich all dieser Fragen das Ergebnis jahrelanger praktischer Arbeiten und Erfahrungen bringt, so ist doch durch eine vielseitige, sachliche und fachmännische Weiterentwicklung noch mancher Fortschritt zu erwarten und jeder Vorschlag in diesem Sinne aufs beste zu begrüßen.

Den Firmen, die durch Überlassung von Schaubildern die Wiedergabe vielseitiger Beispiele ermöglichten, sei auch an dieser Stelle ausdrücklich gedankt.

Leipzig, im September 1928.

Gottlieb Peiseler.

Inhaltsverzeichnis.

I. Grundlagen.

Druckfehlerberichtigung.

Seite 3, 14. Zeile von unten lies Reichsausschuß für Arbeitszeitermittlung, nicht Reichsausschuß für Arbeitsvermittlung.

I. Grundlagen.

1. Der Akkord im allgemeinen und seine Bedeutung für die Wirtschaft, insbesondere auch für die Rationalisierung der Fertigung.

Wenn man im Sinne einer zeitgemäßen Betriebswirtschaft an eine planmäßige Behandlung der Frage „Richtige Akkorde" herangeht, so ist vorab festzulegen, was unter „Akkord" zu verstehen ist und wann im gleichen Rahmen ein Akkord als richtig anzusprechen ist.

Die üblich gewordene Verdeutschung des Wortes „Akkord" mit „Stückzeit" ist jedenfalls irreführend und es mag mit an diesem neuen Wort liegen, daß in den letzten Jahren das ganze Akkordproblem vom Ingenieur zu eng aufgefaßt und behandelt wurde.

Akkord ist auch für uns gleichbedeutend mit Arbeitsvertrag, ohne damit auf die Rechtsfragen eines solchen Arbeitsvertrages einzugehen, wohl aber auf den Geist, aus dem heraus ein solcher Arbeitsvertrag in einem Wirtschaftsunternehmen entstehen, gehalten und beurteilt werden muß. Man kommt schnell an den Kernpunkt der Frage heran, wenn man an Stelle des Wortes Arbeitsvertrag das Wort „Geschäftsabschluß" setzt und aus dem kaufmännischen Alltag heraus solche Akkord-Geschäftsabschlüsse betrachtet.

Man sieht dann, daß es sich bei den Akkorden nicht um Geschäftsabschlüsse handelt, die zwischen zufällig zusammentreffenden Börsenspekulanten einmalig zum Abschluß gelangen, vielmehr folgt ein Abschluß dem anderen, alle auf der gleichen Grundlage, alle zwischen zwei Parteien, die man kaufmännisch „Geschäftsfreunde" nennen möchte. Solche kaufmännische Geschäftsfreunde pflegen im geschäftlichen Leben beiderseits den größten Wert darauf zu legen, daß sich die abgeschlossenen Geschäfte zur beiderseitigen Zufriedenheit abwickeln und so immer wieder zu neuen Abschlüssen anregen. Jeder wird seinen Stolz daran setzen, vor dem anderen und vor jedem als anständiger Kaufmann dazustehen. Beide werden sich unterstützen und je länger je besser zusammenarbeiten, und es dürfte nichts Seltenes sein, daß solche Geschäftsfreunde ein Menschenleben lang keinen Gesetzesparagraphen gebraucht haben, um ihre Geschäftsabschlüsse abzuwickeln.

Das ist der Geist, aus dem heraus das Akkordproblem

behandelt werden muß, das ist die Grundlage, auf der aufgebaut werden sollte.

Damit ist unsere Richtung gekennzeichnet, das Ziel ist klar, der Stand von heute aber ist verworren und strittig. Die Vertragschließenden sind nichts weniger als Geschäftsfreunde, und durch die Verbreiterung der Verhandlungsgrundlage und die Verallgemeinerung von Abschlüssen, die sich aus der heutigen Regelung der grundsätzlichen Fragen von Verband zu Verband ergeben, ist eine klare, eindeutige Lösung eher gehemmt als gefördert. Es wird deshalb nötig sein, hier und da auf Einzelheiten etwas näher einzugehen, als es sonst nötig sein würde. Vor allem wird Wert darauf zu legen sein, losgelöst von einer einseitigen Einstellung der beiden Parteien alle Fragen vom Standpunkt des unabhängigen Wirtschaftlers zu behandeln und die verschiedenen Einstellungen aller zu bewerten und zu würdigen.

Nachdem im obigen Sinne der Akkord als Arbeitsvertrag gekennzeichnet wurde, kann als richtig der Akkord angesprochen werden, der sich als Arbeitsvertrag reibungslos und wirtschaftlich hochwertig abwickelt.

Es genügt, auf nur wenige Punkte hinzuweisen, um zu erkennen, daß so aufgefaßte und durchgeführte richtige Akkorde für unsere Wirtschaft von der größten Bedeutung sind.

Der richtige Arbeitsvertrag ist die erste Bedingung für Wirtschaftsfrieden und Arbeitswilligkeit, und beide sind die notwendigen Grundlagen für eine wirtschaftlich fortschreitende Produktion. Die Regelung der Akkordfrage führt also unmittelbar in die wichtigsten Fragen unserer Wirtschaft. Man erkennt das noch klarer, wenn man den besonderen Fall des Einzelunternehmens daraufhin betrachtet. Richtige Akkorde — das sind nach der obigen Klarstellung solche, bei denen Arbeitsaufgaben, Arbeitsmittel und Geldwerte so geregelt sind, daß die Vertragsabwicklung reibungslos und aufs wirtschaftlichste erfolgt — geben das Arbeitstempo an, sie bedeuten Stocken oder Fluß in der Arbeit, sie sind der Maßstab für den Stand der Wirtschaft eines jeden Unternehmens.

Damit ist zugleich gesagt, daß ein Akkord richtig sein kann für den Betrieb wie er ist oder aber — und das sei bereits hier betont — für den Betrieb, wie er nach dem jeweiligen Stande der wirtschaftlichen Fertigung sein sollte.

Der Akkord ist also für das gegebene Arbeitsstück nicht feststehend, sondern mit der Änderung der Arbeitsvorgänge, der Arbeitsmittel und den Abnahmebedingungen in weiten Grenzen wandelbar. In Abänderung eines bekannten Sprichwortes kann man also treffend sagen:

> Sage mir, wie sich Deine Akkorde gestalten und ich sage Dir, auf welcher Wirtschaftsstufe Dein Unternehmen steht.

Wir befinden uns also mit unserem Akkordproblem mitten in dem Aufgabenkreis, der mit dem Schlagwort von heute: „Rationalisierung" gekennzeichnet ist, und es tritt klar zutage, daß die Akkordfrage nicht gleichbedeutend ist mit einem kleinlichen Handel um ein paar Pfennige oder Minuten hin und her. Die größte Bedeutung einer befriedigenden Lösung des Akkordproblems liegt vielmehr darin, daß uns diese Alltagsaufgabe praktisch in einfachster Weise an die immer geforderte, aber in der letzten Zeit erst systematisch betriebene Rationalisierung so heranbringt, daß praktische Erfolge von heute auf morgen zu erwarten sind. Wenn im II. Teil die Wege gezeigt werden, die planmäßig zu richtigen Akkorden führen können, wird auf diese außerordentlich wichtige Seite des Akkordproblems noch einzugehen sein.

Die Bedeutung richtiger Akkorde liegt ferner darin, daß es üblich und auch vorteilhaft ist, die Selbstkostenberechnung im wesentlichen auf den Akkorden aufzubauen, wobei man auch die Unkostenzuschläge (Platzkosten) in Abhängigkeit vom Akkordverdienst einsetzt.

Wohl dem Wirtschaftsunternehmen, das sich dabei auf die Richtigkeit seiner Akkorde verlassen kann.

Endlich sei darauf hingewiesen, daß richtige Akkorde erst ein wirtschaftliches Eingliedern einer planmäßigen Arbeitsverteilung ermöglichen.

Richtige Akkorde, die nach einheitlichen Richtlinien aufgebaut sind, gestatten Vergleiche von Betrieb zu Betrieb, und auch das ist von Bedeutung für die planmäßige Fortentwicklung. Denn einmal gibt ein solcher Vergleich Anregung und Ansporn und ferner liegt im möglichen Gedankenaustausch ein wichtiges Mittel zur Förderung der Betriebswirtschaft.

Die Erkenntnis von der Bedeutung richtiger Akkorde gerade in der zuletzt gekennzeichneten Richtung hat zu wichtigen und erfolgreichen Gemeinschaftsarbeiten geführt, von denen hier nur die wertvollen Veröffentlichungen des Reichsausschusses für Arbeitsvermittlung genannt seien.

Betrachten wir so im ganzen das Akkordproblem vom Standpunkt des außerhalb des Akkordvertrags stehenden Betriebswirtschaftlers, so schält sich vorab folgendes, nicht zu überschätzendes Ergebnis heraus. Die Mehrleistung des Akkordarbeiters liegt in den meisten Fällen nicht begründet in einer schnelleren Erledigung der einzelnen wertbildenden Arbeiten — das ist sogar vielfach wegen Festlegung der Maschinenleistung gar nicht möglich —, sondern vielmehr in dem verlustloseren Aneinanderreihen der Arbeitsstufen und Griffe. Der Akkordarbeiter ist also der bewußte Helfer auf dem Wege zu verlustloser Arbeit. Wieviel erfolgreicher kann und wird seine Arbeit sein, wenn man ihn in dieser Richtung unterstützt und ihm hilft. Denn das werden wir zeigen können, daß in vielen Fällen der größte Verlustanteil dem

Konto der allgemeinen Betriebsregelung zu belasten ist. Die grundlegende Rationalisierung der Fertigung steht und fällt also mit der Behandlung der Akkordfrage. Und ferner drängt sich uns die Überzeugung auf, daß aus all diesen Gründen in einer richtigen Lösung des Akkordproblems ein lange gesuchter Weg zur erfolgreichsten Gemeinschaftsarbeit im Betrieb gefunden werden kann. Wenn erst ein gangbarer Weg zu richtigen Akkorden rüstig beschritten wird, so kann und wird das jetzt mangelnde Vertrauen zwischen Arbeiter, Meister, Betriebsleitung und Geschäftsleitung sich schrittweise aufbauen lassen. Der Arbeiter wird sein Bestes geben, um auf seinem Werkplatz soviel als möglich zu verdienen. Er weiß, daß jede Mehrarbeit ihm Mehrverdienst bringt. Er wird wieder freudig von seiner Arbeit und von seinem Arbeitsplatz sprechen. Er wird in dieser gesundesten Form der Gewinnbeteiligung eine Befriedigung sehen. Er wird arbeitsfreudig an alle Arbeiten herangehen, und damit ist die Grundlage für Fortschritt und Erfolg, für Sorgfalt und Gelingen gegeben; dazu Ruhe im Betrieb und Fluß in der Arbeit, keine ständigen Nörgeleien und Redereien.

Wenn man alles so aufzählt, möchte mancher glauben, es sei alles zu schön, um je wahr werden zu können. Und doch sind wir von dem Gelingen überzeugt, wenn alle in der geplanten Richtung mit wollen. „Mitwollen" heißt aber nicht nur nicht dagegen sein, sondern mit allem Können dafür sein und dementsprechend handeln.

Und noch eins spricht vom Standpunkt des Wirtschaftlers für Akkord. Es ist in den letzten Jahren immer mehr hervorgetreten, daß es von großer Bedeutung ist, den Menschen in unserem Produktionsgetriebe als solchen zu werten und zu beschäftigen. In diesem Sinne unterstützt uns die Akkordarbeit, die den Arbeiter als Kleinunternehmer auf seinem Werkplatz auf eigene Verantwortung und gewissermaßen auf eigene Rechnung wirtschaften läßt.

Dies alles gilt bezüglich der Akkorde für alle Berufe und alle Betriebe in der gleichen Weise und in der gleichen umfassenden Bedeutung.

2. Wie stellen sich Arbeitgeber und Arbeitnehmer zur Akkordarbeit?

Es ist wichtig, auch auf diese Frage einzugehen und ihr gerecht zu werden, denn richtige Akkorde bedingen reibungslose Abwicklung des Arbeitsvertrags.

Arbeitgeber und Akkord. Die Frage ist für den Arbeitgeber leicht zu beantworten. Wenn ihm die Möglichkeit gegeben ist, ohne allzu große Schwierigkeiten richtige Akkorde zu bilden, so wird er sich stets für Akkordarbeit entscheiden, trotzdem das für eine bestimmte, im

Akkord ausgeführte Arbeit gezahlte Geld gleich oder oft höher sein wird als der für die gleiche Arbeit zu zahlende Lohn bei Stundenlohnarbeit. Denn der Stundenverdienst des Akkordarbeiters steht durchweg 20 v. H. höher als der Stundenverdienst eines gleichwertigen Stundenlohnarbeiters, während besonders bei tüchtigen, pflichttreuen Arbeitern die Leistung des Akkordarbeiters nicht so hoch über die des Lohnarbeiters hinausgeht. Und trotzdem lautet die Entscheidung für Akkordarbeit. Der Vorteil liegt in dem besseren Fluß der Arbeit, der durch das persönliche Interesse des Arbeiters am flotten Gelingen seiner Arbeit stets von neuem im Gang gehalten wird.

Das erste Interesse stützt sich also, wenn wir es zeitgemäß fassen, auf die wirkungsvolle Unterstützung bei der Rationalisierung der Fertigung. Und je eingehender wir uns mit der Frage richtiger Akkorde befassen, um so mehr erkennen wir, daß die Einführung der Akkordarbeit überhaupt eine der wichtigsten und wirkungsvollsten Rationalisierungsmaßnahmen war und heute immer noch ist.

Das höhere Akkordgeld wird also durch bessere Ausnutzung der Betriebsanlagen wieder günstig ausgeglichen.

Die Tatsache, daß dem Akkordarbeiter nur die als gut abgenommene Arbeit bezahlt wird, leistet bei richtiger Abnahme dem Arbeitgeber die Gewähr, daß die dem Akkordgeld entsprechende Arbeit auch wirklich geleistet wurde. Das spricht nachdrücklich für Akkordarbeit, weil dieses Sicherheitsgefühl für die Kalkulation von entscheidender Bedeutung ist.

Bei der Wirtschaftsüberlegung darf man allerdings nicht vergessen, daß eine solche Abnahme, die bei Akkordarbeit Bedingung ist, wegen der planmäßigen und gründlichen Durchführung auch mehr kostet, als dies bei Lohnarbeit nötig ist. Dafür kommt man mit weniger Kosten für die Arbeitsaufsicht aus.

Der wirtschaftlichen Vorteile der Akkordarbeit wegen wird sich also der Arbeitgeber stets für Akkordarbeit einsetzen. Um aus Erfahrung zu sprechen, muß man hierbei allerdings ganz ausdrücklich betonen „bei richtigen Akkorden". Denn wenn mancher Arbeitgeber wüßte, wie es mit seinen Akkorden aussieht, und wie infolgedessen seine Wirtschaft gestört und gehemmt wird, so würde er sich's reiflich überlegen, ob er auch nur eine Stunde länger im Akkord arbeiten ließe, wenn er nicht den Weg zu richtigen Akkorden gangbar vor sich sieht.

Arbeitnehmer und Akkord. Und wie ist die Einstellung der Arbeiter zum Akkord? Bei der Beantwortung dieser Frage muß man unterscheiden zwischen dem Einzelarbeiter und seinen Gewerkschaften. Die Vorkriegseinstellung der Gewerkschaften war gekennzeichnet durch das Kampfwort: Akkordarbeit — Mordarbeit. Deshalb war naturgemäß eine der Forderungen der Novemberrevolution 1918 die Abschaffung des Akkordes. Und diese Abschaffung des Akkordes wurde damals auch tatsächlich in vielen Betrieben durchgesetzt. Wenn nun heute wohl in allen dazu geeigneten Betrieben wieder im Akkord gearbeitet wird, so ist das nicht nur auf den Druck der Arbeitgeber zurückzuführen. Vielmehr traten die strebsamen Arbeiter selbst mit der Forderung nach Akkord an die Werksleitung heran, um sich bessere Verdienstmöglichkeit bei Akkordarbeit zu sichern. Und so ergab sich bei den Tarifabschlüssen immer weniger Widerstand der Gewerkschaften gegen das Akkordprinzip. Aber man hatte zum Akkord doch nicht das richtige Vertrauen, und so zwängte man in die Tarife allerhand Klauseln hinein, die den Arbeiter gegen falsche Akkorde möglichst sichern sollen. Und so bestätigen wohl heute auch die Gewerkschaften: „Gegen richtige Akkorde haben wir nichts, aber ..." Also auch hier stößt man auf den Begriff „richtige Akkorde", und es ist wichtig, festzulegen, was der Arbeiter unter richtigen Akkorden versteht.

Erfahrungsgemäß legt die Arbeiterschaft keinen Wert darauf, in einem Bummelbetrieb mit zu bummeln. Man möchte eher feststellen, daß es dem Arbeiter selbst Freude macht, wenn er in einem Betriebe schafft, in dem bei einem flotten Arbeitstempo alle sich Hand in Hand arbeiten. Wenn er nicht Aufseher, sondern hilfsbereite und fähige Lehrmeister über sich sieht, die seine Arbeit möglichst fördern, so stellt auch er sich ganz von selbst in den Gang der Rationalisierung. Er selbst überlegt mit, wie Verluste zu vermeiden sind, er bessert sein Gerät und schont sein Werkzeug, alles in allem: er hilft mit an der Fortentwicklung der ihm zugeteilten kleinen Wirtschaft, seines Werkplatzes, und freut sich seiner erfolgreichen Arbeit, wenn ihm ein angemessener Ertrag dafür zufließt.

Wenn man ihm also gut voranhilft und ihm bei flotter Arbeit einen angemessenen Verdienst zukommen läßt, dann ist der einzelne Arbeiter (und hinter ihm auch wohl die Gewerkschaft) für Akkord.

Zur Klärung der beiderseitigen Rechte und Pflichten wird es gut sein, das Eigentümliche eines Akkordvertrages und seiner Abwicklung noch mit wenigen Worten festzulegen.

Der Arbeitgeber stellt dem Arbeitnehmer Werkstoff und Betriebsanlagen zur Verfügung. Eine klare Arbeitsvorschrift oder Anleitung sowie eine eindeutige Abnahmevorschrift regeln den Arbeitsverlauf. Für die gut abgelieferte Arbeit zahlt der Arbeitgeber dem Arbeitnehmer einen vorher festgelegten Geldbetrag, und zwar bei langfristigen Arbeiten nicht erst nach deren Fertigstellung, sondern allwöchentlich in Form von Abschlagszahlungen. Arbeit, die den Abnahmevorschriften nicht entspricht, wird nicht bezahlt. Bei fahrlässiger Wertminderung an

Betriebsanlagen und Werkstoff ist vom Arbeitnehmer eine angemessene Entschädigung an den Arbeitgeber zu zahlen.

Mit anderen Worten, der einen Akkordvertrag erledigende Arbeiter, kurz Akkordarbeiter, wird zum Unternehmer, der mit geliehenen Werten arbeitet, für die er haftet, wenn er sie fahrlässig mindert. Für Arbeitsbeschaffung und für den Arbeitsvertrieb hat er nicht zu sorgen. Der vereinbarte Gegenwert für seine Arbeit ist ihm sicher. Es handelt sich also, um in der kaufmännischen Sprache zu sprechen, um ein absolut sicheres Geschäft, bei dem natürlich spekulative Gewinne nicht zu erwarten sind.

Arbeitgeber- und Arbeitnehmerpflichten beim Akkordvertrag. Aus dem Gesagten lassen sich die Pflichten des Arbeitgebers herausschälen: Zurverfügungstellung des Werkplatzes und geregelte, störungsfreie Zustellung der Werkstücke, klare Aufgabenstellung, eindeutige Aufgabenlösung, sachliche Abnahme und richtige Akkordbewertung, pünktliche Zahlung der Akkordverdienste.

Die Pflichten des Arbeitnehmers sind dann entsprechend: fachmännische und wirtschaftliche Ausnutzung des Werkplatzes, abnahmegerechte Bearbeitung der Werkstücke unter Einhaltung richtiger Akkordzeiten.

3. Die geeignete Akkordform.

Der einfache Akkord, die Bezahlung für eine geleistete Arbeit ohne besondere Einschränkung und Verklauselung, ist eine sehr alte Form des Arbeitsvertrages[1]. Es wurden im Laufe der Zeit verwickelte Formen des Akkordes verschiedenster Art ausgearbeitet, und so entstanden die Prämiensysteme und dergleichen, die besonders in Amerika versucht wurden. Das ist verständlich, wenn man sich vorstellt, daß die Eigenart der amerikanischen Arbeitnehmer einerseits einen besonderen Anreiz verlangte und die schnell emporschießende Industrie bei dem Mangel an geschulten Fachleuten mit einer großen Unsicherheit in der Akkordfestlegung zu rechnen hatte. Weil man der Richtigkeit der Akkorde nicht traute, suchte man nach Arbeitsverträgen, die die Akkordfehler in ihrer Auswirkung abschwächten.

Die Ungewißheit, das fehlende Vertrauen zu der Richtigkeit der Akkorde, war es also, was im wesentlichen zur Verwicklung des einfachen Akkordvertrages führte. Gelingt es, einen einfachen und sicheren Weg zu richtigen Akkorden zu gehen, so werden alle anderen Bestrebungen hinfällig und überflüssig. Jedenfalls liegt die gesunde Lösung des Akkordproblems nicht in der Verfeinerung oder im Ausbau

[1] Einzelheiten hierüber in Kaskel: Der Akkordlohn. Berlin: Julius Springer 1927.

des Systems, sondern einzig und allein in der Antwort auf die Frage: Gelingt es, auf verhältnismäßig einfachen Wegen zu richtigen Akkorden zu gelangen.

Da wir diese Frage bejahen, so steht für uns der einfachsten Akkordform praktisch nichts entgegen.

Bei der einfachsten Akkordform entspricht einer bestimmten Arbeitsleistung ein bestimmter Geldbetrag, oder mit anderen Worten: jede Mehrleistung bringt dem Arbeiter, für den der Akkord angesetzt ist, den Mehrbetrag in voller Höhe.

Soll ein solcher Akkord richtig sein, so müssen unter Berücksichtigung der am Schluß des vorigen Abschnitts aufgeführten Rechte und Pflichten der Reihe nach folgende Bedingungen erfüllt sein:

1. Klar gestellte Akkordaufgabe.
2. Eindeutig festgelegte Lösung der Aufgabe.
3. Klare, eindeutige Abnahmevorschriften.
4. Akkordwert so, daß eine der Schwierigkeit der Arbeit entsprechende Verdienstmöglichkeit gegeben ist.

Trennung des Akkordwertes in Akkordzeit und Geldfaktor. Die Bedingungen 1 bis 3 sind heute verhältnismäßig leicht zu erfüllen. Um der 4. Bedingung beizukommen, setzt man

$$\text{Akkordwert} = \text{Akkordzeit} \cdot \text{Geldfaktor}.$$

Diese Trennung in die beiden Faktoren Zeit und Geld dürfte heute allgemein als zweckmäßig anerkannt sein, nachdem vor allem die Zeit der Inflation den großen Vorteil der festliegenden, unveränderlichen Akkordzeiten nachdrücklichst erwiesen hat. Auch früher hat der Meister den Geldwert auf dem Wege über die vorab geschätzte Zeit festgelegt, wenn auch bei einfachen Arbeitsstücken durch Vergleichen mehr oder weniger unbewußt.

Man nannte früher dem Arbeiter aber den Akkordwert, während man ihm heute den für entsprechende Abschlußzeiten geltenden Geldfaktor meistens durch Tarif bekannt gibt und zu den einzelnen Akkorden ihm nur noch die Akkordzeiten nennt. Man spricht demnach zur Unterscheidung von dem früher üblichen Geldakkord und dem heutigen Zeitakkord.

Vorteile und Nachteile des Zeitakkordes. Neben dem grundsätzlichen Vorteil, durch Trennung des Akkordwertes in die beiden, von ganz verschiedenen Einflußgrößen bedingten Werte Zeit und Geldfaktor einfacher zu richtigen Akkorden zu gelangen, besteht noch der weitere Vorteil, daß beim Zeitakkord eine einfachere Verständigungsmöglichkeit zwischen Betriebsbeamten und Arbeitern gegeben ist. Daß eine Arbeit für ein bestimmtes Geld gemacht werden kann, ist dem Arbeiter viel schwieriger klarzumachen, als daß die Erledigung in einer bestimmten Zeit möglich ist. Auseinandersetzungen über den Geldfaktor sind heute im allgemeinen im Einzelbetrieb ausgeschlossen, weil in den meisten Fällen eine Regelung der Mindestwerte tariflich erfolgt.

Wir stellen also zugleich fest, daß mit der Trennung des Akkordwertes in Akkordzeit und Geldfaktor die zuständigen Stellen getrennt werden. Die Ermittlung der Zeiten ist Sache des Einzelbetriebs, die Festlegung des Geldfaktors im wesentlichen Sache der Verbände. Auch das kann seine Vorteile haben, wenn die Verbandsregelungen gesund sind, also den jeweiligen Wirtschaftsgesetzen entsprechen und sich mit diesen stets zeitgemäß wandeln.

Diese Trennung hat aber zugleich auch einen Nachteil, der recht bedenklich werden kann, und alle Erfolge auf dem Wege zur Richtigkeit der Akkorde zunichte machen kann, wenn nicht alle dafür verantwortlichen Stellen auf seine Verhütung sorgfältig achten. Während nämlich beim Geldakkord einseitig auf Erhöhung des Akkordwertes gedrängt wurde, geht beim Zeitakkord das Aufwärtsdrängen zweifach vor sich. Im Betriebe wird mit allen Mitteln das Durchsetzen höherer Zeiten und von Verband zu Verband das Erhöhen der Geldfaktoren betrieben. Auch diese Erkenntnis führt dazu, auf die Ermittlung richtiger Zeiten den größten Wert zu legen und dann aber auch unbedingt daran festzuhalten, weil sonst jede gesunde Akkordwirtschaft untergraben wird.

Geldakkord in besonderen Fällen. Es braucht der Zeitakkord aber nicht aus Prinzip in allen Fällen das Beste und Richtige zu sein. Man kann sich sehr wohl Fälle denken, in denen der Geldakkord, und sei es nur vorübergehend, zweckmäßiger erscheint. Wenn es sich darum handelt, die Akkordarbeit in Werkstätten einzuführen, in denen eine Verständigung über die erforderliche Arbeitszeit und die unvermeidbaren Verlustzeiten nicht so leicht möglich ist — wie z. B. in der Packerei für Maschinen und dergleichen —, so ist es zu empfehlen, einen geschlossenen Abteilungsakkord zu ermitteln, der für jede Arbeit einen Akkordgeldwert vorsieht. Die Zeiten können sich dann innerhalb der Abteilung für die einzelnen Arbeiten beliebig gestalten, je nachdem der Dringlichkeit gemäß mehr oder weniger Leute mit der einen oder anderen Packarbeit beschäftigt werden.

4. Die Akkordzeit.

Die Ermittlung der Akkordzeit wird uns im II. Teil beschäftigen, denn sie verlangt die Beschränkung auf ein bestimmtes Gebiet. Hier sollen nur die allgemein gültigen Grundlagen behandelt werden. Die erste Frage, die zu beantworten ist, lautet: Für wen soll die Zeit bestimmt werden?

Akkordstatistik. Eine entsprechend aufgemachte Statistik der unter gleichen Bedingungen erarbeiteten Akkordzeiten zeigt bedeutende Abweichungen, die auch dann noch auffallend groß bleiben, wenn man alle auf fehlerhafte Akkorde zurückzuführenden Schwankungen ausscheidet. In Abb. 1[1] sind als Abszissen die in einer Stunde erarbeiteten Akkordminuten und als Ordinaten jeder Arbeiter, der die betreffende Zeit erreichte, durch je einen Punkt dargestellt. Die einzelnen Löhnungsergebnisse sind übereinander aufgetragen, so daß ein klares Vergleichsbild entsteht. Dieses Bild ist deshalb so wertvoll, weil es sowohl nach unten als auch nach oben die wirklich belegten Zeiten und vor allem auch die stark belegte Zone deutlich zeigt und im Zusammenhang von Löhnung zu Löhnung deren Bewegung. Die sonst so bedenkliche Irreführung durch den „Durchschnittsakkordverdienst" ist damit grundsätzlich ausgeschaltet. Man mag zum Vergleich den jeweiligen Durchschnitt einer Zahlung außerdem durch einen kleinen Kreis angeben.

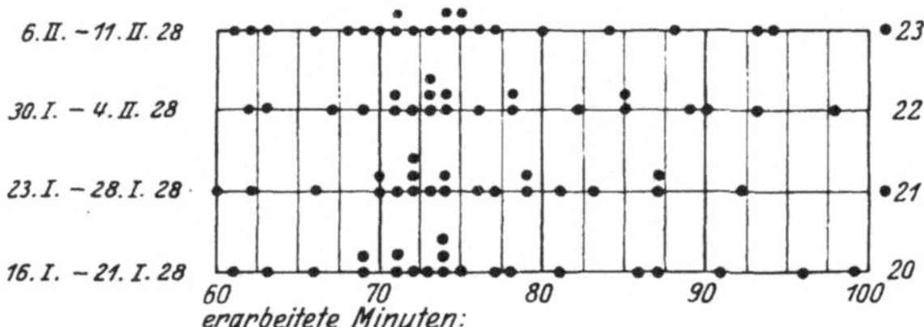

Abb. 1. Statistik der erarbeiteten Akkordzeiten.

Diese Abb. 1 zeigt, daß einzelne Arbeiter sich kaum über 60 Minuten erarbeiten, während eine Anhäufung etwa bei 70 bis 75 Minuten liegt, eine ganze Anzahl kommt noch darüber hinaus.

Diese Verschiedenartigkeit erklärt sich aus der verschiedenen Geschicklichkeit, aus der verschiedenen Veranlagung für praktisches Denken und Disponieren, aus verschiedenem Fleiß und Arbeitseifer und aus allerhand Kleinigkeiten, die zum Teil im Arbeiter, zum Teil in den Vorgesetzten und deren Arbeitsregelung ihre Ursache haben.

Jedenfalls stehen wir vor der Frage, für welche Punkte der Statistik oder für welche Zone sollen wir die Zeiten bestimmen, für welchen Arbeiter sollen die Zeiten, die wir im Akkord nennen, richtig sein?

Zeitermittlung für den Tüchtigen. Auf Grund einer langjährigen Erfahrung entscheiden wir uns wie folgt:

Ermittelte Zeit = Zeit, in welcher ein Tüchtiger seines Faches, mit der Arbeit gut vertraut und eingearbeitet, bei voller Anstrengung die Arbeit leisten kann zuzüglich eines Zuschlages für die mit der Arbeit verbundenen unvermeidbaren Verluste und eines Zuschlages für die allgemeinen Werkstattverluste.

---

[1] Aus Peiseler: Zeitgemäße Betriebswirtschaft. Leipzig: Verlag Teubner 1921.

Diese Zeitsumme nennen wir mit gutem Recht „ermittelte Zeit", weil alle Zeiten, sowohl die eigentlichen Arbeitszeiten als auch die Verlustzeiten in den verlangten Genauigkeitsgrenzen wirklich ermittelt werden.

Und wir ermitteln diese Zeiten für den Tüchtigen, weil die Leistung des Tüchtigen wenigstens einigermaßen fest zu umgrenzen und, was vor allem wichtig ist, etwas wiederholt Darzustellendes, also auch Nachprüfbares bedeutet. Selbstverständlich vermeiden wir es, Paradeleistungen der Ermittlung zugrunde zu legen, weshalb wir bei der praktischen Ermittlung auf Dauerwerten fußen, die der Werkstatt entnommen werden.

Die Akkorde werden für die Belegschaftsgruppen ermittelt, die sie auch nachher ausführen, Frauenakkorde werden für tüchtige Frauen und Akkorde für Jugendliche entsprechend für Tüchtige aus diesen ermittelt.

Diese Festlegung des Akkordes für den bestimmten Arbeiter, und zwar für den Tüchtigen, deckt sich der Sache nach mit den üblichen Tarifbestimmungen, in denen es im allgemeinen heißt, daß die Zeit für den Mann mittlerer Leistung zu bestimmen ist.

„Mittlere Leistung" sagt auch, daß es Leistungen darüber und darunter gibt. Wir werden also sachlich in dem statistischen Bild gemäß Abb. 1 nach beiden Bestimmungen die Zone mit der Anhäufung der Punkte erfassen, das ist bei einer normalen Belegschaft die Zone der Tüchtigen, über die hinaus es zu den sehr Tüchtigen und den Tüchtigsten geht, und von denen nach abwärts die Belegschaft sich bei normaler Konjuktur noch immer aus gut Brauchbaren zusammensetzt, aus Arbeitern, die mit den meisten Arbeiten vertraut, also gut eingerichtet sind, und die weder der Meister noch der Betriebsleiter abgeben möchte, denn Ersatz dafür bedeutet mühsames Anlernen, also Kosten und Störung.

Wenn wir diese bestimmten, in vielen Fällen, wenn auch nicht immer, als mittlere Gruppe zu bezeichnenden Arbeiter die Tüchtigen nennen, so trifft einmal dieser Ausdruck besser das Tatsächliche, und ferner trägt er der Arbeiterpsyche besser Rechnung. Auf Grund des üblichen Tarifausdrucks hat es sich nämlich im Laufe der Zeit herausgebildet, daß im Lohnkampf neben den „Mann mittlerer Leistung" der „Minderleistungsfähige" gestellt wird. Im Vergleich stimmt der Ausdruck sicher, er wird aber absolut genommen, und es ist verständlich, daß in einer normalen Belegschaft niemand „minderleistungsfähig" sein will und von Meistern und Betriebsleitern auch keiner der normalen Belegschaft so bezeichnet wird.

So ergibt sich denn sehr bald, daß die ursprünglich für den Mann mittlerer Leistung ermittelte Zeit Schritt für Schritt verlängert wird, bis sie für den „Minderleistungsfähigen" auch ausreicht, und dann folgt bald der nächste Schritt, daß nämlich die Akkordzeit erst gar nicht mehr auf die Leistung des Mannes mittlerer Leistung, sondern praktisch tatsächlich auf der Leistung des an der unteren Grenze der Brauchbaren einer normalen Belegschaft stehenden Arbeiters aufbaut.

Zeitvorgabe für den Brauchbaren. Der Fehler liegt also einmal in dem unglücklich gewählten Ausdruck, dann aber auch darin, daß man die für den Mann mittlerer Leistung ermittelte Zeit der Belegschaft als Zeitvorgabe nennt. Mit dieser Zeit können natürlich alle unterhalb der mittleren Leistung stehenden 25—30 vH der Belegschaft nicht auskommen, und so beschwört man einen beständigen Kampf um die Zeiten herauf. „Ich habe fleißig gearbeitet, das wird mein Meister bestätigen. Und trotzdem komme ich mit der Zeit nicht aus. Oder halten Sie mich etwa für minderleistungsfähig?" Das sind die ständigen Vorwürfe, die der Zeitbeamte zu hören bekommt. Und der Meister bestätigt auch, daß fleißig gearbeitet wurde, und auch, daß der Arbeiter gut brauchbar ist, und so läßt sich der Zeitbeamte auf höhere Zeiten drängen, obwohl er weiß, daß der Mann mittlerer Leistung, der natürlich mit seiner Leistung über dem Mann an der Grenze der noch gut Brauchbaren steht, die Arbeit in der ursprünglich ermittelten kürzeren Zeit würde machen können.

Und wenn nun der Meister gar selbst die Akkordzeiten festlegt, wie das heute noch in den meisten Betrieben üblich ist? Ja, dann gibt er dem Drängen gleich nach, und wir haben folglich immer wieder das Bild, daß der Akkordverdienst hochschnellt. Der Fehler im Aufbau gibt selbstverständlich Fehler im Endergebnis, die dann mit falschen Korrekturen natürlich nur noch verschlimmert werden.

Als solche fehlerhaften Korrekturen möchten wir die wiederholt zu beobachtenden Abweichungen der Lohnerhöhungen zwischen Stundenlohn- und Akkordarbeitern auf Grund einer Teuerungsregelung bezeichnen. Wenn der Abstand zwischen dem Akkordverdienst und dem Stundenlohnverdienst ungesund groß geworden ist, so kann man einen angemessenen Abstand zwar durch einen solchen Eingriff wieder herstellen. Aber es zeigt sich, daß kurze Zeit nach dem Ausgleich die Akkordverdienste wieder hochschnellen. Das liegt einmal daran, daß im Einzelbetrieb durch Drängen nach höheren Zeiten das erkämpft wird, was bei der Verbandsregelung bewußt abgelehnt wurde. Wir wiesen auf diese Gefahr beim Zeitakkord schon hin. Es liegt ferner daran, daß in vielen Betrieben die Zeitermittlung noch immer recht kläglich aussieht oder sogar ganz fehlt, indem man sich nach alten Faustregeln weitertappt. Der Hauptgrund liegt aber darin, daß man der Belegschaft bei tarifmäßigem Vorgehen Zeiten nennen muß, die für etwa das untere Drittel der Belegschaft nicht ausreichen.

Wir entscheiden uns deshalb dazu, dem Arbeiter nicht die für den Tüchtigen ermittelte und folglich nur für diesen passende Zeit zu nennen, sondern wir schlagen zu dieser ermittelten Zeit einen Zeitausgleich, der so bemessen ist, daß mit der entstehenden Gesamtzeit auch der Mann an der unteren Grenze der Brauchbaren auskommt.

Akkordzeit = vorgegebene Zeit[1],
= Zeit, die wir dem Arbeiter nennen,
= die für den Tüchtigen ermittelte Zeit,
vermehrt um einen Zeitausgleich.

Der Zeitausgleich wird gerechterweise verschieden sein müssen, je nach der Art der Arbeit. Das heißt nun nicht, daß er für jede einzelne Arbeit besonders bemessen werden soll, sondern für entsprechende Arbeitsgruppen, so wie sie sich in den Einzelbetrieben naturgemäß ergeben. Mit seiner Ermittlung werden wir uns im II. Teil befassen.

Mit dieser Festlegung: Akkordzeit = ermittelte Zeit + Zeitausgleich setzen wir uns in Gegensatz zu anderen Bestrebungen. Wir tun dies aber nachdrücklich und bewußt, weil aus den obigen Ausführungen sich der andere Weg als bedenklich erweist; er läßt die Akkordverdienste ungerecht hochschnellen und verursacht einen steten Kampf um die Zeiten. Und daran ändert sich auch sachlich gar nichts, wenn selbst in diesem oder jenem Betrieb unter Aufwendung entsprechender Energie die für den Mann mittlerer Leistung festgelegten Zeiten als Akkordzeiten sich halten lassen. Denn sicher ist, daß sie sich nur unter immer wieder neuen Auseinandersetzungen halten lassen. Richtige Akkorde sollen sich aber reibungslos abwickeln. Auch kann man sicher sein, daß die zum Festhalten der Zeiten aufgewendete Energie nützlicher hätte angelegt werden können. Denn am Endergebnis wird ja trotzdem nichts geändert, weil in all den anderen Betrieben die auf den Mann mittlerer Leistung abgestellten Akkordzeiten auch trotz Verbandsmaßnahmen sich natürlich nicht halten lassen. Die Zeiten schnellen hoch und damit die Akkordverdienste. Und dann bleibt auch dem Einzelbetrieb, der seine Zeiten festgehalten hat, nichts anderes übrig, als die gleichen Akkordverdienste zu bewilligen. Sind dann tariflich oder durch Verbandsbeschlüsse die Geldfaktoren festgelegt, so muß er irgendwie mogeln, ob er will oder nicht. Das ist dann aber das Gegenteil von richtig.

Also bleiben wir dabei, daß wir dem Arbeiter in den Akkordunterlagen die Akkordzeit nennen, die auch für die Leute an der unteren Grenze der Brauchbaren reicht, die es auch diesen ermöglicht, sich in einer Stunde 60 Akkordminuten zu erarbeiten.

---

[1] Laut Refa.

Da in den Akkordunterlagen die ermittelte Zeit als abgeschlossenes Ergebnis festliegt, so kann durch den nachträglich ganz getrennt hinzugefügten Zeitausgleich ein Verwischen der ermittelten Zeit niemals eintreten. Und sollte aus irgendwelchen Gründen der Zeitausgleich geändert werden müssen, so bleibt das Ergebnis der Zeitermittlung eindeutig fest bestehen. Alle diesbezüglichen Bedenken sind also hinfällig.

Wie wir diese Akkordzeit bestimmen, soll im II. Teil ausführlich behandelt werden.

5. Der Geldfaktor.

Arbeiter unter sich bei der Bewertung von Lohn- und Akkordarbeit. In den bisherigen Tarifen geht man bei der Bemessung des Akkordverdienstes im allgemeinen vom Verdienst des Stundenlohnarbeiters aus. Man bewilligt meistens zu dem Mindestlohn einen Zuschlag, um so den Akkordmindestverdienst zu erhalten. Um bei einer solchen Regelung eine reibungslose Abwicklung im Betrieb zu sichern, müßten vorab die Arbeiter unter sich darüber einig sein, was denn dem Akkordarbeiter berechtigterweise mehr zusteht als dem Lohnarbeiter. Wir haben trotz wiederholter Versuche nie eine Verständigung darüber feststellen können. Der tüchtige Akkordarbeiter verlangt durchschnittlich 50 vH mehr als den Mindestlohn, und der Lohnarbeiter hält diese Forderung für zu hoch, wenn ihm gegenüber dem Mindestlohn nicht ganz bedeutende Leistungszulagen bewilligt werden. Eine Regelung auf diesem Wege zu suchen, ist also unzweckmäßig und deshalb in einigen vorliegenden Tarifen auch bereits überholt.

Messen des Akkordwertes am Wirtschaftswert der Arbeit. Der Arbeiter wird sich natürlich immer darauf einstellen, für seine Arbeit soviel als möglich zu erhalten, der Arbeitgeber wird soviel als tariflich nötig bewilligen müssen und der Wirtschaftler möchte beiden sagen: der Tüchtige erhalte bei voller Anstrengung für seine Arbeit, was die Wirtschaft bei normaler Konjunktur dafür zahlen kann. Das ist nicht am Existenzminimum zu messen, sondern am Warenwert, und es sollte ein jeder Wirtschaftsführer sich darauf einstellen, daß die Verdienstzahlen der Tüchtigen, ganz gleich ob Angestellte oder Arbeiter, nicht am Existenzminimum gemessen werden. Das Messen am Warenwert ist praktisch sehr wohl möglich. Rechnet man vom möglichen Erlös bei Normalkonjunktur rückwärts, so bleibt nach der Bildung von Reserven, nach Abzug eines angemessenen Gewinnes, der Vertriebskosten, der Aufwendungen für Material und Platzkosten ein Betrag, der den Kalkulationslöhnen, das sind durchweg Akkordverdienste, zukommen kann. Eine solche wirtschaftliche Bemessung der Verdienstsätze der Tüchtigen setzt allerdings das gegenseitige Vertrauen voraus, das zur Zeit leider noch nicht vorhanden ist. Denn der Warenerlös ist schon, absolut genommen, schwankend mit veränderlicher Konjunktur, und außerdem sind die vom Erlös abzuziehenden Kosten und Unkosten verschieden je nach dem Beschäftigungsgrad des Unternehmens. Immerhin müssen wir ableiten, daß der Akkordverdienst eine Funktion der Wirtschaftlichkeit eines Unternehmens sein könnte und müßte. Die Tüchtigkeit einer Wirtschaftsführung müßte sich also auch in der Verdiensthöhe der Akkordarbeiter ausdrücken, soweit nicht andere Faktoren, die nicht in der Macht der Wirtschaftsführung liegen, das Plus wieder aufheben.

Wir nahmen diese zur Zeit jedenfalls noch am schwierigsten zu erfassende Einflußgröße, den Warenwert in Abhängigkeit von der Konjunktur, vorweg, um den Entwicklungsweg zu zeigen. Wir werden in einem besonderen Abschnitt: „Konjunkturfaktor“ auf diese Frage zurückkommen, die bei einer beiderseitigen richtigen Behandlung von entsprechender Bedeutung sein kann.

Eine weitere Einflußgröße, die für ein Einzelunternehmen von ausschlaggebender Bedeutung sein kann, ist der durchschnittliche Verdienst der betreffenden Berufsgruppen in dem gleichen Bezirk. Auf längere Dauer wird ein Unternehmen, welches auf einen guten Arbeiterstamm Wert legt, bei Normalkonjunktur kaum unter diesem Durchschnittsverdienst zahlen können. Geringe Abweichungen hin und her sind nicht ausschlaggebend, denn die Arbeiterschaft weiß selbst, was sie von Betrieben zu halten hat, die zur Erledigung von gerade vorliegenden Aufträgen ohne Rücksicht auf den Durchschnittsverdienst hohe Löhne bewilligen, um dann nach Erledigung der Arbeiten rücksichtslos die von festen Arbeitsplätzen weggeholten Arbeiter wieder zu entlassen.

Gelernte und Angelernte. Zu den heutigen Einflußgrößen für die Verdienstzahl gilt endlich die Eingruppierung nach Gelernten, Angelernten und Ungelernten. Diese Gruppenbildung hat auch heute noch für eine Reihe von Betrieben ihre volle Bedeutung, ihre allgemeine Bedeutung hat sie im modernen Betrieb jedoch verloren. Man ging davon aus, dem Arbeiter, der mehr Geld für seine Ausbildung ausgegeben hat, müsse man einen Ausgleich dafür durch höhere Bezahlung bieten, um dadurch zugleich zum planmäßigen Lernen anzureizen. Soweit ist das in vollem Umfange auch heute noch richtig und wichtig. Aber die Gruppenaufteilung, wie sie heute in den vorliegenden Tarifen üblich ist, macht die Sache falsch. Und zwar liegt das darin, daß durch Arbeitsteilung und die Umstellung der Arbeiten infolge der fortschrittlichen Ausgestaltung der Werkzeugmaschinen die Arbeit der „Gelernten“ nicht selten wesentlich einfacher und leichter geworden ist als die der „Angelernten“.

Man vergleiche zum Beispiel folgende Arbeiten: Ein gelernter Dreher überdreht die ihm fertig abgestochen, zentriert und gerichtet gelieferten glatten Wellen mit Schleifzugabe in Reihenfertigung. Ein angelernter Hobler erhält einzelne große Gußstücke, die er ohne Sonderspannvorrichtungen auszurichten und ohne Verspannung aufzuspannen und nach Riß, Paßstücken und Grenzlehren zu schruppen und zu schlichten hat. Es liegt klar auf der Hand, daß der angelernte Hobler eine viel schwierigere und wirtschaftlich viel hochwertigere Arbeit leistet als der gelernte Dreher. Solche und noch krassere Vergleiche lassen sich im modernen Betrieb in beliebiger Zahl beibringen. Eine richtige Lösung dieser Frage ist für die meisten Betriebe so wichtig, daß sie in dem Abschnitt: „Akkordwertabstufung nach Schwierigkeitsgruppen" getrennt behandelt werden soll.

Vom angesetzten Verdienst des Tüchtigen zum Geldfaktor. Wir gelangen somit zum richtigen Geldfaktor, wenn wir für den Tüchtigen unter Würdigung des Vorgesagten einen angemessenen Verdienst ansetzen und diesen unter Berücksichtigung der dem Tüchtigen vorgegebenen Akkordzeit auf deren Einheit umrechnen. Es ist in den meisten Fällen praktisch und üblich, die Akkordzeit in Minuten anzugeben, dann ist

$$\text{Geldfaktor} = \frac{\text{angesetzter Stundenverdienst des Tüchtigen}}{60 + \text{Zeitausgleich}}.$$

Die Stundenverdienstsätze der Tüchtigen werden am besten für jeden Einzelbetrieb festgelegt. Es ist aber auch möglich, daß von Verband zu Verband, also durch Tarifregelung, solche Verdienstsätze der Tüchtigen — oder wenigstens Richtlinien dafür — aufgestellt werden. Natürlich werden diese Stundenverdienstsätze verschieden sein müssen je nach der Wertigkeit der verschiedenen Berufsgruppen für die Wirtschaft. Was dann bei richtiger Ermittlung der Zeiten, des Zeitausgleichs und des Geldfaktors für den Tüchtigen die Tüchtigeren oder die weniger Tüchtigen verdienen, sei grundsätzlich ohne Rückwirkung auf die Festlegung.

Der Grundsatz der von uns gewählten einfachen Akkordform heißt: Gleiches Geld für gleiche Arbeit. Dieser Satz ist aber als Wirtschaftsgleichung für den Gesamtwert und die Gesamtkosten der Arbeit aufzustellen. Wenn z. B. bei der Ausführung einer Arbeit durch jüngere Leute oder durch Frauen eine größere Beihilfe durch den Meister notwendig wird oder eine geringere Ausnutzung des Werkplatzes erfolgt, so ist es wirtschaftlich berechtigt, wenn auch für das Stück um so viel weniger gezahlt wird, als die oben genannten Mehrkosten ausmachen.

Außerhalb dieser Überlegungen liegt noch eine Beeinflussung der Verdienstmöglichkeiten, der von seiten der Betriebsleitung die größte Beachtung geschenkt werden sollte. Bekanntlich liegt die eine Arbeit dem einen nicht so wie dem anderen, der eine ist auch durch die jahrelange Beschäftigung besser darauf eingerichtet. Es wird also in gewissen Grenzen in der Hand dessen liegen, der die Arbeit verteilt, daß er sie so verteilt, daß die Arbeit am schnellsten und besten gemacht wird. Dann ist der Betriebswirtschaft mit einem besten Arbeitsfluß und dem Arbeiter mit einem höchsten Verdienst geholfen.

Ausgleich für minderleistungsfähige Werkplätze. Nun gibt es in vielen Betrieben Fälle, in denen bei gleichen Arbeiten durch Ursachen, die meistens in der Maschinenleistung begründet sind, zwei gleichtüchtige Arbeiter nicht die gleiche Leistung nach Menge und Güte herausbringen. Dann muß dem gerechterweise Rechnung getragen werden, d. h. beide müssen trotz der verschiedenen Arbeitswerte im Durchschnitt gleichviel verdienen. Das wird erreicht, wenn man in solchen Fällen dem Arbeiter wegen der geringeren Leistungsfähigkeit seines Werkplatzes einen Ausgleich bewilligt.

Logischerweise müßte dieser Ausgleich zu der Zeit geschlagen werden, denn die Arbeitszeiten sind bei den verschiedenen Werkplätzen ja tatsächlich verschieden. Man würde dann aber für die gleichen Arbeiten verschiedene Zeiten ausgeben müssen, je nachdem auf welchem Werkplatz die Arbeit ausgeführt wird. Ganz abgesehen davon, daß es in den meisten Fällen nicht im voraus festgelegt werden kann, welche Maschine für diese Arbeit gerade frei ist, so liegt in einer solchen Umstellung der Zeiten auch eine bedenkliche Fehlerquelle.

Wir entschließen uns deshalb dafür, einen solchen in den Werkplätzen begründeten Ausgleich auf den Geldfaktor zu legen. Bedingt also ein Werkplatz gegenüber einem anderen etwa 8 vH mehr Zeitaufwand bei der gleichen Arbeit, so erhöhen wir den Geldfaktor für den Werkplatz um 8 vH. In den praktischen Beispielen des II. Teiles werden wir sehen, daß dadurch bei der Akkordabrechnung keinerlei Schwierigkeiten entstehen.

Nachdem dieser Weg einmal beschritten ist, finden sich bald noch mehr Gelegenheiten, außergewöhnliche Einflüsse und Schwankungen irgendwelcher Art in den Geldfaktor mit aufzunehmen, so z. B. einen Ausgleich für eine normale, unvermeidbare Ausschußmenge, für außergewöhnlich schmutzige Arbeit und dgl. Wie und wann man diese Möglichkeit auch ausbaut, man achte *jedenfalls peinlichst darauf, daß die einzelnen Zuschlagsgrößen zu dem für eine ganze Gruppe ermittelten Geldfaktor stets einzeln erkennbar bleiben*, um bei der notwendigen Änderung nur einer Zuschlagsgröße gerechterweise nur diese erfassen zu können.

6. Akkordwertabstufung nach Schwierigkeitsgruppen.

Wir kamen in dem Abschnitt „Der Geldfaktor" zu der Feststellung, daß die heutige Gruppierung der Belegschaft in Gelernte, Angelernte und Ungelernte nicht mehr wirtschaftsgerecht und folglich in der jetzigen Abstufung nicht mehr berechtigt ist. Wir wollen das dort gegebene Beispiel hier ergänzen.

Der gelernte Dreher A überdreht die ihm fertig abgestochen, zentriert und gerichtet gelieferten glatten Wellen roh mit Schleifzugabe.

Der gelernte Dreher B dreht Bolzen mit mehreren Absätzen nach Grenzlehren fertig.

Der gelernte Dreher C dreht mehrgängige Gewindespindeln fertig.

Drei gelernte Dreher, die nach den üblichen Tarifen gleichen Geldfaktor erhalten und bei richtig ermittelten Zeiten also den gleichen Stundenverdienst erzielen, trotzdem sie Arbeiten liefern, die für die Betriebswirtschaft ganz verschiedene Wertigkeit haben. Das ist ungerecht. Wir haben uns mit dieser Frage wiederholt beschäftigt und seit einigen Jahren mit folgender Lösung gute Erfahrungen gemacht.

W i r beurteilen die in der Werkstatt auszuführenden Arbeiten nach der Schwierigkeit, mit der sie unter normalen Werkstattverhältnissen auszuführen sind und teilen entsprechend alle Arbeiten den aufgestellten Schwierigkeitsgruppen zu. Man kommt im allgemeinen mit drei oder vier Gruppen aus:

normale Arbeiten,
schwierige Arbeiten,
sehr schwierige Arbeiten,
besonders schwierige Arbeiten.

Nebenbei bemerkt ist die Benennung der Gruppen nicht gleichgültig mit Rücksicht auf die psychologische Einstellung der Belegschaft.

Was man den einzelnen Schwierigkeitsgruppen zuteilt, muß in jedem Betrieb für sich unterschieden werden. Es lassen sich zwar Richtlinien geben, aber da die Schwierigkeit der Arbeitsausführung ja nicht nur von der Arbeit an sich, sondern mehr noch davon abhängt, mit welchen Werkstattmitteln sie auszuführen ist, so ist hier mit Faustregeln und Verbandsregelungen nichts Richtiges zu schaffen. Als Richtlinien können folgende Beispiele dienen:

Die Arbeit des Drehers A gehört z. B. zu den normalen Arbeiten, die Arbeit des Drehers B teilen wir als Drehbankarbeit den schwierigen Arbeiten zu und die des Drehers C den sehr schwierigen Arbeiten.

Oder: Es sind einzelne große Gußkörper auf dem Horizontalbohrwerk nach Riß, Stichmaß und Grenzkaliber zu bohren; das wäre eine sehr schwierige Arbeit. Die gleiche Arbeit in einer besonderen Spann- und Bohrvorrichtung ausgeführt, gehört zu den schwierigen Arbeiten.

Oder: Es sind einzelne Frästeile lehrenhaltig zu fräsen; der Arbeiter muß sich den Fräsersatz selbst zusammenstellen; die Teile lassen sich schlecht spannen, besondere Spannvorrichtungen sind nicht vorhanden: solche Arbeiten können zu den sehr schwierigen gehören. Erhält der

Arbeiter den Fräsersatz fertiggestellt und sind die Teile z. B. im Schraubstock mit Vorsicht zu spannen, so würde man diese Arbeit der Gruppe „schwierige Arbeiten" zuteilen. Hat der Arbeiter aber in Reihen gute Rohlinge in zeitgemäßen Vorrichtungen leicht und sicher zu spannen und mit gelieferten Fräsersätzen zu fräsen, so wird die gleiche Arbeit dann zu den normalen Arbeiten zählen.

Bei einer solchen Gruppenbildung innerhalb der einzelnen Berufe bleibt dann die weitere Regelung offen, die Berufsgruppen gegeneinander abzustufen. Das kann wiederum nur in jedem Einzelbetrieb gerecht erfolgen, aber als Richtlinie kann wohl gelten, daß die Gruppe einfacher Fräsarbeiten mit einem etwas geringeren Verdienstsatz belegt wird als wie die Gruppe der einfachen Dreharbeiten; d. h. bei der Bildung von Schwierigkeitsgruppen kann man die jetzt übliche Wertabstufung von Gelernt zu Angelernt und Ungelernt mehr oder weniger beibehalten.

Diese Gruppenbildung je nach Schwierigkeit wird einerseits dem tüchtigen Arbeiter gerecht, dann aber auch der Wirtschaft des Betriebes. Den Tüchtigen wird man naturgemäß die schwierigsten Arbeiten geben. Damit erhöht man für diese Belegschaftsgruppen die Verdienstmöglichkeit und fesselt sie damit an den Betrieb. Zugleich lautet aber die Weisung an Betriebsleitung und Meister, die Arbeiten alle so einfach als möglich zu gestalten, um sie schrittweise der Gruppe der einfachen Arbeiten zuteilen zu können. Dadurch entsteht für die Tüchtigen keinesfalls die Gefahr, daß sie überflüssig werden, vielmehr werden mit jeder Neukonstruktion schwierige und sehr schwierige Arbeiten in die Werkstatt gelangen, und es kann nur begrüßt werden, wenn dafür die besten Leute frei sind. Denn das ist nicht etwa eine seltene Einzelerscheinung, daß eine Erstausführung aus Teilen zusammengestellt ist, die meistens von den Zeichnungen abweichen, wenn man sich nicht zur Doppelanfertigung entschließt.

Praktisch wirkt sich die Bildung der Schwierigkeitsgruppen dann so aus, daß man für den Tüchtigen nicht nur einen Verdienstsatz, sondern den gebildeten Schwierigkeitsgruppen entsprechend verschiedene, etwa drei oder vier Verdienstsätze festlegt. Um wieviel diese Sätze auseinanderliegen, wird wieder in jedem Einzelunternehmen so zu entscheiden sein, daß dem wirtschaftlichen Mehrwert der höheren Gruppen gemäß der Zuschlag bemessen wird.

Schwierigkeitszuschlag zum Geldfaktor oder zur Zeit. Durch das Ansetzen verschieden hoher Verdienstsätze entstehen zugleich verschieden hohe Geldfaktoren für den gleichen tüchtigen Arbeiter, je nachdem ob er mit einer einfachen, schwierigen oder sehr schwierigen Arbeit beschäftigt wird. Kann man es im Betrieb regeln, daß ein Arbeiter immer mit Arbeiten der gleichen Schwierigkeitsgruppe beschäftigt wird, so ist die Abrechnung einfach. Die von ihm erarbeiteten Minuten werden bei der Lohnabrechnung mit dem für ihn geltenden Geldfaktor multipliziert, um seinen Akkordverdienst zu erhalten.

In der Praxis ist das aber leider nicht immer so durchzuhalten, sondern man wird einem Tüchtigen bald schwierige, dann sehr schwierige und auch einfache Arbeiten geben müssen, je nachdem es die terminmäßige Erledigung in der Werkstatt verlangt. Dann wird es notwendig, die erarbeiteten Akkordminuten nach den Schwierigkeitsgruppen getrennt zu halten und getrennt zu addieren und dann getrennt mit dem zugehörigen Geldfaktor zu multiplizieren. Das ist umständlich und führt leicht zu Fehlern, zumal diese immerhin schwierige Abrechnung am Schluß der Löhnungswoche in größter Eile erfolgen muß.

Wenn es in einem Unternehmen nicht durchführbar ist, daß jeder einzelne stets mit Arbeiten der gleichen Schwierigkeitsgruppe beschäftigt wird, so bleibt zwecks einfacher Abrechnung noch ein anderer Weg offen, den verschiedenen Verdienstsätzen Rechnung zu tragen.

Wir haben im Abschnitt „Geldfaktor" gesehen, daß man bei einer verschiedenen Leistungsfähigkeit der vorhandenen Werkzeugmaschinen die verschiedenen Arbeitszeiten durch den Geldfaktor ausgleicht.

In umgekehrter Weise können wir zum Ausgleich der Schwierigkeitsgruppen unter Beibehaltung eines einheitlichen Geldfaktors einen Schwierigkeitszuschlag auf die Akkordzeiten geben. Dann bleibt die Abrechnung ganz einfach, denn es ist gleichgültig, ob und in welcher Folge ein Arbeiter die Arbeiten der verschiedenen Schwierigkeitsgruppen zu erledigen hat. Für schwierige Arbeiten wird also die Akkordzeit um so viel vH erhöht, als man den Verdienstsatz für diese Gruppe höher einstellt als bei normalen Arbeiten.

Diese Art der Regelung, die der einfachen Abrechnung wegen gewählt wurde, läßt sich auch damit rechtfertigen, daß man sagt, die schwierigere Arbeit verlangt für den Mann an der unteren Grenze der Brauchbaren einen höheren Zeitausgleich als die einfache Arbeit. Das würde der Werkstatterfahrung auch tatsächlich entsprechen, und so kann man auch sagen: der Zeitausgleich vom Tüchtigen zum Mann an der unteren Grenze der Brauchbaren wird für die verschiedenen Schwierigkeitsgruppen beim Errechnen der vorzugebenden Zeit verschieden hoch eingesetzt; bei der Umrechnung in Geld bleibt aber der Geldfaktor derselbe. Das Endergebnis bleibt in beiden Fällen das gleiche.

Der Schwierigkeitszuschlag zur Zeit könnte für die Betriebe nachteilig erscheinen, die ihre Arbeitsverteilung von einem zentralen Arbeitsverteilungsbureau aus vornehmen. Da es aber leichter ist, in einem solchen Arbeitsverteilungsbureau kleine Umrechnungen vorzunehmen als in der Werkstatt oder im Lohnbureau im Augenblick des Lohnabschlusses, so bleibt folgende einfache Regelung möglich. Man bleibt beim Zeitzuschlag und gibt durch entsprechende Kennzeichen auf den Arbeitsunterlagen dem Arbeitsverteilungsbureau Kenntnis davon, welcher Schwierigkeitsgruppe die Arbeit zugeteilt ist. Damit ist ihm auch bekannt, um wieviel zum Ausgleich der Schwierigkeit die Akkordzeit erhöht wurde. Um die richtige Belegdauer der Maschinen einzusetzen, braucht man auf dem Arbeitsverteilungsbureau also nur den bekannten vH-Satz im einen oder anderen Falle abzuziehen, und alles geht in Ordnung. Ein Blick auf Abb. 1, welche das statistische Bild der erarbeiteten Minuten ergibt, zeigt auch ohne Berücksichtigung von Schwierigkeitsgruppen ganz bedeutende Abweichungen in den wirklich gebrauchten Zeiten gegenüber den erarbeiteten Zeiten. Das Arbeitsverteilungsbureau kann also doch nicht einfach die Akkordzeiten einsetzen, um damit die Belegzeit für eine Werkzeugmaschine richtig erfaßt zu haben. Der eingerichtete Verteiler wird der ihm bekannten Leistung der einzelnen Arbeiter entsprechend die Belegzeit bemessen und dabei ebenso leicht dem Schwierigkeitsausgleich gerecht werden. Ein hier als möglich angezogenes Bedenken ist also nicht von Bedeutung.

Zum Schluß sei noch erwähnt, daß man anstatt von „Schwierigkeitsgruppen" auch von „Wichtigkeitsgruppen" sprechen könnte, denn es wird Fälle geben, in denen man tatsächlich nicht so sehr die Schwierigkeit als die Wichtigkeit der Arbeit entscheiden lassen wird. Auch wird man bei solchen Gruppenbildungen je nach Art des Betriebes andere Einflußgrößen, wie Ermüdung, Schmutz und dgl. berücksichtigen.

7. Das Anlernen.

Wir haben im Abschnitt „Akkordzeit" festgelegt, daß die Zeiten für den mit der Arbeit vertrauten eingerichteten Tüchtigen ermittelt werden sollen.

Auch vom Tüchtigen hören wir bei Erstausführungen nicht selten: „Ich bin bei dieser neuen Arbeit nicht auf meinen Verdienst gekommen, trotzdem ich mein Bestes getan habe. Die Akkordzeit ist zu knapp."

Das Anlernen bei Erstausführungen. Der Arbeiter glaubt vielfach, daß er ein Recht darauf habe, bei jeder neuen Arbeit so viel zu verdienen wie bei den Arbeiten, die er seit langem wiederholt ausgeführt hat, bei denen er durch Schulung und Gewöhnung sowie durch Erfahrungskniffe sich allerhand Zeit erspart. Für eine solche flotte Arbeitserledigung kann die Wirtschaft ihm den gewohnten hohen Verdienst gerne bieten. Der Arbeiter muß aber ebenso einsehen, daß er bei der Erledigung der ihm noch nicht geläufigen Arbeiten den gleichen Verdienst nicht erwarten oder gar verlangen kann. Der Begriff „eingerichtet" ist also geldwertig sowohl für den Arbeiter als auch für den Betrieb. Trotzdem wird man einen tüchtigen, gut eingerichteten Akkordarbeiter auch bei der vorübergehenden Beschäftigung mit neuen Teilen, deren Bearbeitung ihm noch Verluste und Störungen verursachen, nicht unter einen gewissen Verdienst kommen lassen, der allerdings nicht seinem sonstigen Verdienst gleichzukommen braucht. Es ist deshalb nicht unberechtigt und auch zu empfehlen, wenn Teile in die Werkstatt gegeben werden, deren Bearbeitung ein gewisses Einarbeiten verlangt, bei den ersten Ausführungen mit einem einmaligen oder bei jeder neuen Ausführung abnehmenden Zuschlag zu belegen. Eine Überhöhung eines solchen Zuschlages für eine erste oder zweite Ausführung ist nicht von Bedeutung, wenn es sich um Teile in sich wiederholenden, größeren Reihen handelt und wenn bei diesen ersten Ausführungen alle Schwierigkeiten erfaßt und beseitigt werden, so daß nach dem Anlernen die Arbeit sich schnellstens erledigen läßt. In diesem Falle zahlt also das Anlernen im wesentlichen der Arbeitgeber.

Das Anlernen zu „Angelernten“. Bei der Ausbildung berufsfremder Leute zu „Angelernten“ ist es üblich, die Leute für eine gewisse Zeit des Anlernens im Stundenlohn zu bezahlen, um ihnen dann erst die Arbeit im Akkord zu übertragen, wenn man sicher ist, daß bei selbständigem Arbeiten weder Maschinen und Werkzeuge noch die Werkstücke gefährdet sind und der Arbeiter auch imstande ist, in einer Stunde sich 60 Akkordminuten zu erarbeiten. Die Dauer einer solchen Ausbildung ist verschieden je nach Berufsart, verlangter Arbeit und Werkplatzausrüstung, so daß es wiederum Sache des Einzelbetriebes und nicht der Verbandsregelung ist, die Zeitdauer des Anlernens im einzelnen zu bestimmen. Die Kosten des Anlernens trägt also auch hierbei zum weitaus größten Teile der Arbeitgeber.

Und noch etwas vom Anlernen, was nicht der Akkordfrage wegen, wohl aber der Rationalisierung wegen hierher gehört. Wenn die Verdienstmöglichkeit der Gelernten und Angelernten bei Bildung von Schwierigkeitsgruppen ineinander übergreift, so ist der bisherige Anreiz zum Lernen jedenfalls zum Teil gemindert. Und so ergibt sich die Frage, ob es nicht richtiger sein würde, entweder die Ausbildung des Lehrlings vielseitiger zu gestalten oder aber jedenfalls einen Teil der Belegschaft auf mehrere Berufe anzulernen. Das würde insofern für den Fluß der Arbeit in der Werkstatt von großer Bedeutung sein, als man die mehrfach Angelernten je nach Bedarf von einem Werkplatz auf den anderen würde umstellen können. Denn je nach der vorliegenden Arbeit ist bald Hochdruck in dieser, bald in jener Abteilung, und bald bleiben in einer Abteilung Teile liegen, während in einer anderen die Arbeit fehlt. Eine Umstellung des Lernens und des Anlernens würde also für die Rationalisierung sehr wertvoll sein.

8. Einzelakkord oder Gruppen- und Abteilungsakkord.

Wir haben gesehen, daß der große Wirtschaftswert und der soziale Wert des Akkordes zum großen Teil darauf beruht, daß der Akkordarbeiter „für sich“ arbeitet. Daraus ergibt sich mit Notwendigkeit, daß es stets anzustreben ist, Einzelakkorde auszugeben. Das soll immer geschehen, wenn dem einzelnen Akkordarbeiter, ohne auf andere warten zu müssen, das Einteilen seiner Arbeit, überhaupt der ganze Fluß seiner Arbeit im Rahmen der vorgeschriebenen Arbeitslösung frei überlassen ist.

Sobald allerdings einer dem anderen in die Hand arbeiten muß, ist es richtig, zusammenpassende Leute zusammenzustellen und mit ihnen einen Gemeinschafts- oder Gruppenakkord zu vereinbaren.

Müssen und können sich ganze Abteilungen Hand in Hand arbeiten, vor allem, wenn der einzelne Arbeitsplatz verschieden belegt sein wird, je nach Dringlichkeit der Arbeitserledigung, so wird man den Akkord mit der ganzen Abteilung vereinbaren.

Solche Gruppen- und Abteilungsakkorde haben wir in der geschlossensten Form bei der Fließarbeit, sobald der Akkordgruppe das Fließtempo selbst überlassen ist.

Es gibt noch die Möglichkeit, Ungelernte und sonstige Hilfskräfte an der Leistung der Akkordgruppe zu interessieren, für die sie arbeiten. Solche abhängige Akkorde werden nur dann gerecht, wenn es möglich ist, den Schlüssel der Abhängigkeit richtig zu erfassen und anzuwenden. Denn eine solche Abhängigkeit wird in seltenen Fällen sich nur auf den Akkordverdienst der Hauptgruppe stützen können. Oft wird die gelieferte Stückzahl oder das Gewicht oder die Häufigkeit der Umstellung ausschlaggebend sein, je nachdem dadurch die Tätigkeit der Hilfsarbeiter und Hilfskräfte bedingt wird. Die Bedingungen für solche Akkorde lassen sich auch nur im Einzelunternehmen aufbauen. Vielleicht kann man sagen, daß solche Akkorde überhaupt selten wirtschaftlich sind, sie bieten mehr oder weniger nur die Möglichkeit, die stärker anzuspannenden Hilfskräfte und Hilfsarbeiter über den Rahmen des Stundenlohntarifes zu bezahlen.

9. Die Akkordabnahme.

Akkordarbeit ohne eine planmäßige, scharf durchgeführte Abnahme ist praktisch unzulässig. Man erkennt die Wichtigkeit der Abnahme am besten, wenn man sich vorstellt, daß die im Akkord gelieferte Arbeit immer als gut und richtig anzusehen ist, wenn sie vom Prüfer abgenommen wurde. Die Güte der Werkstattarbeit stellt sich also auf die Abnahme ein. Damit ist alles gesagt.

Wenn eine Abnahme richtig erfolgen soll, so müssen die Abnahmebedingungen sich mit den Akkordbedingungen decken. Das wird nicht immer beachtet und muß dann selbstverständlich zu Reibereien führen, die gerade an dieser Stelle vermieden werden sollten.

Die Abnahmemittel sollen den Arbeitsmitteln sinngemäß entsprechen. Jedenfalls soll man nicht mit genaueren Lehren und Meßgeräten an der Prüfstelle abnehmen als der Akkordarbeiter bei seiner Arbeit verwendet. Ein häufiger Vergleich dieser Lehren usw. ist unbedingt notwendig.

Abnahme an Prüfstellen oder Werkplätzen. Wo und wie man im einzelnen abnimmt, wird von Art und Umfang der Fertigung abhängen. Kleinere Teile wird man zweckmäßig zu einer Prüfstelle schaffen, während bei großen Teilen, deren Transport und Wiederaufspannen große Kosten verursacht, die Prüfung am Werkplatz, also gegebenenfalls auf der Maschine, erfolgt. Die Erfahrung lehrt, daß es zweckmäßig ist, dem Akkordarbeiter in möglichst großem Umfange Lehren auszuhändigen, mit denen er seine Arbeiten selbst so überprüft, wie sie beim weiteren Gange der Teile gebraucht werden.

Jedes geprüfte Teil erhält ein zusammengesetztes Kontrollzeichen, aus dem Zeit der Abnahme und der Prüfer selbst festzulegen sind. Zusammen mit den Prüfungsberichten über die abgenommenen Teile, aus denen die Arbeitsaufträge hervorgehen, ist dann auch nach Jahren noch festzustellen, wer ein bestimmtes Arbeitsstück bearbeitet hat. Das muß die Belegschaft wissen, dann ist diese Regelung von einem großen erzieherischen Wert, der die damit verbundenen Kosten bald ausgleicht.

Abnahme im Arbeitsfluß und in Vorrichtungen. Eine andere Frage ist die, wie man die immerhin bedeutenden Kosten der Prüfstellen im Ganzen verringern kann. Denn die Transporte der Teile zu den Prüfstellen, das prüfgerechte Ablegen und das Prüfen selbst kostet natürlich viel Zeit und Geld. Und das Abnehmen am Werkplatz auf der Maschine ist deshalb trotz Transportersparnis teuer, weil das Weiterarbeiten doch für eine gewisse Zeit gestört wird.

Am weitesten bringt man die Kosten herunter, wenn man die Arbeit so regelt, daß zwar nicht die Abnahme, wohl aber die besonderen Prüfstellen überflüssig werden. Das ist möglich, wenn man sich bei der Reihenfertigung der Fließarbeit weitgehendst nähert, wenn die Weiterbearbeitung der Teile und vor allem deren Zusammenbau sich so kurz aufeinanderfolgen, daß man auf alle Arbeitsstufen noch rechtzeitig einwirken kann, bevor die Teile in ihrer Mehrzahl durchgelaufen sind. Dann werden die Teile am zweckmäßigsten und billigsten, nämlich gleich beim Zusammenbau geprüft.

Das geht natürlich nicht immer, aber man kann daraus lernend zu der folgenden richtigen Lösung kommen, die zwar auch nicht bei allen Teilen durchführbar ist, die man aber jedenfalls wegen ihrer Wirtschaftlichkeit immer anstreben sollte. Man führt die Vorrichtungen so aus, daß außer der Grundregel des Vorrichtungsbaues, stets von derselben maßgebenden, bearbeiteten Fläche auszugehen, die zweite Regel erfüllt ist, daß ein teilweise bearbeitetes Teil in die Vorrichtung für den nächsten Arbeitsgang gar nicht hineingeht, wenn die maßgebenden Flächen der vorausgegangenen Bearbeitung nicht abnahmegerecht sind. Die Teile werden also alle ausnahmslos in der Vorrichtung des folgenden Arbeitsganges und nach dem letzten Arbeitsgang beim Zusammenbau abgenommen. Der Betrieb, der es fertig bringt, in diesem Sinne seine Fertigung aufzuziehen, wird gut, billig und schnell arbeiten. Vorbedingung für eine solche Arbeitsregelung ist Reihenfertigung und ein einheitliches festes Wollen im ganzen Betrieb.

Der Prüfer. Wie bei allen Prüfstellen, so kommt es auch bei der Akkordabnahme viel auf die Person des Prüfers an. Es genügt nicht, wenn der Prüfer messen kann, er soll und muß die Arbeitsgänge, deren Ausfall er nachprüfen soll, selbst kennen. Er muß die Grenzen des praktisch Möglichen und die Schwierigkeiten kennen und möglichst selbst Fingerzeige geben können. Der Prüfer gehört nicht selten zu den Bestgehaßten im Betrieb, man muß ihn deshalb stützen und schützen, wenn er scharf, aber gerecht seine Aufgabe erledigt. Dabei ist zu beachten, daß die Prüfstelle nicht zu einer Nörgelstelle werden darf, die kleinlich an allem herumkritisiert, anstatt der Aufgabe gemäß Tatsachen festzustellen und auf bekannte Fehlerursachen hinzuweisen. Es ist deshalb eine Personenfrage, wem man die Prüfstellen unterstellt. Am richtigsten ist es, die Leitung einem Betriebsbeamten zu übertragen, der unabhängig von Meistern und Betriebsingenieuren der technischen Leitung direkt unterstellt ist. Aber mit dieser Arbeit wird die Arbeitskraft eines Beamten nicht ausgefüllt, wenn die Werkstatt mittlerer Größe gut arbeitet. Es ist dann zweckmäßig, die Prüfstellen einem selbständigen Terminbeamten zu unterstellen, falls ein solcher vorhanden ist. Durch engstes Zusammenarbeiten mit den Prüfstellen wird der Terminbeamte seiner Gesamtaufgabe am besten gerecht werden können.

Wenn die Prüfstellen insgesamt nicht richtig besetzt sind, kann von einer reibungslosen Abwicklung der Akkorde nicht die Rede sein, sondern Reiben statt Unterstützen, gegenseitiges Verärgern statt Zusammenarbeiten wird die Folge sein.

Und dabei können sowohl Meister als auch Betriebsleiter durch sachliches und verständiges Zusammenarbeiten mit den Prüfern und dem

Prüfvorstand viel lernen. Mancher Fehler kann dort erkannt und beseitigt werden. An den Prüfstellen werden Meister und Betriebsleiter vor allem erfahren können, welche Arbeiter abnahmegerechte Arbeit abliefern, um dann bei denen erzieherisch wirken zu können, die bei Unterschreiten der vorgegebenen Akkordzeiten mangelhafte Arbeit abliefern. So ist jede Prüfstelle die Meßstelle für Fluß und Güte der Arbeit.

Die Akkordabnahmestelle ist folglich ein außerordentlich wichtiges Glied in der Kette, welche „richtige Akkorde“ und „Rationalisierung der Fertigung“ zusammenschließt.

10. Akkordnachprüfung und Akkordschiebung.

Die vorliegenden Tarife enthalten vielfach den Satz: „Festgesetzte Akkorde dürfen nur umgeändert werden, wenn dies durch Veränderung der Arbeitsmethode oder Änderung der Stückzahl und dergleichen begründet ist, oder wenn ein offenbarer Irrtum in der Kalkulation vorliegt.“

Diese Bedingung ist sachlich und wirtschaftlich ungerecht. Wenn wir richtige Akkorde haben wollen, so müssen die falschen Akkorde selbstverständlich so lange geändert werden, bis sie richtig sind. Und trotzdem steckt unter Berücksichtigung der heutigen Akkordverhältnisse etwas Notwendiges in diesem Tarifsätzchen, welches mit Recht verhindern soll, daß nicht immer wieder das am Akkord abgebaut werden soll, was der Akkordarbeiter sich durch sein besonderes persönliches Können herausgeholt hat. Es muß natürlich bei einem gerechten Akkord daran festgehalten werden, daß die für den eingerichteten Tüchtigen ermittelte Zeit maßgebend ist und bleibt, solange die Akkordbedingungen dieselben bleiben, und daß an dieser Zeit nicht deshalb geändert wird, weil andere mehr oder weniger Zeit zur gleichen Arbeit gebrauchen. In ähnlicher Form gefaßt, mag ein Satz im Tarif bestehen, jedenfalls muß es beiden Teilen frei stehen, Nachprüfung eines jeden Akkordes zu beantragen bzw. durchzuführen.

Akkorde, die dem Arbeiter ausgehändigt und in Angriff genommen sind, müssen zum bekanntgegebenen Satz ausgeführt werden.

Es wird gelegentlich versucht, die Fehlerhaftigkeit der Akkordzeiten durch sogenanntes Akkordschieben zu beweisen. Das findet man in den Betrieben am häufigsten, in denen die Akkordarbeiter angehalten sind, die gebrauchten Zeiten in irgendeiner Form zu stempeln oder zu buchen. Es wird dann von schlechteren Akkorden ein Teil der gebrauchten Zeit auf die besseren Akkorde geschrieben, so daß die schlechteren Akkorde ganz schlecht erscheinen. Solche Schiebungen vermeidet man, wenn man die Akkordzeiten aus der praktischen Werkstattarbeit heraus entwickelt, wie solches im II. Teil gezeigt werden soll.

Eine andere Art der Akkordschiebung ist naheliegend, wenn Akkordarbeit und Stundenlohnarbeit einander ablösen. Dabei wird ein Teil der für die Akkordzeit aufgewendeten Zeit zur Stundenlohnarbeit geschrieben. Hiergegen kann man sich zum Teil durch scharfe Arbeitskontrolle, besser aber dadurch schützen, daß man das wechselweise Arbeiten im Akkord und Stundenlohn vermeidet. Man läßt dann lieber die Lohnarbeiten stets von einem Arbeiter ausführen oder wechselt von Löhnung zu Löhnung die Arbeiter.

Diese sogenannten Akkordschiebungen müssen deshalb beachtet werden, weil durch sie ein richtiger Aufbau der Akkorde unter Umständen gestört werden kann.

11. Der Konjunktureinfluß.

In dem Abschnitt: „Der Geldfaktor“ sind wir davon ausgegangen, daß der Verdienstsatz für den Tüchtigen unter Berücksichtigung einer normalen Konjunktur festgelegt werden soll.

Mit dieser Fassung ist eigentlich schon gesagt, daß bei nicht normaler Konjunktur die Verdienstsätze anders gewählt werden sollen. Würde man das allgemein zur Regel machen, so wäre eine gewisse Beunruhigung nicht zu vermeiden. Trotzdem muß man sich über die Einflußgröße „Konjunktur“ ein klares Bild verschaffen, um ihr in den richtigen Grenzen gerecht werden zu können.

Wir wollen unserer Überlegung einen kurzen Vergleich vorausschicken. Wenn bei steigender Konjunktur die Materialpreise steigen, so erhebt sich dagegen anfangs ein ebenso großer Widerstand als gegen die Forderungen auf Lohnerhöhung. Der Widerstand gegen die Materialpreise wächst sich aber nur ganz selten zu ernstlichen Wirtschaftsstörungen aus. Ein Hauptgrund liegt darin, daß man sicher weiß, daß bei sinkender Konjunktur die Materialpreise normalerweise sogleich nach unten folgen. Daraus könnten die Arbeitgeber- und Arbeitnehmergruppen lernen.

Der Konjunkturbegriff, der für das Bemessen der Verdienstsätze ausschlaggebend sein könnte, deckt sich nicht immer, man könnte vielleicht sagen nur selten, mit der allgemeinen, nach außen in Erscheinung tretenden Konjunktur. Normalkonjunktur hat ein Einzelunternehmen, wenn es mit all seinen Anlagen auf Grund vorliegender Aufträge zu normalen Preisen voll beschäftigt ist. Das kann der Fall sein, wenn die allgemeine Konjunktur schlecht ist, es kann aber häufiger der Fall sein, daß das Einzelunternehmen nicht voll beschäftigt ist, trotzdem die allgemeine Konjunktur nach außen gut erscheint. Es kann sich aber mit Rücksicht auf Angebot und Nachfrage auch um die Konjunktur für eine bestimmte Arbeitergruppe handeln, was unter Umständen mit der allgemeinen Wirtschaftskonjunktur sehr wenig im Zusammenhang steht, sondern durch schrittweises Umstellen von Fabrikationszweigen gegeben sein kann, wenn das Umlernen der freien Arbeitskräfte nicht entsprechend folgt. Es sei nur daran erinnert, daß beispielsweise vor Jahren durch die Einführung der neuen schnelleren Druckverfahren die Steindrucker größtenteils frei wurden. Heute können wir etwas Ähnliches bei den Drehern feststellen, die durch Einführung der Revolverbänke und durch Automatisierung der Dreharbeit gleichfalls frei geworden sind, ohne daß sie sich rechtzeitig beruflich umstellten, so daß für Dreher zur Zeit die Konjunktur schlecht ist.

Man ersieht aus dem Gesagten, daß ein gewisser Ausgleich der allgemeinen Konjunkturbewegung von Verband zu Verband sich regeln läßt, und zwar am reibungslosesten, wenn man nicht nur dem Hinauf, sondern auch dem Herunter angemessen folgt, vorausgesetzt, daß für die Normalkonjunktur ein gesunder Wert gefunden ist. Darüber hinaus bleibt es dann Sache des Einzelunternehmens, den Konjunkturbewegungen der Eigenwirtschaft und derjenigen der Belegschaft Rechnung zu tragen, um das enge wirtschaftliche Verbundensein von Arbeitgeber und Arbeitnehmer zur Förderung der unbedingt anzustrebenden Gemeinschaftsarbeit gebührend zum Ausdruck zu bringen.

12. Akkordtarife und Akkordstreitfragen.

Richtige Akkorde sind heute auf Grund der Arbeitsregelung von Verband zu Verband ohne richtigen Akkordtarif nicht denkbar. Wir müssen uns deshalb mit dem Akkordtarif eingehend beschäftigen und dies um so mehr, als die Tarife außerhalb der Einzelunternehmen festgelegt und nicht selten von wirtschaftsfremden Instanzen ausgelegt werden.

Der Akkordtarif soll das enthalten, was den Akkordabmachungen innerhalb der Einzelbetriebe großer Verbandsgruppen gemeinsam ist. Er soll auf alle im Einzelbetrieb auftretenden Fragen praktischer und rechtlicher Art eindeutig Auskunft geben, so daß Auseinandersetzungen vor den zuständigen Rechtsstellen vermieden werden können. Dabei ist zu beachten, daß in den Betrieben nicht immer die geschicktesten und erfahrensten Männer sich über die Akkordfragen werden auseinandersetzen müssen. Man wird deshalb großen Wert darauf legen müssen, daß der Akkordtarif einfach und klar abgefaßt wird, wobei man gegebenenfalls auf die knappste Fassung verzichten und auch Nebensächliches mit aufnehmen muß.

Es ist verständlich, wenn sich der Ingenieur um die Rechtsfragen nicht kümmert, solange sie in seine Wirtschaft nicht unmittelbar eingreifen. Es ist aber zu erwarten, daß über Arbeitsordnung und Tarifvertrag hinaus auch die Akkordfrage durch gesetzliche Bestimmungen geregelt wird. Deshalb ist es richtig und notwendig, daß der Ingenieur über den Rahmen seiner Betriebstätigkeit sich mit all diesen Fragen beschäftigt und Einfluß auf deren Gestaltung sucht und gewinnt.

Bei der Behandlung der Tariffragen stellt sich dem Ingenieur und Wirtschaftler die eigenartige Schwierigkeit entgegen, daß einer der Vertragskontrahenten Klassenkampf statt Wirtschaftsfrieden propagiert. Das darf uns aber nicht gleich verdrießen. Vertrauen ist ja im allgemeinen nicht da, sondern es muß erst erworben werden. Und zu einer wirtschaftsfriedlichen Arbeitsgemeinschaft, die übrigens trotz der gewerkschaftlichen Kampfeinstellung in manchen Betrieben schon besteht, kann nichts so sicher und erfolgreich hinführen als gesunde, der Wirtschaft und ihren Trägern gerecht werdende Arbeitsbedingungen, zu denen die Akkordverträge vornehmlich zu rechnen sind.

Es ist nicht zu leugnen, daß die bestehenden Tarife durchweg als das Produkt von gelegentlichen Kampferfolgen mit Zufallsmehrheiten anzusehen sind. Und in den beiden großen Lagern — hie Arbeitgeber, hie Arbeitnehmer — will man einheitliche, beide Wirtschaftsgruppen zwingende Wirtschaftsgesetze nicht erkennen. Man kämpft um das Gestrige und Morgige, anstatt dem Heutigen angepaßt in Frieden zu leben und zu schaffen.

Grundlagen zu einem Akkordtarif. Was gehört nun in einen Akkordtarif, der im Sinne einer Wirtschaftsverständigung aufgebaut werden soll? Selbstverständlich nur gegenseitige Bedingungen auf dem Boden von Wahrheit und Klarheit, der Offenheit und Ehrlichkeit. Es ist heute noch notwendig, diese Selbstverständlichkeit zu betonen, denn wenn man die bestehenden Akkordtarife durchsieht, so wird man das Gefühl nicht los, daß die Vertragschließenden ihren eigenen Abmachungen nicht recht trauen, daß beide es für nötig halten, durch immer neue Klauseln sich zu sichern. Mit anderen Worten, man glaubt vor allem nicht an die Richtigkeit der Akkorde. Das muß einmal ganz offen ausgesprochen werden, um damit zugleich die Richtung einer Besserung anzudeuten. Die Akkorde müssen „richtig", oder sagen wir, der Entwicklung Rechnung tragend, „richtiger" werden.

Neue Tarife werden mit Rücksicht auf eine notwendige Weiterentwicklung auf den bestehenden fußen und aufbauen müssen. Man wird von letzteren das bis auf weiteres aufnehmen, was der heutigen Wirtschaft und unserer heutigen Einstellung zur Akkordregelung nicht entgegensteht.

Nachdem in den Abschnitten 1—11 die allgemeingültigen Grundlagen der Akkordregelung behandelt wurden, soll hier ein für den allgemeinen Akkordvertrag in Frage kommender Auszug gegeben werden. Je größer der Geltungsbereich des Akkordtarifes sein soll, um so kleiner wird die Auslese der allgemeingültigen Bedingungen sein. Trotzdem wird es für eine Wirtschaftsverständigung von großer Bedeutung sein, auf der breitesten Grundlage einen brauchbaren Tarif aufzubauen, damit nicht immer wieder bei den Verhandlungen bald auf diesen, bald auf jenen Sondertarif hingewiesen wird, je nachdem es für den jeweiligen Fall günstig erscheint.

Einen Akkordtarif in der allgemeinsten Fassung haben wir am Schluß des Abschnittes: „Wie stellen sich Arbeitgeber und Arbeitnehmer zur Akkordarbeit" bereits mit der Zusammenstellung der beiderseitigen Pflichten gegeben. Damit könnte tatsächlich ein vollgültiger Tarifvertrag zwischen sachlich erfahrenen und gerecht eingestellten Männern erledigt sein. Da es aber auch in betriebstechnischen Fragen möglich ist, an allem zu deuteln und zu klügeln, so muß schon, wie eingangs gesagt, auf allerhand Einzelheiten eingegangen werden. Denn es ist zu beachten, daß solche Tarifverträge zu einem zwingenden „muß" werden, sogar über den Rahmen der den Tarif abschließenden Verbandsmitglieder hinaus.

Was wir über den einzelnen Akkord als Arbeitsvertrag bzw. Geschäftsabschluß zwischen honorigen Geschäftsleuten sagten, sollte für die Zusammenfassung der Akkordverträge, das ist der Tarif, in ganz besonderem Maße gelten. Frei von jeder einseitigen Willkür soll der Tarif nur Wirtschaftsnotwendigkeiten erfassen und nichts aufnehmen, was den geltenden Wirtschaftsbedingungen im Ganzen und der betriebswissenschaftlichen Regelung im Einzelunternehmen widerspricht.

Wir werden uns bis auf weiteres damit abfinden müssen, daß der Tarif die Vertragsschließenden wegen des zwingenden „muß" auf beiderseitige Mindestverpflichtungen festlegt. In diesem Sinne hätten wir aus den Abschnitten 1—11 die Richtlinien herauszuziehen, um den allgemeingültigen Tarif zu erhalten.

Aus Abschnitt 2 nehmen wir die beiderseitigen Pflichten. Arbeitgeberpflichten: „Zurverfügungstellung des Werkplatzes und geregelte, störungsfreie Zustellung der Werkstücke, klare Aufgabenstellung, eindeutige Aufgabenlösung, sachliche Abnahme und richtige Akkordbewertung, pünktliche Zahlung der Akkordverdienste."

Arbeitnehmerpflichten: „Fachmännische und wirtschaftlichste Ausnutzung des Werkplatzes, abnahmegerechte Bearbeitung der Werkstücke unter Einhaltung richtiger Akkordzeiten."

Gemäß Abschnitt 3 legen wir die einfachste Akkordform fest. Es steht frei, „Geldakkorde" oder „Zeitakkorde" zu wählen, letztere sind anzustreben.

Die Akkordzeit ermitteln wir gemäß Abschnitt 4 für den eingerichteten und eingearbeiteten Tüchtigen der den Akkord ausführenden

Belegschaftsgruppe. Die in den Akkordaufträgen genannten Zeiten, die sogenannten Zeitvorgaben, gelten für Leute an der unteren Grenze der Brauchbaren einer normalen Belegschaft. Man erhält die Zeitvorgabe durch Hinzurechnen eines Zeitausgleichs zu der ermittelten Zeit für den Tüchtigen.

Für den Geldfaktor werden nach Abschnitt 5 Verdienstrichtlinien aufgestellt, und zwar für die Tüchtigen der verschiedenen Berufs- und Altersgruppen. Bei Akkorden für Jugendliche und Frauen wird dem Mehraufwand für Beihilfe und für geringere Werkplatzausnutzung Rechnung getragen.

Die Aufteilung der Belegschaft in Gelernte, Angelernte und Ungelernte entspricht heute nicht mehr dem Wirtschaftswert. Deshalb führen wir gemäß Abschnitt 6 Schwierigkeitsgruppen ein und bewilligen für schwierige und sehr schwierige Arbeiten gegenüber den einfachen Arbeiten einen Geld- oder Zeitzuschlag.

Geringere Leistungsfähigkeit eines Werkplatzes gegenüber dem guten Werkplatz gleichen wir durch einen Zuschlag zum Geldfaktor des Werkplatzes aus.

Gemäß Abschnitt 7 kann dem Akkordarbeiter bei Ausführung neuer Arbeiten nicht grundsätzlich der Verdienst zugestanden werden, den er bei wiederholt ausgeführten Arbeiten herausholt. Bei schwierigen erstmaligen Ausführungen wird man den außergewöhnlichen Ausfall durch vorübergehende Zuschläge ausgleichen. Werden Leute von Grund auf angelernt, so erhalten sie für die Dauer des Anlernens Stundenlohn.

Gruppen- und Abteilungsakkorde — Abschnitt 8 — sind zulässig, aber möglichst zu vermeiden; gleiches gilt für abhängige Akkorde.

Die Abnahmebedingungen sowie die Abnahmegeräte müssen den Akkordbedingungen und Arbeitsgeräten entsprechen — Abschnitt 9 —.

Akkordnachprüfungen sind jederzeit zulässig. Art und Umfang der Akkordermittlung sind festzulegen — Abschnitt 10 —. Der Akkordarbeiter ist verpflichtet, auf Verlangen seine wirklichen Arbeitszeiten zu buchen oder zu stempeln.

Endlich gehört in jeden Tarif die Aufstellung von Richtlinien zur praktischen Ermittlung richtiger Akkorde. Gegebenenfalls genügt ein Hinweis, daß die anerkannten Methoden der zeitgemäßen Betriebswirtschaft anzuwenden sind. Denn die jetzt übliche letzte Rettung in den Tarifen ist eine Kommission hinter der anderen, die nach planmäßiger Festlegung der Zeiten durch betriebswissenschaftliche Ermittlungsmethoden auch nichts anderes mehr ermitteln können als der Betriebsfachmann, der den praktischen Lösungsmöglichkeiten durch zweckmäßige Zeit- und Arbeitsaufnahmen bereits vollauf Rechnung getragen hat.

Garantierter Akkordverdienst. In der Praxis entstehen nicht selten

Meinungsverschiedenheiten, wenn der Akkordvertrag nicht so abläuft wie es gedacht war. Es ist deshalb zweckmäßig, im Tarif auf solche Möglichkeiten einzugehen und eine eindeutige Regelung festzulegen, um Arbeitsstörungen auszuschalten.

Die erste und häufigste Frage, die in diesem Zusammenhang zu beantworten ist, lautet: Ist dem Akkordarbeiter ein bestimmter Stundenverdienst zu garantieren?

Diese Frage ist in einem allerdings anderen als bisher üblichen Sinne zu bejahen. In verschiedenen bestehenden Tarifen sichert man dem Akkordarbeiter einen Mindestverdienst zu. Das ist dem Wesen des Akkordes widersprechend. Der Akkordarbeiter ist Kleinunternehmer, der deshalb eine Verdienstgarantie nach unten nicht erwarten kann, weil man ihn nach oben auch nicht begrenzt. Und trotzdem muß der Akkordarbeiter wissen, welcher Verdienst ihm je nach seiner Leistung sicher ist. Er muß mit anderen Worten Vertrauen zu der Akkordermittlung haben. Die Garantie muß also dahin gehen, daß den gegebenen, anerkannten Bedingungen gemäß die Zeiten ermittelt werden. Das ist die Garantie, die der Arbeiter braucht, denn sie sichert dem Tüchtigen den Verdienstsatz, der der Festlegung des Geldfaktors zugrunde gelegt war und nicht irgendeinen Mindestsatz. Wer mehr leistet als der Tüchtige soll uneingeschränkt mehr verdienen, wer weniger leistet wird selbstverständlich weniger verdienen, und keiner wird wirtschaftlich berechtigt sein, ihm bei Minderleistung einen Verdienstsatz zu garantieren. Es kommt also auch bei dieser Frage immer wieder auf eine richtige Akkordermittlung an, zu der man volles Vertrauen haben kann.

Nun ist es selbstverständlich, daß für die vielen Arbeiten, die tagtäglich in der Werkstatt erledigt werden müssen und für welche Akkorde alter Art bestehen, die Akkordermittlung neuer Art nicht von heute auf morgen erledigt werden kann. Wir werden im II. Teil sehen, wie man sich durch Übergangswerte helfen kann. In diesem Zusammenhang wäre zuzugestehen, daß bei solchen alten Akkorden bis zur neuen Ermittlung ein Verdienstsatz etwa nach Art der bestehenden Tarife garantiert wird. Wenn neu ermittelte und alte Akkorde durcheinander gearbeitet werden, so wird man in beiderseitigem Interesse die Möglichkeit der Akkordschiebungen zu vermeiden suchen, denn es ist leider naheliegend, bei solchen Gelegenheiten die bei den neuen Akkorden gebrauchten Zeiten zum Teil auf die gebrauchten Zeiten bei den alten Akkorden zu schieben, um deren Bemessung als zu gering darzustellen.

Entschädigung bei unverschuldetem Warten. Eine weitere im Betrieb auftretende Frage betrifft die Entschädigung des Akkordarbeiters bei einem durch ihn selbst nicht verschuldeten Warten, sei es auf Werkstücke, Werkzeug, Zeichnung usw. oder wegen Instandsetzen der Maschine und dergleichen mehr. Im Abschnitt 4 haben wir festgelegt, daß zu der eigentlichen Arbeitszeit ein Zuschlag für allgemeine Werkstattverluste gemacht wird. Diese Werkstattverluste umfassen auch das im allgemeinen unvermeidliche Warten, und da sie aus der Praxis heraus ermittelt werden, so sind auch sie durch diesen Verlustzuschlag ausgeglichen. Wenn es sich aber nicht um solche eingerechnete, sondern um außergewöhnliche Verlustzeiten handelt, so müssen sie dem Akkordarbeiter bezahlt werden, wenn sie von ihm nicht verschuldet sind, wenn er alles getan hat, um sie zu vermeiden bzw. abzukürzen (z. B. durch rechtzeitige Meldung an den Meister u. dergl.) und wenn er in der Zeit, in der er in seiner Akkordarbeit nicht weiter arbeiten kann, sich im Interesse des Unternehmens aufs beste betätigt. Die Höhe der Vergütung wird gerechterweise davon abhängen, in wieweit eine solche Betätigung durchschnittlich von Nutzen für das Unternehmen sein wird. Jedenfalls würde die Bezahlung mit dem durchschnittlichen Akkordverdienst bei einer solchen ganz außerhalb des Akkordvertrages liegenden Lohnarbeit nicht nur gegen das Wesen des Akkordes verstoßen, sondern auch ein großes Unrecht gegenüber dem Lohnarbeiter sein.

Beschäftigung in fremden Berufsgruppen. Damit ist übergeleitet auf die weitere Frage: Wie ist ein Akkordarbeiter zu bezahlen, der vorübergehend oder dauernd in einer Berufsgruppe beschäftigt wird, die mit einem geringeren Geldfaktor bewertet wird. Das trifft z. B. zu, wenn ein gelernter Dreher bei Revolverdrehbänken zu der Gruppe der Angelernten kommt, oder wenn ein gelernter Former an der Formmaschine beschäftigt wird. Da die Arbeitnehmer gelegentlich zum Ausdruck bringen, daß solche Umstellungen etwa von gelernten zu ungelernten Gruppen meist aus Willkür und aus rein persönlichen Gründen erfolgen, so sei betont, daß bei unserer Überlegung dieser Frage selbstverständlich zugrunde gelegt ist, daß die Umstellung aus Wirtschaftsgründen erfolgte.

Wir haben uns in den vorigen Abschnitten darauf eingestellt, daß der Akkord ein Arbeitsvertrag und nicht etwa eine Stückzeit bedeutet und daß der Akkordwert, der sinngemäß aus dem Warenwert entwickelt sein möchte, einen Geldwert darstellt. Davon ausgehend muß es der Wirtschaft gleichgültig sein, wer den Akkordvertrag für den gegebenen Geldwert ausführt. Gelernt oder Angelernt ist also in diesem Sinne gleichgültig, jeder Ausführende erhält für diese gleiche Akkordarbeit den gleichen Akkordgeldwert. Daß wir mit Rücksicht auf eine bessere Ermittlungs- und Verständigungsmöglichkeit den Geldwert im Verlauf der Ermittlung und bei der Abrechnung in die beiden Faktoren Akkordzeit und Geldfaktor aufteilten, hat damit gar nichts zu tun.

Ferner haben wir festgelegt, daß der Akkord für die Gruppen ermittelt wird, die ihn üblicherweise ausführen. Wenn also Arbeiten von Angelernten ausgeführt werden können, in unserem Beispiel von angelernten Maschinenformern, und wenn angelernte Maschinenformer aus berechtigten Gründen mit einem niedrigeren Verdienstsatz belegt werden als gelernte Handformer, so muß die Wirtschaft darauf halten, daß die Arbeit jeweils von der billigeren Gruppe ausgeführt und der Akkord für diese ermittelt wird. Wenn aber ein Akkord für eine Gruppe ermittelt ist, kann man aus wirtschaftlichen Gründen nicht für den einzelnen Mann aus einer anderen Gruppe eine neue Akkordermittlung vornehmen, obwohl sich sehr wohl manchmal dabei ergeben könnte, daß der Gelernte infolge seiner Ausbildung in der Lehrzeit und seiner späteren Berufstätigkeit die Arbeit in einer viel kürzeren Zeit erledigt, so daß die Ermittlung des Akkordes bei gleicher Arbeit für den Gelernten bei einer viel kürzeren Akkordzeit und trotz des höheren Geldfaktors der Gelernten doch einen geringeren Akkordwert ergibt.

Das führt uns wieder dazu, von den bisherigen Gruppen der Gelernten, Angelernten und Ungelernten uns abzuwenden zu den vorgeschlagenen Schwierigkeitsgruppen. Wenn wir uns mit allen Schlußfolgerungen auf die Schwierigkeitsgruppen einstellen, so ist damit die ganze Frage der Bezahlung natürlich auch eindeutig geklärt, denn zum Ausgleich der verschiedenen Schwierigkeitsgruppen ist ein Zeitzuschlag in die Zeitvorgabe eingerechnet.

Wenn nach solchen Regelungen der Akkordarbeiter sich weigert, einen Akkord anzunehmen, so entläßt er sich selbst, denn bei neuen, richtig ermittelten Akkorden fehlt jeder berechtigte Grund zur Ablehnung und bei alten Akkorden würde eine Verdienstgarantie auf der bisher üblichen Grundlage bestehen.

Damit wären die im allgemeinen auftretenden Fragen beantwortet, und es sei nachdrücklich darauf hingewiesen, daß zur Erzielung einer reibungslosen Akkordabwicklung es richtig und zweckmäßig ist, wenn die Tarife alle Schwierigkeiten erfassen und durch klare Bestimmungen regeln anstatt ihnen vorsichtig aus dem Wege zu gehen.

Daß in einem Tarifvertrag selbstverständlich auch Wirkungsbereich und Wirkungsdauer aufzunehmen sind, soll hier nur erwähnt werden, um anschließend zu betonen, daß man einen Tarifmantel schaffen kann und dann auch soll, der für sämtliche Betriebe aller Art und jedweden Umfanges brauchbar ist, und der für die besonderen Industriezweige die jeweils notwendigen Zusatzbestimmungen erhalten kann. Eine möglichst lange Wirkungsdauer, wir denken an eine jeweilige Dauer von etwa fünf Jahren, ist erwünscht, um für die Einstellung der Betriebe auf den Tarif die notwendige Ruhe zu sichern. Andererseits sei die Dauer nicht zu lang bemessen, um der betriebswissenschaftlichen Entwicklung immer wieder gerecht werden zu können.

Akkordbasis. Und nun zum Schluß noch etwas, was gegebenenfalls nicht in einen Tarif hinein sollte. Es ist dies das Wort „Akkordbasis“. Die vorliegenden Tarife für die verschiedenen Bezirke gleicher Industrien geben diesem Worte eine ganz verschiedene Bedeutung. Da wir alle wichtigen Akkordfragen erledigen konnten, ohne dieses irreführende Wort gebrauchen zu müssen, so erscheint es zweckmäßig, eine von vornherein aussichtslos erscheinende Umschulung auf eine gleiche Auslegung gar nicht erst zu versuchen und das Wort „Akkordbasis“ grundsätzlich zu vermeiden.

Es dürfte nicht schwer fallen, auf Grund des Gesagten bei beiderseitig gutem Willen einen der jeweiligen Wirtschaft Rechnung tragenden Tarif aufzubauen.

II. Praktische Wege zu richtigen Akkorden.

13. Voraussetzungen.

Nachdem wir uns auf die im I. Teil behandelten Grundlagen geeinigt haben, sollen nun im Sinne derselben die praktischen Wege zu richtigen Akkorden aufgesucht werden. Wir kommen dabei sehr bald zu der Erkenntnis, daß für das riesengroße Gebiet, für welches die Grundlagen Geltung haben, allgemein gültige praktische Wege nicht anzugeben sind. Sonderbedingungen der Praxis treten fast bei allen Industriegruppen und Betrieben nach Gegenstand, Art und Umfang der Fertigung auf, und wenn wir zu praktisch gangbaren Wegen gelangen wollen, so müssen wir uns auf ein bestimmtes Gebiet beschränken und besondere Voraussetzungen machen.

Wir wollen als Sondergebiet den allgemeinen Maschinenbau behandeln, um bei neuen Überlegungen deren Anwendungsmöglichkeit auch gelegentlich für andere Gebiete der Fertigung anzudeuten.

Und selbst auf diesem engumgrenzten Gebiet des allgemeinen Maschinenbaues suchen wir nicht etwa den einen richtigen Weg, denn das Eindringen in die Aufgabe zeigt sehr bald, daß selbst auf dem genannten Gebiet je nach Art und Umfang der Fertigung und je nach dem Stand des Einzelunternehmens verschiedene Wege die jeweils praktischen sind.

Wir wollen ferner festlegen, daß unsere Überlegungen nicht zu Rezepten und allgemein gültigen Formeln führen sollen. Wir wollen vielmehr entwicklungsfähige und anpassungsfähige Richtlinien herausarbeiten, die zusammen mit der vorhandenen Literatur jedem, der sich mit der Rationalisierungsaufgabe und der Akkordfrage befaßt, helfen sollen die Erfahrungen von heute auch dem ihm anvertrauten Betrieb nutzbar zu machen.

Praktische Wege sind einfache Wege, auch das wollen wir beachten und das um so mehr, als auch heute noch aus verschiedenen, sehr wohl verständlichen Gründen viele einer zeitgemäßen Akkordbehandlung fernstehen. Auch diese müssen gewonnen werden, da ihre Fehler zugleich allen anderen schaden können.

Außerdem ist darauf Rücksicht zu nehmen, daß unser Weg in den meisten Fällen nicht auf freiem Feld beginnen kann, denn in den meisten Betrieben besteht ja eine Unzahl von Akkorden, nach denen gearbeitet wird, ganz gleich wie und wann sie entstanden sind. Selbst wenn wir es erreichen sollten, daß wir in der gleichen Zeit oder gar schneller und billiger zu richtigen Ergebnissen gelangen sollten, so kann eine Neuermittlung der alltäglich gebrauchten alten Akkordwerte doch nicht von heute auf morgen erfolgen. Es ist also damit zu rechnen, daß neue Werte mit den alten zusammen eine Zeitlang nebeneinander her laufen müssen. Eine Erschwerung der Abrechnung und ein Verwischen der Werte gegenseitig darf dabei nicht eintreten. In diesem Sinne muß also in jedem Falle auch der Übergang vom alten zum neuen Weg gemacht und gefunden werden.

Um Doppelarbeit zu vermeiden, verweisen wir auf die für unsere Überlegungen in Frage kommenden neuzeitlichen Veröffentlichungen der ADB und des Refa.

Endlich wollen wir davon ausgehen, daß das von allen Parteien nach dem Kriege angepriesene Mittel „Mehr produzieren“ sich als falsch erwiesen hat, weil man nicht zugleich den Mehrverbrauch predigte und ihn noch weniger ermöglichte. Unter den heutigen Wirtschaftsverhältnissen halten wir an dem seit Jahren vertretenen Grundsatz fest, daß wir ein besseres, richtigeres Erzeugnis wirtschaftlicher herstellen müssen. Besser und richtiger nennen wir in diesem Sinne das Erzeugnis, das den wirtschaftsgerechten Anforderungen der Abnehmer am besten entspricht, und wenn wir „wirtschaftlicher herstellen“ sagen, so wollen wir bei bester Ausnutzung vorhandener Mittel möglichst verlustfrei arbeiten und bei Neuanschaffungen uns stets vor Augen halten, daß der Weg zur billigen Fertigung über richtige Akkorde geht. Wer also zur Erkundung der Abnehmeranforderungen über die besten Vertreter verfügt und bei der Auswahl der Erzeugnisse auf eine akkordmäßige Herstellung weitgehendst Rücksicht nimmt, der hat sich die besten Vorbedingungen für den Erfolg geschaffen. Es sei im Zusammenhang mit unserer Aufgabe darauf nachdrücklich hingewiesen, denn der Weg zu richtigen Akkorden kann sehr mühsam sein, wenn der Einfachheit alles entgegenläuft.

14. Der Akkordvertrag im Maschinenbau.

Wir wollen annehmen, daß ein Tarifvertrag im Sinne unserer Grundlagen vorliegt, so daß wir uns in diesem Abschnitt auf den Teil des

Vertrages beschränken können, wie er mit jedem einzelnen Arbeiter abgeschlossen wird. Wie sieht nun so ein Vertrag heute in der Praxis aus?

Geschichtliche Entwicklung. Wir können gleich vorausschicken, daß von einer Einheitlichkeit dieser Verträge heute noch gar keine Rede sein kann, weshalb es zweckdienlich sein dürfte, die geschichtliche Entwicklung in der Hauptrichtung kurz zu kennzeichnen, nachdem wir uns die im I. Teil aufgestellten Grundgedanken noch einmal kurz vor Augen geführt haben.

Der einzelne in Form eines Auftrages an den Arbeiter gelangende Akkordvertrag muß alles das enthalten, was über die allgemeinen im Tarif und in der Arbeitsordnung enthaltenen Punkte als etwas anderes und besonderes hinausgeht. In dem Akkordauftrag wird also enthalten sein müssen:

a) in allen Fällen eine klare und eindeutige Fassung dessen, was gemacht werden soll;

b) je nach Art und Umfang der Arbeit eine mehr oder weniger ausführliche Anweisung darüber, wie die Arbeit gemacht werden soll;

c) in allen Fällen eine eindeutige Festlegung des Akkordwertes, für welchen die Arbeit geleistet werden soll. Der Akkordwert kann direkt in Geld angegeben sein oder auch bei bekanntem Geldfaktor durch die Akkordzeit als Berechnungsgröße umschrieben sein.

Je sachlicher diese Punkte herausgearbeitet sind, umso wirtschaftlicher und reibungsloser wird der Akkord in beiderseitigem Interesse ablaufen. Der kurze geschichtliche Überblick wird uns zeigen, wieweit man diesen Forderungen gerecht geworden ist.

Die Entwicklung des Akkordauftrages geht im Maschinenbau davon aus, daß der Meister dem Arbeiter die Arbeitsstücke, häufig zwei zusammengehörige, übergab mit der mündlichen Weisung, was gemacht werden sollte und für welches Akkordgeld es gemacht werden sollte. Über das „wie“ wurde selten oder gar nicht gesprochen.

Das Akkordgeld war vom Meister ohne irgendwelche rechnerische Tätigkeit geschätzt auf Grund der persönlichen Erfahrungen und wurde meistens in ein Akkordbuch eingeschrieben.

Nach Erledigung eines Arbeitsganges veranlaßte der Meister persönlich die Weitergabe des Werkstücks und so wiederholten sich die Akkordaufträge in der gleichen Weise.

Die Weiterentwicklung führte zum schriftlichen Auftrag in Gestalt einer Zeichnung, welche Form, Abmessungen und Kennzeichnung der zu bearbeitenden Flächen des Arbeitsstückes enthielt, ohne daß sich das „wie“ und „wielange“ und die Arbeitsweitergabe änderte.

Bei der Vergrößerung der Betriebe war mit einer Vermehrung der Arbeitsstücke eine persönliche Weiterleitung nicht mehr möglich. Man holte ältere Meister aus der Werkstatt auf ein Bureau und ließ durch sie die Arbeitsgänge auf einer Begleitkarte zum Arbeitsstück schriftlich festlegen. Darüber hinaus wurde über die Bearbeitung nichts festgelegt. Die Akkordwerte wurden in der Werkstatt vom Meister zum Teil durch rohes Schätzen, zum Teil durch Vergleichen mit den in den Akkordbüchern gesammelten Werten ermittelt.

Mit diesem schriftlichen Festlegen der Arbeitsfolgen war ein wichtiger Schritt in der Entwicklung getan. Es war naheliegend, daß die Meister ihre alten Akkordbücher aus der Werkstatt mitnahmen, um im Anschluß an die Aufstellung der Arbeitsgänge auch die Zeiten vom Bureau aus festzulegen, alles wiederum nur auf Grund der eigenen Erfahrung in Anlehnung an die Akkordbücher.

Man lernte aus den vielen Unterlagen typische Werte herauszulesen und sie in Tabellen zusammenzustellen. Es entstand außerdem schrittweise eine Literatur der Akkordberechnung. So kamen die Meister dazu, noch auf ihre alten Tage in Schnittgeschwindigkeiten und Vorschüben zu denken und mit diesen Werten zu rechnen, wobei sie meistens von Zahlentabellen ausgingen, die in Abhängigkeit vom Material für bestimmte Bearbeitungseinheiten das Akkordgeld, bald aber auch die Bearbeitungszeiten angaben. Handzeiten wurden in jedem Falle geschätzt, später auch aus Tabellen in Geld- und Zeitwerten entnommen.

Wir stoßen hier zum erstenmal ausdrücklich auf Akkordzeiten, obwohl bei dem früheren rohen Schätzen in den meisten Fällen der Gedankenweg vom Arbeitsstück auch über die Arbeitszeit zum Akkord ging.

An die Werkstatt gelangte jetzt als Akkordauftrag ein die Arbeitsgänge festlegender Begleitschein zum Werkstück und eine Akkordkarte mit Angabe des Akkordgeldes.

Darüber hinaus sind in der Vorkriegszeit nur wenig Unternehmen gekommen. Diese letzteren machten planmäßig Zeitaufnahmen mit Hilfe der Stoppuhr und bauten sich Zeitlisten auf für Griffe und Arbeitsstufen, um an Hand derselben Akkordzeiten und daraus Akkordgelder rechnerisch zu ermitteln.

In den ersten Jahren nach dem Kriege galten die Sorgen zumeist anderen Dingen. Aber man erkannte doch bald die außerordentliche Wichtigkeit des Akkordproblems für die wirtschaftliche Fertigung. Die Inflation bekehrte in kurzer Zeit auch diejenigen zum Zeitakkord, die bis dahin die Frage leichtfertig mit dem Bemerken abgetan hatten: „Bei Ihnen mag das gehen, aber bei uns ist das nicht möglich". Es stellte sich unter dem Drange der Notwendigkeit bald heraus, daß die Umstellung auf Zeitakkord nicht nur möglich, sondern auch vorteilhaft war. Wir wollen nicht hoffen und wünschen, daß stets solche Gewaltmittel nötig werden, um die weiteren Entwicklungsmöglichkeiten auf unserem Gebiet in kurzer Zeit allgemein zu verwirklichen.

Eine außergewöhnlich bedeutungsvolle Beschleunigung der ganzen Entwicklung auf breiter und gesunder Grundlage brachte die Gründung des Reichsausschusses für Arbeitszeitermittlung (Refa). Der Refa entstand aus der Erkenntnis heraus, *daß für die deutsche Industrie eine gute und richtige Arbeitszeitermittlung eine Lebensbedingung ist.* Man erkannte zugleich, daß nicht so sehr das Vorwärtstreiben Einzelner als vielmehr eine planmäßige Hebung des Gesamtniveaus notwendig ist und ging folgerichtig mit allen Mitteln daran, Akkordzeitrechner durch Schulung in besonderen Kursen (Refakursen) heranzubilden. Bei einem ersten Kursus ergab sich dann die Notwendigkeit, vorab geeignete Lehrmittel zu schaffen, und so wurden zum erstenmal wertvolle Erfahrungsdaten verschiedener neuzeitlich eingestellter Werke nach einheitlichen Gesichtspunkten bearbeitet. Und in opferfreudiger Gemeinschaftsarbeit ist ein erzieherisches Werk eingeleitet, auf das wir in absehbarer Zeit nicht verzichten können. Die Refaarbeiten gelten der Zeitermittlung und zwar vornehmlich der rechnerischen Ermittlung. Die anderen Akkordfragen sind einmal wegen der Fülle und Dringlichkeit dieser Zeitrechnungsaufgaben, dann aber auch bewußt nicht behandelt worden.

Die vielen wertvollen Beispiele einer planmäßigen Zeitermittlung (Refamappe) sowie das auf den gleichen Grundlagen aufgebaute Lehrbuch der Vorkalkulation von Bearbeitungszeiten von Hegner sind ein fundamentales Rüstzeug geworden, das jeder Zeitingenieur kennen sollte.

Die Entwicklungsstufe nach dem Stande von heute ist vielleicht wie folgt zu kennzeichnen:

Die Zeichnungen werden im allgemeinen als Einzelteilzeichnungen mit Modell- und Berabeitungsmaßen herausgebracht. Wie die Bearbeitung erfolgen soll, entscheidet der Kalkulator. In welcher Zeit die Arbeit erledigt sein soll, errechnet der Kalkulator. An die Werkstatt gelangt eine das Arbeitsstück begleitende Karte mit den eingetragenen Arbeitsgängen, bei schwierigen Stücken auch mit der Aufzählung einzelner Arbeitsstufen, dazu eine Akkordkarte für jeden Arbeitsgang, in welche die Zeitvorgaben und auch wohl die zu verwendenden besonderen Vorrichtungen, Werkzeuge u. dgl. eingetragen sind. Mit diesen Daten überläßt man der Werkstatt die Erledigung der Arbeit.

Das mag der allgemeine Stand von heute sein, sicher ist aber auch heute noch jede einzelne der früheren Entwicklungsstufen nachweisbar, und zwar liegt die Entwicklung umso weiter zurück, je mehr es sich um Einzelfertigung und reine Handarbeiten oder vornehmlich Handarbeiten handelt wie z. B. in der Formerei, in den Montagen u. dgl.

Und wenn gegenüber dem gekennzeichneten Entwicklungsstand noch viele Betriebe zurückgeblieben sind, so ist zugleich festzustellen, daß andere dieser Entwicklung vorauseilten. Warum folgt das große

Ganze so langsam, warum ist der Erfolg der wertvollen Gemeinschaftsarbeiten so wenig in die Augen fallend?

Gründe für das Zurückbleiben. Auf ein gründliches Befragen über die Akkordregelung erhält man bei den rückständigen Betrieben meistens eine der folgenden typischen Antworten:

a) Wozu erst Zeitaufnahmen machen? Wir wissen genau, was einer leisten kann, außerdem haben wir unsere alten Akkordbücher. Jedenfalls setzen wir die neuen Akkordwerte knapp an, und wenn einer damit nicht auskommt, so wird etwas zugelegt.

b) Wir haben schon oft die Absicht gehabt, die Akkorde nach der neuen Art zu machen. Wenn man aber sieht, was dazu alles nötig ist und wie teuer das alles ist, dann bleibt man immer noch einmal beim alten, obwohl man fühlt, daß es nicht richtig ist. Aber einen Zeitingenieur können wir uns jetzt nicht leisten und selbst finden wir uns in die komplizierte Rechnerei nicht hinein.

c) Wir haben den Versuch gemacht, durch einen Zeitingenieur unsere Akkorde festlegen zu lassen und sind dabei auf die größten Schwierigkeiten im Betrieb gestoßen. Die Berechnung ergab durchweg andere und zwar meist niedrigere Zahlen, als sie bei uns üblich waren. Das ließ sich natürlich nicht von heute auf morgen durchführen und so haben wir das Rechnen wieder aufgegeben.

Wir wollen diese Äußerungen nicht mit einem überlegenen Lächeln beiseite tun, sondern daraus lernen, wenn wir ernstlich helfen wollen. Aus diesen Ausführungen spricht nämlich deutlich die Überzeugung, daß die neuen Methoden zur Akkordermittlung zu umständlich, zu schwierig und zu teuer sind, und daß ihre Ergebnisse sich nicht mit der praktischen Erfahrung decken. Dieses Urteil der Außenstehenden ist aber für den sachlich und kritisch denkenden Fachmann nicht überraschend, wenn er sich in die Lage der anderen versetzt, denn man kann wohl mit Recht feststellen, daß heute eine Verfeinerung seiner Methoden für den Fortgeschrittenen leichter ist als der erste Schritt für den Zurückgebliebenen. Das kommt wohl zum Teil daher, daß man dem Anfänger den ersten Schritt zu groß zeigt, so daß er ihn für bedenklich hält und ihn gar nicht erst versucht. So wie in allen Betrieben, auch den fortgeschrittensten, eine Entwicklung vor sich gegangen ist, so soll man in den bestehenden Betrieben nicht eine Umstürzung, sondern eine ruhige Umstellung anstreben, mit ganz kleinen Schritten beginnend und erst mit zunehmender Sicherheit flott voran.

Das ist möglich und auch richtig. Bei ganz neu aufzustellenden Betrieben kann man mit dem neuesten Stand, dem die ausführenden Angestellten gewachsen sind, beginnen. Bei den bestehenden Betrieben aber heißt es, unter Weiterbenutzung der alten Werte sich allmählich auf den neuen Weg umstellen. Das Tempo, was dabei erreicht wird, kennzeichnet die Tüchtigkeit der Führung und der Geführten. Die erste Bedingung ist vollkommene Klarheit über die Marschrichtung, dann führt jeder Schritt, auch der kleinste, dem Ziele näher.

Wenn wir diese Bewegung fördern wollen, so müssen wir zur leichteren Überwindung der Hemmungen darauf sinnen, einmal die Mittel und Wege zu vereinfachen und dann die Bureauarbeiten in engster Fühlung mit der Werkstatt zu entwickeln. Eine Vereinfachung ist durch Unterteilen der großen Aufgabe in kleinere Einzelaufgaben und durch Mechanisierung der Hilfsarbeiten möglich. Das enge Zusammenarbeiten von Bureau und Werkstatt erreichen wir durch eine gemeinsame Leitung und durch einen planmäßigen Ausbau mechanisierter Zeitaufnahmen. In diesem Sinne sei in besonderen Abschnitten das an sich Zusammengehörige getrennt behandelt. Dabei sei die Aufteilung so gewählt, daß eine getrennte Durchführung des in den einzelnen Abschnitten Gesagten als Fortschritt in der gewollten Richtung zulässig und zweckdienlich ist.

15. Akkordreife Konstruktionen.

Wenn wir davon ausgehen, daß richtige Akkorde sich störungsfrei abwickeln sollen, so ist es einleuchtend, daß wir nicht zu weit ausholen, wenn wir verlangen, daß die Konstruktion uns schon in diesem Sinne unterstützen soll, ist doch die Konstruktion der Ausgang für alle Akkordüberlegungen. Was wir unter akkordreifen Konstruktionen verstehen, ist damit eigentlich schon gesagt, es sei aber mit anderen Worten nochmals geklärt, um den einzuschlagenden Weg leichter zu erkennen. Die akkordreife Konstruktion soll mit den vorhandenen Werkstattmitteln in möglichst einfacher und zuverlässiger Weise in der gewollten Genauigkeit in kürzester Zeit mit geringsten Verlusten verwirklicht werden können. Das ist leicht gesagt. Und wenn der beste Konstrukteur diese Aufgabe allein lösen sollte, so müßte er zugleich der beste Betriebsfachmann sein. Das wird selten zutreffen, und so müssen wir uns darauf einstellen, die Erfahrungen des Betriebes durch dessen Mitarbeit möglichst von Anfang an in die Konstruktion hineinzuarbeiten, so daß Teile entstehen, die sich störungsfrei herstellen lassen.

Durchsprechen des rohen Entwurfes. Wir lassen deshalb den ersten rohen Entwurf von den Betriebsfachleuten (Gießerei-, Bearbeitungs- und Montageingenieur) mit dem Konstrukteur nach folgenden Gesichtspunkten durchsprechen:

1. Günstige Form der Gußstücke zur Erzielung stets gleicher, spannungsfreier Werkstücke und zur Ermöglichung einer einfachen Aufspannung ohne Formänderung bei der Bearbeitung; Verringerung der Ausschußgefahr durch Weglegen der bearbeiteten Flächen von Schmutz- und Schlackenabführstellen; erste Bearbeitungsstelle an der voraus-

sichtlich schlechtesten Stelle des Gußstückes, so daß mit Beginn der Bearbeitung Ausschuß erkannt und Bearbeitungsverlust vermieden wird.

2. Materialauswahl wegen Formgebung (ob durch Gießen, Schmieden, Bearbeiten aus dem Vollen und dergleichen) und leichter, gleichmäßiger Bearbeitungsmöglichkeit mit billigen Maschinen und billigen Werkzeugen unter Schonung beider.

3. Bearbeitungsmöglichkeit in Schwierigkeitsgruppe „normal" ohne teure Vorrichtungen und ohne Sonderwerkzeuge bei gewollter Genauigkeit; zulässig gröbste, d. i. billigste Passung.

4. Einfache Montage, die bei der erzielbaren Bearbeitungsgenauigkeit möglichst ohne Nacharbeiten durchführbar ist.

Diese Überlegungen müssen sich natürlich zur Erzielung eines besten, marktfähigen Erzeugnisses auch noch auf viele andere Punkte beziehen, die wir hier nicht zu behandeln haben. Uns kommt es darauf an, mit kürzesten Gesamtzeiten auszukommen, d. h. mit kürzesten eigentlichen Arbeitszeiten und kürzesten unvermeidbaren Verlustzeiten. Und wir wollen aufs beste dafür sorgen, daß durch richtiges Planen bei der Aufgabenstellung von vornherein all die Verluste vermieden werden, die wir anderenfalls später bei unserer Akkordermittlung als unvermeidbar anerkennen und dann bezahlen müssen. Und es ist richtig und wichtig, bei solchen kurzen Besprechungen alle Beteiligten immer wieder darauf aufmerksam zu machen, daß die Akkordzeiten vielfach deshalb überhöht werden müssen, weil die Werkstücke nicht alle im gleichen Zustand (verzogen, verschiedene Bearbeitungszugabe usw.) zum Werkplatz kommen, weil infolge freiwerdender Spannungen besondere Arbeitsgänge oder Arbeitsstufen hinzugefügt werden müssen, weil wegen Materialausschuß, der zu spät erkannt wird, die vorausgehenden Arbeiten nutzlos verloren gehen, weil infolge verschiedener Materialbeschaffenheit Zeitzuschläge bewilligt werden müssen und Werkzeuge vorzeitig bei eingerichteter Arbeit gewechselt werden müssen, weil wegen der schwierigen Spann- und Bearbeitungsmöglichkeit die Arbeiten als „sehr schwierig" nicht von jedem ausgeführt werden können und den Schwierigkeitszuschlag bedingen, weil aus dem gleichen Grunde die Ausschußgefahr steigt und empfindliche Werkzeuge und Vorrichtungen Störungen erwarten lassen, weil schwierig zu bearbeitende Teile unter anderem mit einem geringen Genauigkeitsgrad hergestellt werden und nur gut passende Teile kurze Montagezeiten ermöglichen.

Solche Hinweise an Hand der praktisch vorliegenden Beispiele bedeuten eine planmäßige Erziehung zur richtigen Aufgabenfassung zu dem Zweck, dem Aufbau richtiger Akkorde die notwendige Grundlage zu geben. Wie weit man bei diesen Vorbereitungen in Einzelheiten geht, hängt natürlich sehr von Art und Umfang der Fertigung ab. Bei Massen- und Großreihenfertigung, desgleichen bei vielgebrauchten Normteilen wird man diese Fragen kaum zu gründlich behandeln können, während man bei der Einzelfertigung auf das einzelne Erzeugnis nicht zu viel Zeit aufwenden kann. Dafür wird man aber besonders typische Einzelerzeugnisse umso sorgfältiger durcharbeiten, um sich an solche Vergleichsbeispiele bei ähnlichen Ausführungen anlehnen zu können.

Durcharbeiten des Entwurfes und Aufstellung der Arbeitsgänge. Unter Berücksichtigung der Anregungen arbeitet der Konstrukteur den Entwurf durch. Kommt er zu wesentlich neuen Lösungen, so wird die allgemeine Besprechung wiederholt, anderenfalls werden die Einzelteile in Blei herausgezeichnet und je nach Fertigungsart und Umfang alle oder aber deren wichtigsten und schwierigsten Teile dem Beamten vorgelegt, der die Arbeitsgänge und Arbeitsstufen aufzustellen hat. Nach bestem Können macht dieser eine Aufstellung der Arbeitsgänge und bei schwierigen Stücken auch der Arbeitsstufen, und nun findet an Hand derselben eine nochmalige Besprechung mit den Werkstattbeamten statt. Diese Regelung bedeutet für den Kalkulator oder Zeitingenieur keinerlei Mehrbelastung, denn ob er seine Aufstellung vor oder nach Fertigstellung der Werkstattzeichnungen macht, ist bezüglich der erstmalig aufgewendeten Zeit gleich. Er spart aber jedenfalls manche nachträglich sehr störende Änderungen in seinen Unterlagen, die sonst später von der Werkstatt aufgegeben werden, und dann bei der bisher üblichen Regelung auch jedesmal Akkordänderungen zur Folge haben. Die Besprechung an Hand der Aufstellung über Arbeitsfolgen und Arbeitsstufen hat aber jedenfalls den Vorteil, daß die Beschäftigung mit den Einzelteilen vor deren endgültiger Festlegung dem Kalkulator Gelegenheit gibt, im Interesse günstiger Akkorde seine Erfahrungen zur Geltung zu bringen. Dazu kommt, daß die Werkstattbeamten gerade durch die Arbeitsfolgen und Arbeitsstufen zur Kritik und zum Mitüberlegen gereizt werden, weil sie die Einzelteile bildlich bereits durch alle Werkstätten führen.

Verantwortung von Bureau und Betrieb. In diesem Zusammenhang ist es notwendig, die Betriebsbeamten darauf aufmerksam zu machen, daß für eine erste Ausführung in erster Linie der Konstrukteur verantwortlich ist, daß aber nach dieser ersten Ausführung die Verantwortung auf die Betriebsbeamten übergeht, soweit sie nicht durch abgelehnte Änderungsvorschläge sich zu den Arbeiten geäußert haben. Es spart sich also jeder viel Mühe und Störungen, wenn er bei den ersten Besprechungen mit Eifer darauf bedacht ist, seine Erfahrungen aufs beste anzubringen. Es ist einleuchtend, daß eine solche Durchdringung der Konstruktion mit den Betriebserfahrungen gut und zweckmäßig und dann auch nötig ist, sie wird auch möglich sein, wenn man vernünftig dabei vorgeht. Vorab ist selbstverständlich, daß man mit einem besonders wichtigen neuen Beispiel beginnt und dabei alle Beteiligten durch den Erfolg der Besprechung von deren Nützlichkeit überzeugt. Man wird nur Wichtiges heraussuchen und lieber mehrere kurze Besprechungen ansetzen, als stundenlang einer Aufgabe nachzugehen. Erstens ermüden solche Besprechungen und das Interesse läßt bald nach, außerdem haben die Betriebsbeamten laufende Arbeiten zu erledigen, die sie selbst für noch wichtiger halten werden. Wenn aber die Zeit der Betriebsbeamten nicht ausreicht, an diesem planmäßigen und zielbewußten Herausarbeiten werkstatt- und akkordreifer Konstruktionen gebührend mitzuwirken, so ist dies oft ein Zeichen dafür, daß die Werkstatt die Konstruktionen nicht alle verdauen kann.

Immerhin kann man mit dieser außerordentlich wichtigen Akkordvorbereitung jederzeit in dem möglichen Ausmaß beginnen. Weder verwickelte Rechnerei noch umständliche Zeitaufnahmen stehen da im Wege. Und doch kommt es in der Praxis oft nicht dazu. Es fehlt angeblich die Zeit. Bis zur endgültigen Fassung der Konstruktionsaufgabe hat man Zeit. Man werde sich über die Konstruktionsaufgabe schlüssig, bevor sie dem Konstrukteur gestellt wird, dann spart man Zeit genug heraus, um das Akkordreifmachen in dem zweckmäßigen Umfang durchführen zu können.

Es wird in dieser Richtung bei planmäßiger Verfolgung der Ergebnisse in dem Maße an Zeit gespart werden können, als man sich Gemeinschaftsarbeiten zu Nutze macht, und weitgehendst Normen benutzt, die dann nur einmal durchüberlegt werden. Und anlehnend wird man sich Werknormen entwickeln, die sowohl einzelne Maschinenelemente als auch ganze Antriebs- und Bewegungsmechanismen betreffen können. Auch für solche Werknormen macht man die Überlegungen ja nur einmal, dafür aber erschöpfend. Es ist in dieser Richtung noch manches zu tun, denn über viele der einfachsten Konstruktionselemente, die in jedem Betrieb immer wieder gebraucht werden, fehlen Normen für Abmessung und Form, von Fertigungsnormen gar nicht zu sprechen. Es seien als ganz einfache Beispiele genannt: Gelenkverbindungen, Lagerdeckel usw. Die Tatsache, daß bei fortschrittlichen Betrieben solche Arbeiten im Gange sind, ändert nichts daran, daß die meisten Betriebe noch zurückstehen. Und es ist im Interesse der Wirtschaft, diese breite Front an die weit vorgeschobenen Stellungen wenigstens schrittweise heranzubringen. Es wäre eine dankbare Aufgabe (etwa für die ADB) in dem gleichen Sinne, in dem der Refa sich einsetzt für die Erziehung in Richtung der Zeitermittlung, eine erzieherische Arbeit zu leisten, um den vielen noch zurückstehenden Betrieben durch geeignete Beispielsammlungen und Kurse zu helfen, die richtige konstruktive Fassung in Verbindung mit günstigster Werkstoffauswahl und wirtschaftlichster Fertigung klar und brauchbar herauszubringen, die dem Stande eines guten Betriebes entspricht [1].

[1] Inzwischen durch Konstrukteurkurse eingeleitet.

Schon die auch dadurch geförderte Einheitlichkeit in der Fertigung erzielt eine wesentliche Erleichterung in der Ermittlung richtiger Akkorde.

Die Zeichnungen. Es bleibt noch darauf hinzuweisen, daß eine klare Fassung der Aufgabe gleichfalls dazu beiträgt, Verlustzeiten und Störungen beim Ablauf der Akkorde zu vermeiden. Die schriftliche Aufgabenfassung ist im allgemeinen die Zeichnung, die sich der vom Normenausschuß ausgearbeiteten vereinheitlichten Form und Sprache anpassen sollte. Man spart der Werkstatt viel Laufereien und Verlustzeiten, wenn man für jedes Teil eine Einzelzeichnung herausgibt, gegebenenfalls mit einem Hinweis auf die zugehörigen Paßteile. Für größere verwickelte Gußstücke sollte man immer getrennte Modell- und Bearbeitungszeichnungen herausbringen. Das ist ohne große Kosten möglich, wenn man in das Original nur die Bearbeitungsmaße einträgt, dann eine kopierfähige Pause davon anfertigt, in welcher man die fehlenden Modellmaße nachträgt. Von dem so geschaffenen Original paust man die Zeichnung für den Modelltischler, von dem ersten Original die Bearbeitungszeichnung. Im übrigen sei auf das Zeichnungswesen nicht weiter eingegangen, das in der Literatur ausreichend behandelt ist.

16. Der Weg vom Bureau zur Werkstatt.

Im Abschnitt 14 stellten wir fest, daß es heute angestrebt wird, die Arbeitsgänge und die Akkordzeiten bureaumäßig festzulegen. Im vorigen Abschnitt betonten wir die Notwendigkeit und die Möglichkeit, durch Besprechungen zwischen Betrieb, Kalkulation und Technischem Bureau im Einzelunternehmen oder auch durch Gemeinschaftsarbeiten die Beantwortung der Frage, wie eine Arbeit gemacht werden soll, noch wesentlich zu fördern, wobei auch den technischen Schulen ein entsprechender Anteil an dieser Aufgabe zugewiesen sei.

Wir nehmen an, daß der Kalkulator den ihm bei der Besprechung gegebenen Anregungen gemäß seine Aufstellung der Arbeitsfolgen und Arbeitsstufen der Art und dem Umfange der verlangten Arbeit und der Werkstatteinrichtung günstig angepaßt hat. Um die Zeitermittlung durchführen zu können, hat der Kalkulator eine ganze Reihe von Annahmen machen müssen. Wie diese Annahmen waren, erfährt meistens die Werkstatt nicht. Der Arbeiter ist vielmehr darauf angewiesen, all diese Annahmen von sich aus gleichfalls und zwar in seiner Art zu machen, denn es ist ihm ja überlassen, das Spannen nach eigenem Gutdünken vorzunehmen, Schnittzahl, Schnittgeschwindigkeiten, Vorschübe beliebig zu wählen und dergleichen mehr. Man mag für manche Arbeiten eine stillschweigende Vereinbarung und auch eine tatsächliche Übereinstimmung voraussetzen. Das ist aber sicher, daß in 99 von 100 Fällen der tüchtige Kalkulator einerseits und der tüchtige Arbeiter andererseits verschiedene Annahmen machen werden, selbst wenn durch die Besprechungen der Kalkulator stets in engster Fühlung mit der Werkstatt bleibt und von ihr Anregungen bekommt. Und nehmen wir sogar an, daß der Arbeiter ebenso günstig arbeitet, als es geplant war, so ist und bleibt die Denkarbeit des Ingenieurs nicht ausgenutzt, weil seine Überlegungen nicht bis an den Werkplatz gelangen. Es gibt zwar bei der Massenfertigung und auch wohl vereinzelt bei der Reihenfertigung Ausnahmen, d. h. es geht mit der Zeichnung eine Arbeitsanweisung an den Arbeiter, für die weitaus meisten Arbeiten trifft dies aber nicht zu, auch in vielen modern eingestellten Betrieben nicht.

Das ist ein grundsätzlicher Fehler. Darin mag zum Teil die Ursache für den verhältnismäßig geringen Erfolg all der Erziehungsarbeiten in den letzten Jahren zu finden sein. Die neuen Überlegungen bleiben im Bureau stecken und nur errechnete Zeiten erscheinen als unumstößlich richtig in der Werkstatt. Das Ergebnis ist bekannt: der Arbeiter spricht von falschen Akkorden, nicht selten auch Meister und Betriebsingenieure. Man hat kein Vertrauen zu den Bureauakkorden, und die Folge sind Unruhe und Arbeitsstörungen im Betrieb.

Diese Schwierigkeiten werden dadurch besonders fühlbar, daß in vielen Groß-, Mittel- und Kleinbetrieben noch in großem Umfang mit Einzelfertigung zu rechnen ist. Ein Ausgleich der an den Betrieb gelangenden Werte ist also nicht so leicht möglich wie bei sich häufig wiederholenden Arbeiten in der Reihenfertigung.

Dazu kommt, daß die Kalkulatoren nicht selten die in Refabeispielen oder anderen Veröffentlichungen gegebenen Werte benutzen, ohne sich genügend davon zu überzeugen, ob die Werkstatt auf die gleichen Werte eingestellt ist. Gebrauchstafeln in der Literatur ergeben bis zu 15 vH Fehler und mehr, wenn man sich in der Werkstatt aufs beste anzupassen bemüht, aber nur Mittelwerte praktisch verwirklichen kann. Mit solchen Fehlern zu arbeiten kann sich aber die heutige Wirtschaft nicht leisten.

Die theoretische Lösung der Aufgabe, diesen erkannten Fehler zu beseitigen, ist leicht gegeben. Der Kalkulator darf Arbeitsstufen und Griffe nur in enger Zusammenarbeit mit dem Betrieb festlegen, er darf nur solche Annahmen machen, die sich in der Werkstatt verwirklichen lassen und *all diese Annahmen müssen bis zum Werkplatz bekannt gegeben werden.*

Soweit wäre alles sehr gut, wenn die praktische Durchführung der theoretischen Lösung ebenso einfach wäre. Wir stoßen aber hier auf eine ernstliche Schwierigkeit, deren Übergehen uns von richtigen Akkorden dauernd fern hält. Wir haben Vorbereitungen zu treffen, die uns später bei jeder Akkordbestimmung zugute kommen.

Die Annahmen, die der Kalkulator zu machen hat, können recht vielseitig und verschiedenartig sein. So ist z. B. für Guß- und Schmiedestücke die Bearbeitungszugabe festzulegen, selbstverständlich in Abhängigkeit vom Material, der Größe und Form des Stückes, je nach der verlangten Genauigkeit des fertigen Stückes und der Art seiner Bearbeitung und so fort. Bei Drehteilen wird die Arbeitszugabe nicht nur von der Länge des Arbeitsstückes abhängen, sondern von dem Durchmesser des auf Lager gehaltenen Stangenmaterials, wobei weiter zu beachten ist, daß bei einer großen Stückzahl die Beschaffung eines passenden Stangenmaterials wegen Materialersparnis sich lohnen kann. Auch die Schleifzugabe ist eindeutig festzulegen. Ein ganz besonderes Kapitel betrifft die Wärmebehandlung. Die gewollte Schnittzahl ist für sich gleichbleibende Arbeiten festzulegen, desgleichen Anlauf- und Überlaufstrecken. Endlich sind für die Bearbeitungswerkstätten die beiden die Leistung entscheidend beeinflussenden Größen Schnittgeschwindigkeit und Vorschub anzunehmen. Damit ist nur ein Teil solcher Annahmen aufgezählt und es muß hier darauf verzichtet werden, die Reihe zu vervollständigen. Aber eine selten zutreffende Annahme sei noch genannt, nämlich die meist irrige Annahme, daß der Arbeiter alles zur Erledigung seiner Arbeit Notwendige zur rechten Zeit an seinem Platz zusammen hat.

Die vielen Veröffentlichungen enthalten zwar Richtlinien und auch Gebrauchstafeln zur Auswahl der erwähnten Zahlenwerte. Es wurde aber oben schon darauf hingewiesen, daß solche Tafeln vielfach so grob aufgeteilt sind, daß bei Zwischenwerten sich Fehler von 15 vH und mehr ergeben. Ferner muß beachtet werden, daß solche Tabellen meist von einer mittelmäßigen Werkstattleistung ausgehen und daß moderne Werkzeugmaschinen, erst recht wenn sie auf besondere Arbeiten vornehmlich eingestellt sind, viel stärker beansprucht werden können, als solches nach den üblichen Tabellenwerten der Fall sein würde.

Wir müssen also vor der Anwendung von Richtlinien und Zahlen warnen, deren Richtigkeit für den eigenen Betrieb nicht ausreichend nachgeprüft und bestätigt ist. Damit stehen wir vor der Aufgabe, diese Prüfung durchzuführen oder von der Werkstatt ausgehend gute Werte zusammenzustellen, auf die sich Kalkulator und Werkstatt verständigen. Das soll unsere Aufgabe im nächsten Abschnitt sein.

So mag es genügen, hier nochmals kurz zu betonen, daß ein planmäßiges Zusammenarbeiten zwischen Kalkulation und Werkstatt erforderlich ist, um einmal die zweckmäßigsten Arbeitsgänge und Stufen zu bestimmen, ferner um gemeinsam die notwendigen Annahmen zu vereinheitlichen und festzulegen und endlich, daß Mittel und Wege gefunden werden müssen, um die geplanten Einzelheiten, d. h. alle gemachten Annahmen auch zur Kenntnis des ausführenden Arbeiters gelangen zu lassen.

17. Der Weg zur akkordreifen Werkstatt und zu richtigen Unterlagen für werkstattreife Akkorde.

Wenn man Akkordwerte rein bureaumäßig festlegen will, muß eine Fülle von Unterlagen bereit liegen, von denen man viele in den Refaveröffentlichungen vorfindet. Soweit es sich um Größen handelt, die das Gesamtergebnis nicht sonderlich beeinflussen, mag man die Werte unbesehen gebrauchen, andere wird man aber mit der Werkstattwirklichkeit unbedingt vergleichen und in Einklang bringen müssen. Dabei wird man finden, daß nicht immer die Zahlenwerte zu ändern sind, sondern vielleicht ebensooft der Werkplatz. Das Aufbauen brauchbarer Unterlagen und ein Rationalisieren der Werkstatt geht also Hand in Hand.

Es gibt nur einen sicheren Weg, um diese Aufgabe erfolgreich durchzuführen und das ist eine sorgfältige Zeitaufnahme. Wollte man sich aber erst alle Zeitelemente durch Stoppuhrzeitaufnahmen oder ähnliche Aufnahmen bei dauernder persönlicher Beobachtung sammeln, so würde man in absehbarer Zeit nicht fertig werden. Diese Erkenntnis mag auch modern eingestellte Betriebsfachleute davon abgehalten haben, überhaupt an die Aufgabe heranzugehen.

Und wollte man im Maschinenbau, wie er heute ist, für die alltäglich vorkommenden verschiedensten Arbeiten die Akkorde rein bureaumäßig bestimmen, so möchte man wohl auf die kleinsten Griffelemente zurückgreifen, da bei der Verschiedenartigkeit der Arbeitsstücke nur wenig absolut gleiche Griffe und Arbeitsstufen herauskommen.

Geht man aber dieser Überzeugung in der Praxis nach, so findet man, daß dieser kunstvolle büromäßige Aufbau aus Griffelementen aus allerhand von heute auf morgen nicht zu beseitigenden Gründen in der Werkstatt in sich zusammenfällt. Das mag einmal daran liegen, daß man das Arbeitsstück auf eine andere Maschine geben muß als von vornherein gedacht. Das kann am Spannzeug, am Werkzeug und am Werkstück liegen, denn in der praktischen Werkstattregelung kommt ja manches anders als man denkt. Dazu kommt, daß diese scheinbare Genauigkeit bei dem Operieren mit Griffelementen sehr schnell über den Haufen geworfen wird, wenn wir feststellen, daß die bureaumäßigen Laufzeiten gegenüber den möglichen Werkstattwerten vielfach bis zu 10 vH und mehr voneinander abweichen. Wir können in diesem Zusammenhang nur sagen, daß es zweifellos Fälle gibt, in denen die notwendigen Unterlagen auf den Griffelementen aufbauen müssen, daß aber meistens in den von der Praxis gezogenen Genauigkeitsgrenzen allerhand vereinfachende Annahmen gemacht werden können, die das Gesamtergebnis nicht ungenauer, unsere Vorbereitungen aber wesentlich einfacher gestalten.

Wir werden aber allen Bedingungen Rechnung tragen müssen, so sehr dieselben auch nach Art und Umfang der Fertigung verschieden sind. Es wird letzten Endes immer wieder auf die Zeitaufnahme ankommen und dabei im wesentlichen auf die Frage, in welchem Umfange die hineinzusteckenden Aufwendungen an Zeit und Geld wirtschaftlichen Erfolg versprechen.

Die Mechanisierung der Zeitaufnahmen. Also lautet die Frage anders gestellt: Kann man die Zeitaufnahmen wirtschaftlicher gestalten? Wir beantworten diese Frage mit ja und sehen den Weg in einer Mechanisierung der Zeitaufnahmen. Damit führen wir folgerichtig die Rationalisierung beim Rationalisieren selbst durch. Man geht seit Jahren schon darauf aus, dem Zeitaufnehmer das Ablesen der Stoppuhr und das Aufschreiben der Zeiten abzunehmen, aber diese gebräuchliche Mechanisierung der Zeitaufnahmen bedingt die ununterbrochene Anwesenheit des Aufnehmers am Werkplatz. Es gibt allerdings Arbeiten, deren Aufnahmen die dauernde Anwesenheit des Aufnehmers verlangen. Dazu gehören viele Handarbeiten, die aber doch nur einen kleinen Bruchteil all der vielen Arbeiten bedeuten, die sich in unseren Betrieben abspielen, und von denen wir bald aus diesem, bald aus jenem Grund eine Zeitaufnahme haben möchten. Wir wollen und müssen also über das mechanisierte Abstoppen hinaus gewissermaßen das Automatisieren der Zeitaufnahmen anstreben. Diese Bezeichnung sei aber absichtlich vermieden, denn wir wollen solche an sich automatisch ablaufenden Aufnahmen durch unterbrochene persönliche Beobachtungen so ergänzen, daß sie für uns gegenüber den bisher üblichen persönlichen Zeitaufnahmen im allgemeinen an Wert nichts einbüßen. Das schließt nicht aus, daß wir vielerlei Aufnahmen ganz automatisch durchführen können. Die gestellte Aufgabe wird als gelöst zu betrachten sein, wenn wir mit einem geeigneten Selbstschreiber die charakteristischen Bewegungen der Arbeitsstellen erfassen können. Gelingt es, die vielseitigen Aufgaben der Zeitaufnahme mit möglichst nur einem Gerät günstig durchzuführen, so ist es klar, daß wir den Zeitaufnehmer nicht mehr stunden- und tagelang mit Schreibarbeiten beschäftigen dürfen, wenn wir ihn durch den Selbstschreiber für viel hochwertigere Arbeiten frei machen können, oder wenn wir es ihm ermöglichen können, in der gleichen Zeit das Vielfache des bisher Möglichen zugleich aufzunehmen. Dieser Entwicklungsschritt ist, wenn gangbar, an sich so selbstverständlich, daß über eine Begründung nicht weiter zu sprechen wäre.

Wir müssen uns eine solche Fortentwicklung aber doch erst von allen Seiten ansehen, bevor wir uns darauf einstellen. Es gibt da zu prüfen, ob die Genauigkeit solcher automatischen Zeitaufnahmen genügt, ob sie klar und deutlich sind, ob sie billiger und auch vertrauenerweckender sind.

Mechanische Zeitaufnahmen in diesem Sinne sind ja in einer ganz besonderen Form schon seit langem angegeben und auch ausgeführt worden. Es ist dies die Aufnahme der Arbeit im Film. Sie hat den Vorteil, daß man sich jeden einzelnen Vorgang beliebig oft und an beliebiger Stelle wieder vorführen lassen kann. Wir sehen dann aber immer wieder nur das, was wir im Betrieb sehen konnten. Es sind keine neuen Mittel da, um das Charakteristische, z. B. Arbeit und Verlust, augenfällig voneinander zu trennen. Ein Vergleich der einzelnen Arbeiten im Filmbild nebeneinander ist praktisch nicht angängig. Wir haben zwar eine bildliche Wiedergabe der ganzen Arbeit, können aber nicht viel damit anfangen. Dazu kommt, daß solche Aufnahmen gar nicht ohne besondere Vorbereitungen zu machen und sehr teuer sind. Die Filmaufnahme ist zur Zeit nur historisch als ein Glied der Mechanisierung der Zeitaufnahmen von Interesse, während sie als Zeitlupenaufnahme für die Erforschung schnellster Arbeitsvorgänge von größter Bedeutung ist.

Das Indizieren der Werkplätze. Die Zeitaufnahmen, die wir anstreben, sind demgegenüber durch folgenden Vergleich am besten zu kennzeichnen:

Wir können den Gang einer Kraftmaschine im Film aufnehmen, wir können die Kraftmaschine aber auch indizieren.

Dieses letztere in die Werkstatt übertragen, das Indizieren der Werkplätze, das sei ein Ziel der praktischen Mechanisierung der Zeitaufnahme.

Wir wollen uns die Arten der Zeitaufnahmen, von denen wir in diesem Abschnitt zu sprechen haben, einmal an einem einfachen Beispiel vor Augen führen:

Ein Vergleichsbeispiel. In zehn Gußwände sind nacheinander je drei Löcher von verschiedenem Durchmesser und von verschiedener Tiefe nach Anriß zu bohren.

Wir beginnen mit der Vorführung einer Filmaufnahme und sehen mit einiger Phantasie die Arbeit wie folgt ablaufen: Der Arbeiter holt sich Zeichnung, Werkzeug und Lehren, rückt den Aufspanntisch zurecht, sucht sich Spannzeug zusammen, das er für notwendig hält, und spannt das erste Arbeitsstück nach einigen Versuchen zweckentsprechend auf. Er spannt den ersten Bohrer ein, stellt Umdrehungszahl und Vorschub ein und bringt Bohrschlitten und Spindel an den Anriß, drückt den Bohrer auf und läßt die Spindel wieder hoch. Die Anbohrung sitzt nicht genau zum Riß, der Arbeiter körnt nach und bohrt wieder an und muß diese Arbeit noch zweimal wiederholen, bis die Anbohrung zum Anriß paßt. Er führt die Spindel wieder herunter und schaltet den Selbstgang ein. Nach einigem Bohren mißt er nach. Die Bohrung ist richtig und so holt er das Werkzeug wieder herunter und läßt im Selbstgang das Loch fertig bohren. Dann führt er schnell die Spindel hoch, wechselt Werkzeug, Umdrehungszahl und Vorschub und führt den Bohr-

	Unterteilung		Aufnahmen der gleichen Teilarbeit									
			1	2	3	4	5	6	7	8	9	10
1	Aufspannen	E	6.3	5.4	4.5	3.6	5.2	7	5	4.1	4.1	3.8
		F	6.3	38.1	67.5	3.6	7.2	24.6	54.8	25.4	4.1	3.8
2	Werkzeug einspannen . Umdrehung u. Vorschubeinst.	E	1.6	1.4	1.4	1.5	1.2	1.3	1.2	1.4	1.3	1.2
		F	7.9	39.5	68.9	5.1	8.4	25.9	56.0	26.8	5.4	5.0
3	Anbohren nach Anriß .	E	1.8	1.3	1.2	1.2	1.7	1.3	—	1.2	1.4	1.6
		F	9.7	40.8	70.1	6.3	10.1	27.2	—	28.0	6.8	6.6
4	Selbstgang.	E	0.3	0.3	0.4	—	—	0.4	—	—	0.4	—
		F	10.0	41.1	70.5	—	—	27.6	—	—	7.2	—
5	Messen	E	0.3	0.4	0.3	—	—	0.3	—	—	0.5	—
		F	10.3	41.5	70.8	—	—	27.9	—	—	7.7	—
6	Selbstgang.	E	3.7	3.5	3.6	3.8	3.9	3.5	3.9	4	—	3.8
		F	14.0	45.0	74.4	10.1	14.0	31.4	3.9	32	—	10.4
7	Werkzeug-Geschwindigkeits- und Vorschubwechsel	E	1.3	1.5	1.2	1.1	1.5	1.6	1.3	1.2	—	1.3
		F	15.3	46.5	75.6	11.2	1.5	33.0	5.2	33.2	—	11.7
8	Anbohren nach Anriß .	E	1.7	1.3	1.4	1.2	1.5	1.7	1.3	0.8	—	1.2
		F	17.0	47.8	77.0	12.4	3.0	34.7	6.5	34	—	12.9
9	Selbstgang.	E	0.4	0.3	—	—	—	0.4	—	—	—	0.3
		F	17.4	48.1	—	—	—	35.1	—	—	—	13.2
10	Messen	E	0.3	0.4	—	—	—	0.3	—	—	—	0.4
		F	17.7	48.5	—	—	—	35.4	—	—	—	13.6
11	Selbstgang.	E	4.3	4.4	4.7	4.6	4.6	4.4	4.9	4.7	—	4.2
		F	22.0	52.9	81.7	17.0	7.6	39.8	11.4	38.7	—	17.8
12	Werkzeug-Geschwindigkeits- und Vorschubwechsel	E	1.4	1.7	1.3	1.4	1.2	1.5	1.4	1.2	—	1.5
		F	23.4	54.6	83.0	18.4	8.8	41.3	12.8	39.9	—	19.3
13	Anbohren nach Anriß .	E	1.7	1.3	1.2	1.5	1.8	0.9	1.4	1.3	—	1.3
		F	25.1	55.9	84.2	19.9	10.6	42.2	14.2	41.2	—	20.6
14	Selbstgang.	E	0.4	0.3	0.4	—	—	0.6	—	—	—	0.5
		F	25.5	56.2	84.6	—	—	42.8	—	—	—	21.1
15	Messen	E	0.4	0.4	0.2	—	—	0.3	—	—	—	0.3
		F	25.9	56.6	84.8	—	—	43.1	—	—	—	21.4
16	Selbstgang.	E	4.7	4.5	4.8	—	5.2	4.5	5.0	5.3	—	4.6
		F	30.6	61.1	89.6	—	15.8	47.6	19.2	46.5	—	26.0
17	Abspannen	E	2.1	1.9	1.9	2	1.8	2.2	2.1	1.8	—	1.9
		F	32.7	63.0	91.5	2	17.6	49.8	21.3	48.3	—	27.9

Abb. 2. Aufnahmebogen einer Stoppuhraufnahme der besprochenen Bohrarbeit.

schlitten über das zweite Loch. Hier wiederholt sich der gleiche Bohrvorgang, nun kommt er mit zweimaligem Nachkörnen zur passenden Anbohrung. Entsprechender Verlauf beim dritten Loch mit dreimaligem Spindelheben. Dann Abspannen des fertigen Werkstücks und Aufspannen des folgenden. Wieder der Arbeitsablauf in der gleichen Weise. Zweimaliges Nachkörnen genügte. So folgt das dritte Arbeitsstück, beim zweiten Loch mißt er nicht mehr, beim dritten Loch sitzt die Anbohrung nach einmaligem Nachkörnen. Beim Umspannen spricht der Meister mit dem Arbeiter. Nach dem zweiten Loch des vierten Arbeitsstückes vergißt der Arbeiter die Umstellung des Vorschubes und bohrt also mit der größeren Anstellung des zweiten Loches. Das Ergebnis ist Bruch des Bohrers. Der Arbeiter muß zur Ausgabe, um sich das Werkzeug umzutauschen. Er bohrt mit richtigem Vorschub das dritte Loch fertig. Dann ist Mittagspause, der Arbeiter beginnt mit seiner Arbeit 5 Minuten zu spät. Kaum hat er das siebente Arbeitsstück begonnen, als ein Betriebsstillstand von 11 Minuten wegen Ausbleiben des Stromes das Weiterarbeiten hindert. Die Arbeit am achten Arbeitsstück verläuft ohne Besonderheiten. Nach dem Abspannen des fertigen Stückes schleift der Arbeiter seine Bohrer nach. Die erste Bohrung des neunten Stückes führt in eine große poröse Stelle des Gußstückes, so daß das Arbeitsstück als Ausschuß abgespannt wird. Arbeit zehn verläuft so, daß wir nichts Außergewöhnliches beobachten und es folgt das Abspannen des fertigen Stückes, sowie das Abrüsten und Reinigen der Maschine.

Wir haben uns das Bild im beschleunigten Tempo am Auge vorbeigeführt. Wollten wir den Film im richtigen Arbeitstempo ablaufen lassen, so müßten wir 6,1 Stunden sitzen und zuschauen bis 7300 m Film abgelaufen sein würden. Immerhin haben wir gesehen, und das zeigen auch die folgenden Aufnahmen, daß die Arbeit von verhältnismäßig kleinen Störungen abgesehen, in gutem und gleichmäßigem Fluß abgelaufen ist. Das Gesamturteil über den Arbeiter müßte wohl lauten: etwas ungeschickt aber fleißig.

In Abb. 2 liegt der Aufnahmebogen vor uns, den der Zeitaufnehmer in der üblichen Weise mit Hilfe der Stoppuhr von derselben Arbeit aufgenommen hat. Arbeitsstufen und Griffe waren vorher vereinbart. Die Einzelzeiten wurden zum Teil während,. zum Teil nach der Aufnahme ausgerechnet und eingeschrieben. Eine unter persönlicher Beobachtung abgestoppte Aufnahme mittels Zeit-Zeit- oder Bandschreiber lassen wir aus, da sie uns als halbe Maßnahme im vorliegenden Beispiel keinen Vorteil bringt.

Die neuartige automatische Aufnahme mit unterbrochener Beobachtung, so wie sie mit dem Diagnostiker möglich ist, zeigt Abb. 3. Arbeitsstufen und Griffe waren gleichfalls vorher vereinbart und wie folgt festgelegt worden:

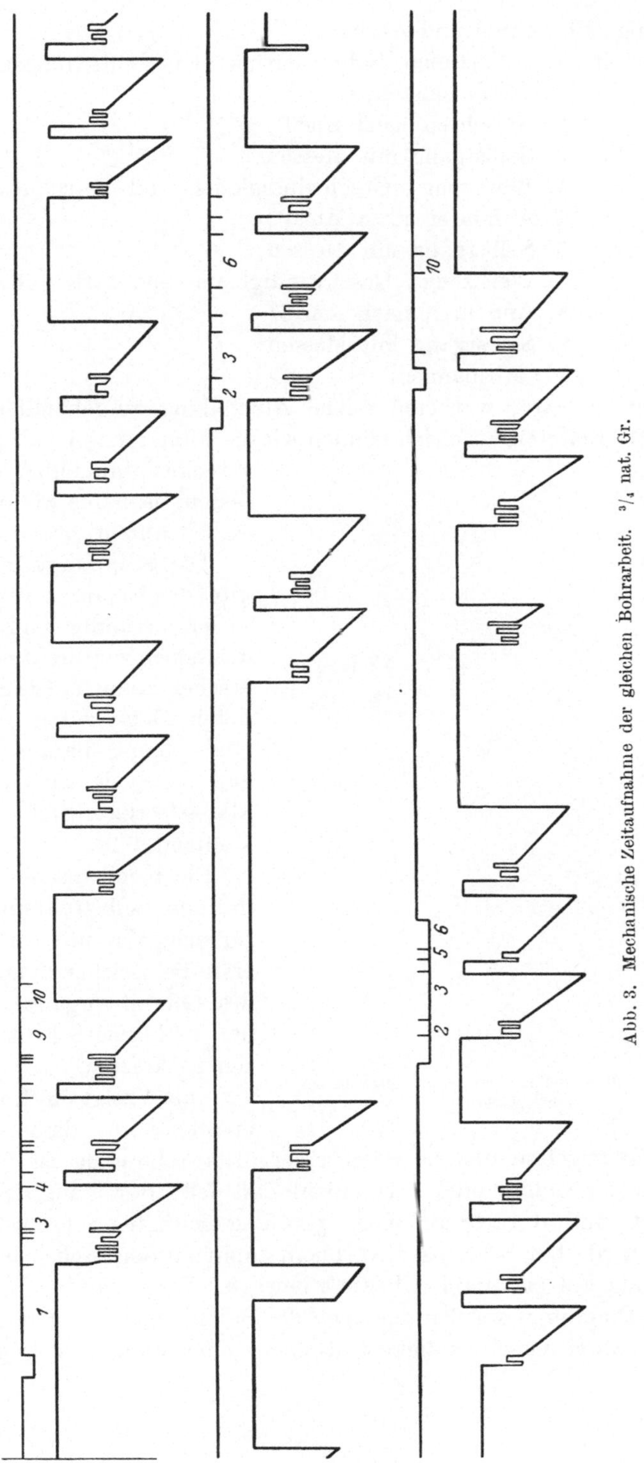

Abb. 3. Mechanische Zeitaufnahme der gleichen Bohrarbeit. $^3/_4$ nat. Gr.

einmalig: Einrichten und Abrüsten;
wiederholt: 1. Aufspannen, Bohrer einspannen, Umdrehungen und Vorschub einstellen;
2. Anbohren nach Anriß;
3. Selbstgang mit Messen;
4. Werkzeug-, Geschwindigkeits- und Vorschubwechsel;
5. Anbohren nach Anriß;
6. Selbstgang mit Messen;
7. Werkzeug-, Geschwindigkeits- und Vorschubwechsel;
8. Anbohren nach Anriß;
9. Selbstgang mit Messen;
10. Abspannen.

Dem Arbeiter war eine solche Aufstellung ausgehändigt worden.

Beim weiteren Vergleich können wir die Filmaufnahme als für unsere Zwecke unbrauchbar außer acht lassen, nachdem wir aus ihr den Arbeitsablauf ersehen haben.

Abb. 4. Radialbohrmaschine mit eingebautem Selbstschreiber.

Die Stoppuhraufnahme ergibt das bekannte Bild mit den vielen fortlaufenden Zeitzahlen, aus denen wir direkt noch wenig ersehen können. Die ausgerechneten Einzelzeiten lassen nur einen mangelhaften Vergleich zu, wie jede Zahlenfülle ein klares Vergleichsbild nicht aufkommen läßt.

Die mechanische Aufnahme mit dem Selbstschreiber spricht für sich. Wir müssen natürlich erst die Zeichen und Gesetze des Schreibvorganges kennen, um die klaren Schriftzüge deuten zu können.

Abb. 4 zeigt die Radialbohrmaschine mit dem am Bohrschlitten angebrachten Selbstschreiber. Ein Schnurzug ist so mit der Büchse der Bohrspindel verbunden, daß jede Bewegung der Spindel aufwärts und abwärts auf einen gradlinig bewegten Schreibstift übertragen wird. Der Schreibstift verbucht somit automatisch jede Spindelbewegung auf ein durch Uhrwerk bewegtes Papierband.

Im Diagramm werden demnach die Bewegungen der Spindelbüchse je nach ihrer Geschwindigkeit als mehr oder weniger schräge Linien quer zum Papierlauf, alle Stillstände der Spindelbüchse als grade Striche in Richtung des Papierlaufes erscheinen. Mit anderen Worten wäre das Gesetz des Selbstschreibers so zu fassen: Es werden die Relativbewegungen zwischen Werkzeug und Werkstück in der Anstellrichtung aufgeschrieben.

Zu dieser Aufnahme wurde vom Meister gemeldet: Um 11 Uhr Besprechung 4 Minuten wegen Auftrag b 1756; um 1,30 stand der Betrieb 11 Minuten; neuntes Stück porös, Ausschuß.

Vom Arbeiter wurde gemeldet: Nach dem 3. Stück mit dem Meister gesprochen; beim 7. Stück stand der Betrieb; nach dem 8. Stück 2 Bohrer geschliffen; 9. Stück porös laut Meister Ausschuß.

Das Schaubild zeigt außer dem bisher behandelten Linienzug noch eine zweite in Richtung des Papiervorschubes verlaufende Linie mit Absätzen und kleinen Markierungsstrichen. Diese Linie ist mit einem Zusatzschreiber aufgezeichnet worden, der von außen mit der Hand betätigt werden kann, Abb. 5. Diese Markierungen bei A, B und C machte der Zeitaufnehmer während der Dauer seiner persönlichen Anwesenheit am Werkplatz, die Marken bei D machte der Meister, solange er selbst am Werkplatz beobachtete. Diese Markierungen kennzeichnen die Dauer der die einzelnen Arbeitsstufen und Griffe umfassenden Arbeitselemente 1—10 entsprechend der obigen Aufstellung.

Sobald der Zeitaufnehmer zur persönlichen Beobachtung an den Werkplatz gekommen ist, drückt er den Zusatzschreiber herunter und läßt ihn mit dem Beginn eines der in der Aufstellung unter einer Nummer zusammengefaßten Arbeitselementes wieder hoch, um dann die Beendigung dieses oder, was das gleiche ist, den Beginn des folgenden Arbeitselementes durch einen kleinen Strich zu markieren. Er merkt sich in seiner Tagesliste vor, bei welcher Arbeit er zum Werkplatz gekommen ist, so daß die Nummern der Arbeitselemente nachträglich in das aufgenommene Schaubild eingetragen werden können. Bei längerdauernden Arbeiten wird der Zeitaufnehmer die Nummern dieser Arbeitselemente gleich in das Schaubild eintragen, denn nach dem Öffnen des Gerätes ist die Schreibstelle auch für Handeintragungen zugänglich. Da der Zusatzschreiber mit dem Hauptschreiber auf einer Höhe steht, so decken sich die mit dem Zusatzschreiber markierten Zeitstrecken mit denen, die vom Hauptschreiber als Maschinenwege aufgezeichnet wurden. Es lassen sich also die Schaulinien des Hauptschreibers aus den bekannten Markierungen des Zusatzschreibers sogleich ablesen, wenn solches bei verwickelten Arbeiten nicht schon auf den ersten Blick möglich ist. Ein besonderer Auswerter erleichtert dieses Vergleichen.

Wenn wir das Ergebnis noch einmal zusammenfassen, so ist zu sagen: Wir sehen im Hauptdiagramm den Ablauf der gesamten Arbeit in einem eindeutigen Linienzug vor uns. Eine zweite Linie mit Markierungen gibt uns die Werte der persönlichen Beobachtung ohne Beeinflussung der Hauptdiagrammlinie.

Die gesamte aufgenommene Arbeit dauerte 6,1 Stunden. Der Zeitaufnehmer war zur persönlichen Beobachtung aber nur stark 1 Stunde am Werkplatz. Durch die Mechanisierung der Aufnahme wurden 4,85 Stunden oder 80 vH seiner Zeit für hochwertigere Arbeiten frei gemacht. Dabei ist das Bild des Arbeitsablaufes trotzdem eindeutig klar, ja es ist für unsere Rationalisierungsüberlegungen und für den Aufbau gerechter Akkorde viel wertvoller als eine Stoppuhraufnahme bei dauernder Anwesenheit des Zeitaufnehmers. Es läßt sich nun einmal nicht vermeiden, daß bei Anwesenheit des Zeitaufnehmers Faktoren von merklichem Einfluß mitwirken, die uns den Blick für die wirkliche Werkstattarbeit trüben. Der Arbeiter ist bei dem Bewußtsein, daß dauernd jemand hinter ihm steht, bald nach dieser, bald nach jener Seite beeinflußt und, was noch gefährlicher ist, bei dauernder Anwesenheit des Zeitaufnehmers werden die Aufnahmen durch immer neues Eingreifen leicht zu Paradeaufnahmen gemacht, bei denen die in der Praxis immer wieder auftretenden Störungen im voraus durch besondere Eingriffe verhindert werden. Bei der Arbeitswiederholung treten sie später natürlich wieder auf, sie sind unseren Rationalisierungszugriffen entzogen worden und, da sie bei der Akkordbildung nicht berücksichtigt wurden, ist der Akkord zuungunsten des Arbeiters falsch und führt zu Reibereien und Arbeitsstörungen.

Bei der mechanischen Zeitaufnahme haben wir aber ein möglichst ungestörtes Bild der Werkstatt vor uns. Es ist deshalb für alle weiteren Überlegungen von ganz besonderem Wert.

Überprüfung der mechanischen Zeitaufnahmen. Bevor wir uns ein abschließendes Urteil über die Verwendung des Selbstschreibers bilden, möchte allerdings noch die Frage beantwortet sein, ob das Bild nicht durch willkürliche Maßnahmen so gestört werden kann, daß es aus diesem Grunde für unsere Folgerungen als unsicher angesehen werden müßte. Welcher willkürliche Eingriff ist möglich, oder mit anderen Worten, wie kann man im Schaubild etwas anderes vortäuschen, als was sich wirklich abgespielt hat?

a) Man kann den das Aufnahmegerät mit dem Werkplatz verbindenden Schnurzug abhängen. So entsteht auf dem Papierband eine gerade Linie, die Vortäuschung einer Arbeit ist auf diese Weise also ausgeschlossen. Der Zeitaufnehmer kommt von Zeit zu Zeit zum Werkplatz, stellt die Störung fest und sorgt für Abhilfe.

b) Man hängt die Schnur um, d. h. an andere bewegliche Teile als vom Zeitaufnehmer eingerichtet. Das Schaubild gemäß Einrichtung durch den Zeitaufnehmer ist aufgezeichnet, jede grundsätzliche Abweichung davon ist auf den ersten Blick zu erkennen. Außerdem wird auch in einem solchen Falle der Zeitaufnehmer bei seinen immer vorzusehenden und wenn auch nur ganz kurze Zeit dauernden persönlichen Beobachtungen die Störung erkennen und abstellen.

c) Man läßt die Maschine Leerhübe ausführen ohne Arbeit zu leisten. Auch die Leerhübe würden im Selbstgang in der gleichen Zeit ablaufen wie bei wirklicher Arbeitsleistung (abgesehen vom möglichen Riemenschlupf). Das Auslassen der Handzeiten würde im Schaubild sofort auffallen, da ja ein richtiger Arbeitsgang, sei es geschlossen oder unter Zusammenfügung der persönlichen Beobachtungen durch den Zeitaufnehmer, im Schaubild aufgezeichnet ist. Und wenn z. B. 10 Werkstücke zu bearbeiten sind, welches Interesse könnte der Arbeiter daran haben, noch 1 oder 2 Stück durch Leerhübe zu markieren? Für die Beeinflussung der Zeitaufnahme gar keins, denn bei der Leerarbeit wird der Arbeitsablauf eher schneller als langsamer gehen. Wollte der Arbeiter aber eine Mehrleistung vortäuschen, so müßten ja auch die Arbeitsstücke da sein. Und wenn der Arbeiter wirklich mehr Leistung vortäuschen will, so wird er ja nicht gerade bei Zeitaufnahmen solche Schiebungen versuchen, wo er damit rechnen muß, daß das Schaubild alles aufdeckt. Ferner bedenke man, daß die Aufnahmen im allgemeinen am Werkplatz des Akkordarbeiters gemacht werden. Warum sollte der Akkordarbeiter unbezahlte Leerhübe ausführen, während er wirkliche Arbeit hätte leisten können, die ihm bezahlt würde. Und schließlich muß der Arbeiter auch damit rechnen, daß jederzeit der Zeitaufnehmer an seinem Werkplatz erscheint und das eingeleitete Täuschungsmanöver sofort erkennt, denn ein plötzliches Abbrechen seiner Leerarbeiten würde ja im Schaubild auch sofort auffallen. Eine Täuschung durch Leerhübe ist also widersinnig und einerseits durch die fehlende Stückzahl und gegebenenfalls durch Abweichungen im Schaubild zu erkennen.

d) Man läßt die Maschine Arbeitshübe ausführen, ohne daß man am Werkplatz ist. Das ist unter Umständen unbedenklich und bei Mehrfachbedienung von Maschinen ja die Regel. Bedenklich aber würde es sein, wenn man bei der mechanischen Zeitaufnahme Bewegungen der Maschine aufzeichnen würde, die auch ohne Beobachtung beliebig lange fortdauern können. So wäre es falsch, bei einer Drehbank die Spindelumdrehung oder bei einer Hobelmaschine die Tischbewegung oder bei einer Fräsmaschine die Umdrehung des Fräsers allein aufzunehmen.

Der Selbstschreiber gemäß Abb. 5, der sogenannte Diagnostiker, geht bei seinen Aufnahmen den richtigen Weg, er schreibt die Relativbewegungen zwischen Werkstück und Werkzeug in der Anstellrichtung auf. Damit ist die charakteristische Bewegung erfaßt, die nicht beliebig lange ohne Beobachtung erfolgen kann, denn die Vorschubmechanismen z. B. der Schlitten und Support der Drehbank oder der Support der Hobelmaschine oder der Fräßmaschinentisch würden festfahren, und das würde im Diagramm klar aufgezeichnet werden. Und zwar würde man nicht nur sehen, daß die Relativbewegung zum Stillstand gekommen ist, sondern daß sie an einer Stelle angehalten wurde, die beim normalen Arbeiten nicht erreicht wird. Man hat also für einen wahrscheinlichen Bruch der Maschine zugleich die Ursache festgestellt.

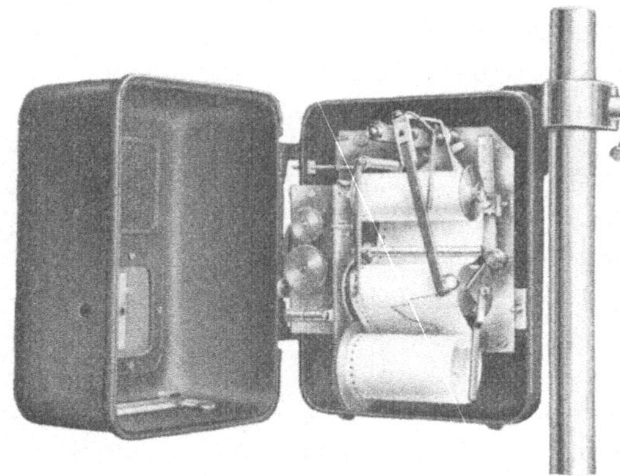

Abb. 5. Der Diagnostiker geöffnet.

Vorschubwege, die länger als nötig sind, werden aus dem Diagramm sogleich erkannt. Unbeobachtete Arbeitshübe oder willkürlich vergrößerte Arbeitshübe können also nichts vortäuschen, was aus dem Diagramm nicht als solches klar zu erkennen ist.

e) Man kann die Vorschübe ändern. Jede Vorschubänderung ergibt eine Bildänderung. Eine Täuschung ist ausgeschlossen. Der Zeitaufnehmer braucht nicht einmal für die Dauer eines Selbstganges am Werkplatz zu bleiben. Nachdem die Richtung der Schaubildlinie genügend erkennbar ist, und das ist auch bei lange dauernden Arbeiten im allgemeinen in wenigen Minuten schon der Fall, kann der Zeitaufnehmer zu einem anderen Werkplatz gehen, denn jede Änderung des Vorschubes ist aus der Richtungsänderung der Diagrammlinie sofort zu erkennen.

Damit dürften die scheinbar naheliegenden, willkürlichen Eingriffe und Täuschungen bei der mechanischen Zeitaufnahme erfaßt sein, und in allen Fällen sehen wir, daß eine Täuschung ausgeschlossen ist. Schon die Tatsache, daß wir mindestens einen Arbeitsablauf — und sei es nur bis zur Erfassung der charakteristischen Richtung der Schaubildlinie — durch den Zeitaufnehmer persönlich beobachten und mit dem Zusatzschreiber markieren lassen, sichert uns mit dem „Beobachtungsschaubild" ein Vergleichsbild, von dem alle anderen nur insofern abweichen dürfen, als eine Erklärung dafür gegeben werden kann. Und damit bekommen wir die einwandfreien Unterlagen für unsere zeit- und arbeitsparenden Maßnahmen.

Wenn man nun noch bedenkt, daß man den Diagnostiker nicht nur mit einem Haupt- und einem Zusatzschreiber, sondern mit beliebig vielen Schreibgeräten ausrüsten kann, um die außer den Vorschubbewegungen aller Supporte noch wichtigen Daten zu erfassen (z. B. Schnittgeschwindigkeit, Kraftverbrauch, usw.) so ist festzustellen, daß nicht nur keine Bedenken gegen diese mechanischen Zeitaufnahmen mittels Diagnostiker bestehen, sondern daß alles für eine Umstellung auf Mechanisierung spricht.

Wir dürfen aber mit all unseren Wirtschaftsmaßnahmen, ganz gleich welcher Art sie auch sind, nicht leichtfertig darüber hinweg gehen, welche Wirkung sie auf alle Glieder unserer Wirtschaft haben können. So sei im Sinne unserer Überlegungen im 1. Teil auch noch bedacht, ob die Betriebsbeamten und Arbeiter durch die Einführung der Mechanisierung geschädigt werden, bzw. wie eine Einstellung derselben zu der Mechanisierung der Zeitaufnahmen gerechterweise zu erwarten ist.

Da wo Zeitaufnehmer, Betriebsingenieure und Meister Hand in Hand zusammenarbeiten, da wo jeder Führer seinen Mitarbeitern ein Lehrmeister und nicht nur Kritiker ist, da werden alle mit Freuden begrüßen, daß man nun imstande ist, Fehler und Mängel aufzudecken, die bisher — sei es im Drange der anderen Arbeiten, sei es mangels eines geeigneten Sichtbarmachers — nicht erkannt wurden. Und jeder Zeitaufnehmer wird froh sein, daß er nicht mehr als der gehaßte Aufpasser stundenlang hinter dem Arbeiter zu stehen braucht, sondern daß er von dem Uhrstoppen und Schreiben befreit jetzt Zeit für Rationalisierungsarbeiten, d. h. für das wirtschaftliche Ausnutzen der Zeitaufnahmen hat. Und Betriebsingenieure und Meister sind nicht mehr auf die meist sehr knapp verfügbare Zeit des Zeitaufnehmers angewiesen und können, wenn es sein muß, das Aufnahmegerät selbst anstellen, um eilige Feststellungen sofort vorzunehmen. Damit wäre zugleich angedeutet, daß mit dem mechanischen Gerät auch die Kleinbetriebe, die sich bisher einen Zeitingenieur nicht leisten konnten, instand gesetzt werden, Zeit- und Arbeitsaufnahmen zu machen.

Und nun die Einstellung der Arbeiter zur mechanischen Zeitaufnahme. Wir können es verstehen, daß der Arbeiter gegen jede Kontrolle und gegen jede Zeit- und Arbeitsaufnahme ist. Aber wenn aus den bekannten Gründen bei jedem Wirtschaftssystem Zeit- und Arbeitsaufnahmen nötig sind, sei es zur Lösung von Rationalisierungsaufgaben, sei es zur Zeitbestimmung für Kalkulations- und Akkordunterlagen, so ist es sicher und auch in der Praxis bestätigt, daß die unpersönliche Zeitaufnahme durch einen Selbstschreiber jedem Arbeiter sympathischer ist als die dauernde, persönliche Beobachtung durch den Zeitaufnehmer mit der Stoppuhr. Denn bei der mechanischen Aufnahme kann der Arbeiter unbeeinflußt seine Arbeit so ausführen, wie es ihm seine Arbeiterehre eingibt und er weiß, daß alles unparteiisch, gerecht und ohne Irrtümer gebucht wird. Die Fälle sind ja bekanntlich nicht selten, daß die Aufschreibungen des Zeitaufnehmers angezweifelt werden, und es gibt Betriebe, in denen Stoppuhraufnahmen nur in Gegenwart eines Arbeiterratmitgliedes gemacht werden.

Natürlich muß der Arbeiter Gelegenheit haben, die Schaubilder und deren Auswertung einzusehen. Er muß sich auf die Gerechtigkeit und die Ehrlichkeit und auf den festen Willen zu Klarheit und Wahrheit bei der technischen Leitung verlassen können. Diese Voraussetzung gilt natürlich bei jeder Art von Zeitaufnahmen. Die neue mechanische Art hilft durch ihre untrügerischen und leicht verständlichen Darstellungen, das Vertrauen zu festigen, wenn der gute Wille dafür auf beiden Seiten vorhanden ist.

Und nun noch einige Vorteile solcher mechanischen Zeitaufnahmen gegenüber den Stoppuhraufnahmen. Während bei den Stoppuhraufnahmen die Aufmerksamkeit des Zeitaufnehmers vornehmlich der Stoppuhr und der Schreibarbeit gilt, kann bei der mechanischen Zeitaufnahme der Zeitaufnehmer sich voll und ganz der Beurteilung der Arbeit selbst widmen, denn das Betätigen des Zusatzschreibers erfolgt ganz mechanisch in dem Augenblick, in dem die Beendigung einer Arbeitsstufe oder eines Griffs erkannt wird. Und während bei den Stoppuhraufnahmen der Zeitaufnehmer an den einen Werkplatz gebunden ist, kann er bei Zuhilfenahme des Diagnostikers an mehreren Werkplätzen gleichzeitig und zwar erfahrungsgemäß an vier bis sechs Stellen zugleich zuverlässige Aufnahmen machen. Die Dauer der mechanischen Zeit- und Arbeitsaufnahmen kann beliebig ausgedehnt werden. Wir sind nicht mehr auf einzelne Aufnahmen angewiesen, die mehr oder weniger gut vorbereitete Zufallswerte enthalten, sondern wir können nun billige Daueraufnahmen machen, die unbeeinflußt ein möglichst richtiges Bild der Werkstatt geben. Und gerade darin, daß wir ein Bild und nicht einen Zahlenhaufen aufnehmen, liegt ja ein ganz besonderer Vorzug der mechanischen Aufnahmen.

Endlich noch die Kostenfrage, denn wir wollen bedenken, daß wir beim Rationalisieren erst recht wirtschaftlichst verfahren müssen. Die Bedeutung der Arbeits- und Zeitaufnahmen ist heute von allen Seiten anerkannt. Wenn die Durchführung hinter dem Wollen noch wesentlich zurückbleibt, so ist dies zum Teil darin begründet, daß man die Kosten solcher Aufnahmen scheut. Trotzdem werden auch jetzt schon in den einzelnen modernen Industriestaaten viele Tausende für Zeitstudien und Arbeitsaufnahmen ausgegeben. Umso wichtiger ist es, wenn es gelingt, auch auf diesem Gebiete einen wirtschaftlichen Fortschritt zu verwirklichen. Wenn man bedenkt, daß bei den mechanischen Aufnahmen durchschnittlich das Fünffache erledigt werden kann als bei Stoppuhraufnahmen, so ist damit die Wirtschaftlichkeit der Mechanisierung bereits belegt. Zur Ergänzung sei unten[1] ein zahlenmäßiger Vergleich beigefügt.

[1] Nach den vorliegenden Zahlen würden bei reichlicher Abschreibung, Ver-

Wir haben mit dieser Betrachtung über die Mechanisierung der Zeitaufnahmen dem Abschnitt „Zeitermittlung" einiges vorweg genommen. Das ist aber erforderlich, da wir uns bereits in diesem Abschnitt die Vorteile der mechanischen Zeitaufnahmen zu Nutze machen wollen.

Nachdem wir uns mit dem neuen mechanischen Mitarbeiter angefreundet haben, gehen wir von Neuem an die Aufgabe, die wir uns in diesem Abschnitt gestellt haben, d. h. wir wollen zur akkordreifen Werkstatt und zu richtigen Unterlagen für werkstattreife Akkorde gelangen.

Praktische Arbeitsaufnahmen. Um den richtigen Angriffspunkt einerseits und die Marschrichtung andererseits schnell zu erfassen, führen wir uns vor Augen, daß unsere Akkorde nur richtig sein können für den Betrieb, wie er tatsächlich ist. Es muß also der Wunsch bestehen, vorab ein klares Bild der Werkstattarbeit zu bekommen, um daraus den allgemeinen Ablauf der Arbeit zu ersehen und um zu erkennen, ob die Werkstatt im allgemeinen so ist, wie wir sie haben möchten. Sonst heißt es, sie vorab in den Sollzustand bringen und dann erst mit den Akkordermittlungen zu beginnen. Denn das Rationalisieren, oder an dieser Stelle gesagt, das Wegbringen allgemein auftretender Werkstattverluste im ganzen führt schneller zum Ziele, als wenn man bei jeder Einzelaufgabe immer wieder darauf eingehen muß.

Wie der Betrieb sein soll, ist im allgemeinen leichter zu kennzeichnen als wie er ist, denn das „wie er sein soll" ist mit anderen Worten ausgedrückt durch „Stand der Technik von heute" und darüber können wir uns durch den Besuch anerkannt guter Werkstätten, durch zeitgemäße Literatur, durch wertvolle Werbeschriften der Lieferfirmen und durch den Besuch technischer Messen und Ausstellungen verhältnismäßig leicht und sachlich unterrichten. Und was von all dem Guten für den eigenen Betrieb sich eignet, weiß jeder Betriebsfachmann zu sichten.

Schwieriger ist das Erkennen des Betriebes wie er ist. Die Bohr-

---

zinsung und Instandhaltung die Jahreskosten für das mechanische Aufnahmegerät 56 M. betragen, d. i. bei nur 2000 Jahresstunden

ein Stundenwert von 2,8 Pf.	
daraus ergeben sich die Tageskosten bei 8 Betriebsstunden zu . .	22,4 Pf.
dazu Papierkosten für einen Tag	4,6 „
Gesamtaufwand für einen Aufnahmetag	27,0 Pf.

Rechnet man dazu den Beamtengehalt für das nur wenige Minuten beanspruchende Aufstellen und Anschließen des Gerätes und für das Durchsprechen der Aufnahme mit Meister und Arbeiter, so sind die Gesamtkosten einer Tagesaufnahme mit einem mechanischen Aufnahmegerät mit 120 bis 150 Pf. anzurechnen. Diesem Betrag stehen bei der üblichen Stoppuhraufnahme 8 Stunden Gehalt des Zeitaufnehmers gegenüber, wozu entsprechend die Kosten für Stoppuhr und Papier kommen. Je nach Höhe des Beamtengehaltes kostet also die mechanische Aufnahme etwa 10—15 vH der Stoppuhraufnahme.

maschine, die den ganzen Tag belegt ist, braucht deshalb noch keineswegs wirtschaftlich zu arbeiten. Jedenfalls erfüllt sie ihre eigentliche Aufgabe nur solange sie bohrt. Zeichnungen und Vorrichtungen besorgen, Aufspannen, Werkzeugwechsel und Werkzeugschäden, Werkzeugschleifen, Warten auf Kran und Werkstücke, Werkstückmängel, Betriebsstillstand, Instandsetzungen, persönliche Behinderungen des Arbeiters, Ölen, Putzen und noch mehr derartiger Arbeiten und Störungen bringen die eigentliche Bohrzeit nicht selten unter 50 vH der verfügbaren Betriebsstunden. Trotzdem haben wir bei unserem Rundgang durch die Werkstatt den Eindruck fleißigen Schaffens, denn wir wissen, daß die Nebenarbeiten an sich im allgemeinen notwendig sind. Das große Ausmaß solcher daraus entstehenden Arbeitsverluste ist uns aber in seiner Gesamtheit nicht bekannt, weil wir uns ein Gesamtbild der Tagesarbeit an einem Werkplatz bisher nicht gedrängt vor Augen führen konnten.

Bisher mußten wir dies als frommen, nicht erfüllbaren Wunsch bezeichnen, denn wer wollte Zeit und Geld dafür aufwenden, mit der Stoppuhr solche allgemeine Aufnahmen machen und zur schnellen, klaren Übersicht in Schaubilder übertragen zu lassen. Mit dem Diagnostiker geht die Arbeit aber einfach und billig durchzuführen. Ohne erst lange Sonderfragen aufzustellen, was wir wohl alles wissen möchten, gehen wir möglichst bald mit dem Gerät dahin, wo wir allein die richtige Auskunft holen können, nämlich in die Werkstatt an die einzelnen Werkplätze.

Wir vergessen nicht, die Betriebsbeamten und den Arbeiterrat in großen Zügen davon zu unterrichten, daß wir den Betrieb indizieren wollen, daß wir Verlustzeiten erfassen, erkennen und beseitigen wollen, daß wir also jedem bei seiner Arbeit voranhelfen wollen. Es soll bei den Aufnahmen gearbeitet werden wie üblich und alle außergewöhnlichen Vorkommnisse sollen Meister und Arbeiter kurz buchen, weil wir täglich mit Arbeitsschluß die Aufnahmen am Werkplatz besprechen wollen,

Wir beginnen also ganz bewußt mit Arbeitsaufnahmen, die auf keinerlei Einzelheiten eingestellt sind und vorab nichts als eine allgemeine Übersicht geben sollen. Solche Aufnahmen haben natürlich nur Wert, wenn sie sich über eine längere Zeit erstrecken, da man sonst nicht zu verallgemeinernde Zufallswerte erfaßt. Wir werden also unser Aufnahmegerät unter Umständen tagelang aufzeichnen lassen und zwar ohne große Vorbereitungen, um nicht vorgetäuschte Paradebilder zu erhalten. Je länger die Aufnahme dauert, um so besser, denn um so sicherer sind die von dieser oder jener Seite gewollten Einflüsse ausgeschaltet.

Das Aufnahmegerät, das uns die Diagnose der Werkstattarbeit, stellen soll, ist uns inzwischen grundsätzlich bekannt, Abb. 5[1]. Wir schließen dasselbe beispielsweise mit Stativ gemäß Abb. 6 an eine Fräsmaschine an, indem wir den Schnurzug des Gerätes am Tisch der Fräsmaschine befestigen. Damit ist unser Anteil an der Aufnahme bis Arbeitsschluß schon erledigt. Der Meister wird angehalten, diesem angeschlossenen Werkplatz soweit als möglich seine Aufmerksamkeit zu schenken, um über besondere Vorkommnisse einerseits und über das Arbeitstempo im allgemeinen persönlich urteilen zu können. Die Zeit seiner Anwesenheit am angeschlossenen Werkplatz wird er mit dem Zusatzschreiber markieren. Kurz vor Arbeitsschluß treffen wir uns mit dem Meister wieder am Aufnahmegerät und nehmen den Papierstreifen heraus, der im Laufe des Tages automatisch beschrieben wurde und sprechen mit Meister und Arbeiter alle aus dem Schaubild erkennbaren Sonderheiten durch.

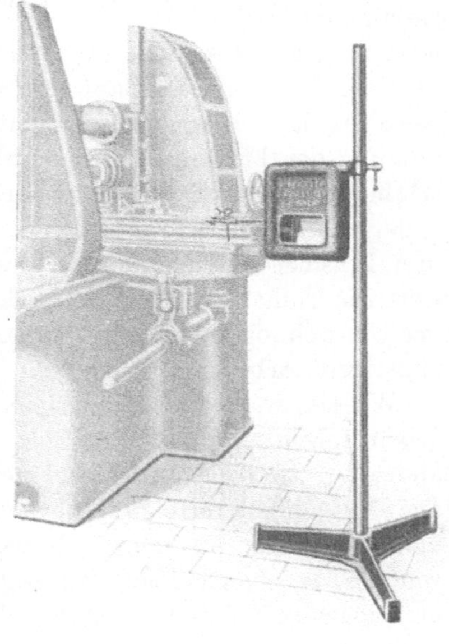

Abb. 6. Der Selbstschreiber am Stativ.

Abb. 7 gibt einen Ausschnitt aus dieser Aufnahme der Fräsarbeit wieder. Das Schaubild zeigt einen unregelmäßigen Ablauf der Arbeit. Der Grund liegt zum Teil in der Behinderung infolge der Bedienung von drei Fräsmaschinen durch den einen Arbeiter. Die Aufspannzeiten sind im Vergleich zur Laufzeit auffallend lang. Das Nachstellen des Fräsers zu Beginn der Arbeit hat nahezu doppelte Einrichtezeit bedingt. Der

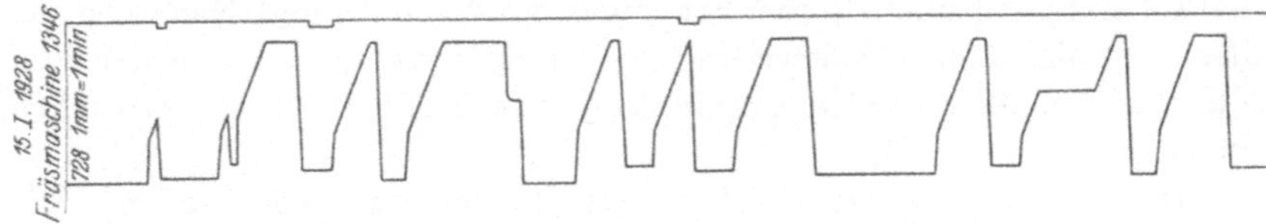

Abb. 7. Diagnostikeraufnahme einer Fräsarbeit. 1/4 nat. Gr.

in der Abbildung wiedergegebene Ausschnitt der Aufnahme gibt das Bild einer 6,5stündigen Arbeit wieder. Die Gesamtaufnahme umfaßte zwei Arbeitstage. In dem weiteren Verlauf zeigt die Aufnahme längere Verluststrecken wegen Mangel an Werkstücken und wegen Ausschuß.

[1] Lieferfirma Dr.-Ing. G. Peiseler, Leipzig-Leutzsch.

Meister und Zeitaufnehmer waren wiederholt kurze Zeit am Werkplatz. Die Ausnutzung der Fräsmaschine betrug in diesem Falle $\frac{\text{Fräszeit}}{\text{Gesamtzeit}} = 24$ vH. Eine Nachprüfung des Vorschubes unter Belastung gegenüber dem Leerlauf ergab 9 vH Riemenschlupf; außerdem ergab sich im Leerlauf eine Umdrehungszahl, die 6 vH unter der gewollten lag. Berücksichtigt man noch diese Verluste, so ist die Ausnutzung der Fräsmaschine nur 20 vH. Eine Änderung des Gußstücks (Gußnaht so gelegt, daß die Spannflächen gratfrei werden) und Stützeinlagen in dem Schraubstock, eine bessere Arbeitsverteilung auf die drei Fräsmaschinen, zwei Kreidestriche am Tisch und ein Strich am Bett zur Einhaltung gleicher Rück- und Anfahrwege und die Steigerung der Umdrehungszahlen auf das gewollte Maß brachten eine wesentlich günstigere Arbeit.

Wir lassen als weiteres Beispiel zwei Aufnahmen von einer Revolverarbeit folgen, Abb. 8. Ein Bolzen wurde revolvert und zwar nacheinander auf zwei gleichen Maschinen von zwei verschiedenen Arbeitern. Die Aufnahmen erfolgten nacheinander auf das gleiche Papierband von der gleichen Ausgangslinie aus. Der Schnurzug zum Hauptschreiber war am Revolverschlitten befestigt. Das Gerät stand am Stativ neben der Maschine. Von Meister und Arbeiter wurden keine Meldungen abgegeben.

Beim Vergleich der beiden Aufnahmen erkennt man sogleich den großen Unterschied im Ablauf der Arbeit. Der erste Arbeiter hat unter Benutzung eines Einstellbolzens viel Mühe, seine Arbeit maßgerecht hinzubringen, er arbeitet unregelmäßig mit viel vermeidbaren Verlusten. Der zweite Arbeiter zählt offenbar zu den Tüchtigen. In kurzer Zeit und nach zweimaligem Nachstellen der Werkzeuge dreht er gute Bolzen und zwar in einem gleichmäßigen Rhythmus. Solche Vergleichsbilder zeigen einerseits den Wert tüchtiger Arbeiter und weisen andererseits darauf hin, daß auch durch Erkennen der Vorteile und Nachteile bei der verschiedenen Arbeitserledigung durch verschiedene Arbeiter und durch anschließende Belehrung eine Verbesserung der Werkstattleistungen möglich ist.

Die Abb. 8 zeigt den Arbeitsverlauf von etwa 2,5 Stunden. Die gesamte Aufnahme umfaßt die Arbeitszeit von 8,5 Stunden. Aus dem Gesamtbild erkennt man beim ersten Arbeiter noch manche Störung, er schleift vorzeitig die Werkzeuge nach und richtet wieder längere Zeit ein. Der zweite Arbeiter hat wiederholt einen längeren Verlust wegen schlechten Stangenmaterials, das er auswechseln muß. Sonst ist der Arbeitsverlauf beim zweiten Arbeiter günstig bis zum Schluß.

Es sei in Abb. 9 noch ein Ausschnitt aus der Aufnahme einer einfachen Hobelarbeit gezeigt.

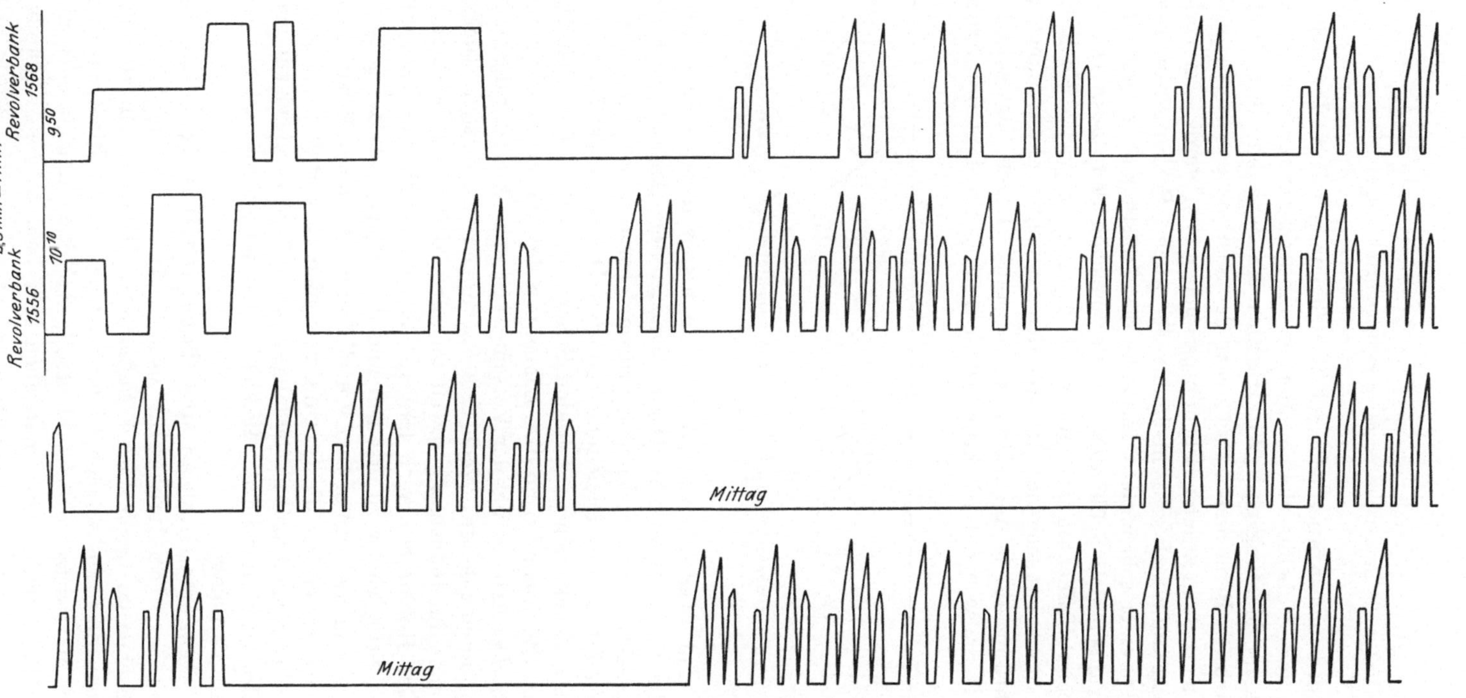

Abb. 8. Zwei Diagnostikeraufnahmen der gleichen Revolverarbeit. $^4/_5$ nat. Gr.

Es wurde eine Körperfläche 800 × 1000 mm gehobelt. Der Arbeiter bediente zwei Hobelmaschinen. Meister und Arbeiter reichten zur Aufnahme keine Meldung ein. Wir erkennen im Schaubild den Wechsel in der Arbeit. Beim ersten Stück war der Schruppspan zu knapp angestellt, so daß ein zweiter Schruppspan genommen wurde. Im Verlauf der Gesamtaufnahme tritt nochmals der zweite Schruppspan wieder auf infolge einer schlechten Oberfläche des Gußstückes. Zuerst erfolgt das Schruppen und Schlichten von der gleichen Seite aus. Der Vorschub beim Schlichten ist größer als beim Schruppen. Nach dem zweiten Stück hat sich der Arbeiter den Schlichtstahl zusammen mit dem Schruppstahl in die Klappe eingespannt. Durch Schwenken des Supportes um wenige Grad bringt er die Stähle abwechselnd in Arbeits-

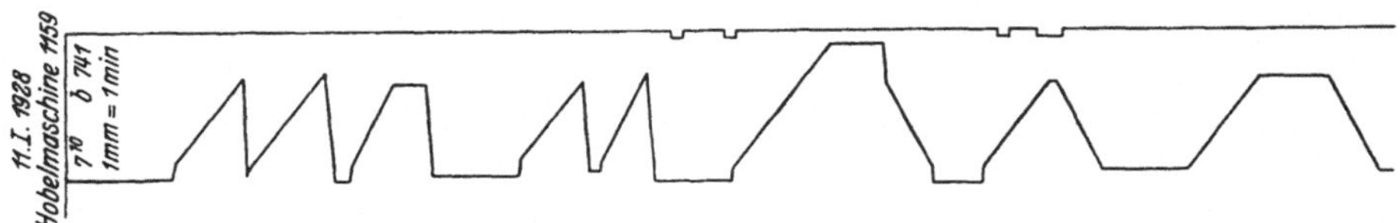

Abb. 9. Diagnostikeraufnahme einer einfachen Hobelarbeit. 1/4 nat. Gr.

stellung und zwar in kurzer Zeit, dabei hat er für den Schlichtstahl immer die gleicne Spantiefe. Der verschieden hohe Auslauf der Arbeitslinien beweist einen verschieden großen Überlauf, der durch die Behinderung infolge der Bedienung von zwei Maschinen erklärt ist. Auf die gleiche Ursache sind die graden Striche etwa nach dem Schlichten des ersten Stücks und nach dem Schruppen des fünften Stücks zurückzuführen. Der Arbeiter hat den Vorschub ausgeschaltet, ohne die nächste Arbeitsstufe einzuleiten. Nach dem Schruppen des dritten Stücks ist der Support im Selbstgang soweit gelaufen, daß er festgefahren sein muß. Der Hobler hat auch längere Zeit gebraucht, um einen abgescheerten Stift wieder zu ersetzen und den Support wieder gängig zu machen. Er meldet von diesem Vorfall nichts. Auch der Meister meldet nichts darüber, er hat die Störung also nicht bemerkt.

Auch bei dieser Arbeit ist die lange Spannzeit im Vergleich zur eigentlichen Hobelzeit auffallend. Meister und Zeitaufnehmer waren einige Male am Werkplatz.

Die Gesamtaufnahme der Tagesarbeit zeigt eine Ausnutzung der Hobelmaschine von 42 vH.

Auch ohne im Lesen solcher Aufnahmen schon geschult zu sein erkennt man doch aus solchen Bildern auf den ersten Blick, ob es sich um flott und wirtschaftlich ablaufende Arbeiten handelt oder nicht, und darüber hinaus findet man auch sehr bald heraus, wodurch die geringe Ausnutzung der Werkzeugmaschinen verursacht wurde. Dann ist der Weg zur Besserung gezeigt und in den meisten Fällen auch sicher und erfolgreich zu beschreiten. Und die Erfahrung zeigt, daß solche Aufnahmen in der gleichen Weise und im gleichen Umfange belehrend sind, ob es sich um Einzel-, Reihen- oder Massenfertigung handelt.

Zu unseren drei Beispielen müssen wir noch erwähnen, daß sie verhältnismäßig gute Arbeit zeigen. Es wurden absichtlich keine Aufnahmen von ausgesprochen unwirtschaftlichen Arbeiten gezeigt, weil es nahe liegt, solche Aufnahmen als unnatürlich abzulehnen. Es ist aber auch überzeugender, wenn jeder die schlechten Arbeitsbilder im eigenen Betriebe aufnimmt. Jedenfalls lehrt die Erfahrung, daß die durch solche Schaubilder herausgebrachte Wahrheit oft erschreckend ist. Man sieht Verluststrecken über Verluststrecken, die einem als solche nie in diesem gefährlichen Umfang aufgefallen sind. Bald liegt es an der Organisation, an der Arbeitsvorbereitung, an den Werkstücken, am Werkzeug, Spannzeug und Vorrichtungen, bald an Kraft- und Transportanlagen und vielen anderen Kleinigkeiten, deren Einfluß sich aber so summiert, daß das Endergebnis im Bild als unwirtschaftlich vor uns liegt. Die einfachen Arbeitsaufnahmen klären uns in wenigen Wochen besser auf und helfen uns schneller den Anteil an allgemeinen Verlusten beseitigen, als noch so viele Konferenzen.

Die Aufnahmen lehren weiter, daß die vermeidbaren Verluste im allgemeinen den Betrieb mehr belasten, als den einzelnen Arbeiter, und wenn die Besprechungen an Hand der Aufnahmen richtig durchgeführt werden, so werden alle, technische Leitung, der Betriebsingenieur, der Werkzeug- und Vorrichtungsingenieur, der Meister und Arbeiter wertvolle Anregungen empfangen, und ohne Einsetzen von viel Zeit und Geld schnell bessernd eingreifen können.

Und sollte wirklich eine solche Diagnose restlos auf „kerngesund“ lauten, was jedem Betriebe zu wünschen ist, so lohnt auch diese Feststellung den geringen Aufwand an Zeit und Geld, weil wir dann mit Ruhe und Sicherheit unseren Weg gleich weitergehen können, um die noch fehlenden Unterlagen zu beschaffen.

Vergleichsaufnahmen. Es wird sich vorab darum handeln, aus möglichst vielseitigen Vergleichsbildern Lehren zu ziehen. Wir werden z. B. die gleiche Arbeit in verschiedenen Arbeitsstufen und Griffen auch durch verschiedene Arbeiter mit den verschiedensten Spannmöglichkeiten ausführen lassen und aufnehmen. Wir können die gleiche Arbeit mit verschiedenen Werkzeugen bei verschiedenen Schnittgeschwindigkeiten und Vorschüben ausführen lassen und Menge und Güte der Arbeit sowie die Haltbarkeit des Werkzeugs prüfen. Bei all diesen Vergleichsarbeiten ist der Diagnostiker angeschlossen, dessen Bilder uns das Vergleichsergebnis klar und eindeutig zeigen, ohne daß wir uns viel um die Aufnahmen zu kümmern brauchen, denn jeder Meister lernt bald sein Gerät anschließen, um durch eigene Aufnahmen den Fortschritt seiner Arbeiten zu belegen. In Abb. 8 zeigten wir bereits, daß es möglich ist, zwei oder auch mehr Vergleichsbilder auf einen Streifen untereinander aufzunehmen. Die Vergleichsmöglichkeit ist dann natürlich ganz besonders günstig.

Die nächsten Aufnahmen gelten dem planmäßigen Vergleich der Werkplätze in der Absicht, sie für gleichartige Arbeiten auf möglichst gleiche Leistungsfähigkeit zu bringen, um dadurch die Akkordermittlung und die Akkorddurchführung zu erleichtern. Bei diesen Untersuchungen sind wir nicht nur auf die allgemeinen Arbeitsaufnahmen angewiesen, sondern je mehr wir uns mit dem mechanischen Aufnahmegerät befaßt haben, um so mehr wird es uns für die Sonderaufgaben eine Hilfe sein. Wir wollen als Beispiel die Hobelei herausgreifen, deren Hobelmaschinen auf eine möglichst gleiche, wirtschaftliche Tischbewegung zu bringen sind.

Anpassen der Werkplätze an eine gute Normalleistung. Wir fassen Maschinen gleicher Art und Größe zu einer Gruppe zusammen und machen an diesen Maschinen nacheinander mit dem Selbstschreiber folgende Aufnahmen, ohne diesen anzuschließen. Wir gebrauchen hier den Hauptschreiber so wie sonst den Zusatzschreiber, machen aus dem Selbstschreiber also gewissermaßen die schreibende Stoppuhr. Den Papiervorschub wählen wir groß, etwa 25 mm in der Minute. Alle Maschinen werden auf den gleichen möglichst großen Hub eingestellt, der Tisch wird normal beschwert, Spananstellung ist für diesen Vergleich nicht erforderlich. Bei jedem Hubwechsel wird durch Rucken an der Schnurscheibe ein kleiner Strich gezogen. Nach 20 Hüben bei der einen Maschine gehen wir zur zweiten Maschine und führen den gleichen Versuch durch, nachdem wir den Papierstreifen wieder auf den Anfang des ersten Versuches und den Schreibstift etwa 10 mm zur Seite gestellt haben. Zu jeder Aufnahme tragen wir die Nummer der Hobelmaschine ein. So verfahren wir nacheinander mit allen Maschinen der gleichen Gruppe und erhalten ein Bild gemäß Abb. 10.

Das Aufnahmebild der Maschine 1,831 ist am günstigsten. Bei Maschine 1,718 müßte die Arbeitsgeschwindigkeit, bei Maschine 1,754 die Rücklaufgeschwindigkeit gesteigert werden. Maschine 1,680 sollte im ganzen schneller laufen.

Wir werden aber nicht auf Grund dieser ersten Aufnahmen umstellen, sondern wir suchen uns die günstigste Maschine heraus und stellen fest, inwieweit sie für unsere Werkstatt unter Beachtung der allgemein gültigen Werte für Schnittgeschwindigkeit und Vorschub schon die zu erwartende Bestleistung herausbringt.

Die Vor- und Rücklaufgeschwindigkeiten sind zu dem Zweck aus den Aufnahmen gemäß Abb. 10 schnell ermittelt. Dem Schaubild der Maschine 1,831 entnehmen wir die Summen der Zeiten getrennt für die 20 Vorwärtsgänge = 3,3 Minuten und für die 20 Rückwärtsgänge = 1,5 Minuten. Der Tischweg ist bekannt = 2 m. Die Gesamtwege bei 20 Hüben sind dann sowohl beim Vorwärts- als auch beim Rückwärtsgang je 20 · 2 = 40 m. Daraus ergibt sich die

$$\text{Arbeitsgeschwindigkeit} = \frac{40}{3{,}3} = 12 \text{ m/Min.};$$

$$\text{Rücklaufgeschwindigkeit} = \frac{40}{1{,}5} = 27 \text{ m/Min.}$$

In Wirklichkeit sind wegen der Beschleunigungs- und Verzögerungsstrecken die eigentlichen Tischgeschwindigkeiten etwas größer. Bei den großen Vergleichshüben ist aber die Abweichung von den oben

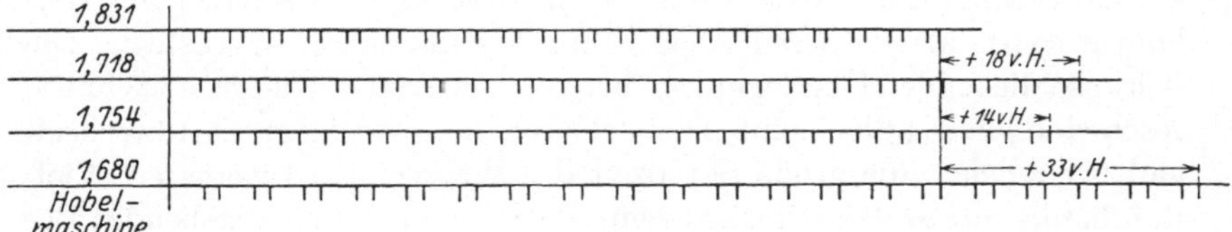

Abb. 10. Vergleich der Hubzeiten bei Hobelmaschinen. 6/10 nat. Gr.

errechneten Zahlen nur unbedeutend. Beim Heranziehen der aus der Literatur bekannt gewordenen Zahlen ist stets zu beachten, daß solche Werte für Durchschnittsbetriebe als Durchschnittszahlen gelten sollen, d. h. die Zahlenwerte sind für moderne, gut gepflegte Maschinen im allgemeinen zu niedrig. Wir vermeiden es deshalb grundsätzlich, gebräuchliche Zahlenwerte hier aufzunehmen, weil wir den einfachen Weg der mechanischen Zeitaufnahme zeigen, der uns in der eigenen Werkstatt für deren Alltagsarbeit schnell zu den höchst zulässigen Werten führt.

Ausnutzung von Forschungsergebnissen. Wir schneiden damit nicht eine nebensächliche oder etwa eine theoretische Frage an, sondern in ihrer Auswirkung ist diese Festlegung der richtigen Werkstattzahlen im eigenen Betrieb von dem größten wirtschaftlichen Wert. Betrachten wir z. B. den Kronenbergschen Bericht[1] über die im Versuchsfeld für Werkzeugmaschinen von Prof. Schlesinger im Auftrag des VDI. ausgeführten Versuche über die Abhängigkeit zwischen Schnittgeschwindigkeit und Standzeit des Werkzeuges. Es heißt dort, daß man die Schneidfähigkeit oder die Standzeit wesentlich verlängert, wenn man die Schnittgeschwindigkeit nur wenig herabsetzt. Ferner heißt es in dem Bericht, daß man auch ohne Absenkung der Schnittgeschwindigkeit die Standzeit des Werkzeugs durch entsprechend günstige Kühlung hochhalten

[1] Kronenberg: Über neue Zerspannungsuntersuchungen, „Maschinenbau“. Bd. 7, S. 628. 1928.

kann. So allgemein ausgedrückt bestätigen die Versuche also die tägliche Erfahrung des Werkstattmannes. Wenn man aber dazu die Versuchszahlen ansieht, so sind diese doch für jeden überraschend. Beim Drehen von Qualitätsstahl hielt ein Stahl bei einer Schnittgeschwindigkeit von 15 m/min : 50 Min.; bei einer Schnittgewindigkeit von 10 m/min: 450 Minuten, d. h. also eine Steigerung der Standzeit auf den neunfachen Wert verlangt eine Senkung der Schnittgeschwindigkeit um 33 vH. Durch eine Kühlung mit 20 l/min kann der Verlust an Schnittgeschwindigkeit um reichlich die Hälfte wieder ausgeglichen werden.

Da unter Beibehaltung des gleichen Spanquerschnitts die Laufzeit der Schnittgeschwindigkeit proportional ist, so haben wir nicht nur wegen der Werkstattrationalisierung, sondern auch wegen unserer Akkordermittlung das größte Interesse nicht so sehr an solchen Feststellungen selbst als an deren Ausbeutung für die eigene Werkstatt. Die sich anschließenden Überlegungen, bei welchen Arbeiten die große Schnittgeschwindigkeit (allgemeine Dreharbeiten mit häufigem Stahlwechsel) und bei welchen die große Standzeit des Werkzeugs (Automaten, Vielstahlbänke mit großen Einrichtezeiten usw.) von ausschlaggebender Bedeutung ist und auf welchen Maschinen eine gewollte Kühlung möglich ist, wird der tüchtige Betriebsfachmann noch durchführen. Aber dann steht er im allgemeinen fest, denn ein Schema läßt sich für die gegenseitige Abstufung der Werte nicht aufstellen und dazu kommt noch, daß sich nicht alle gewollten Schnittgeschwindigkeitswerte mit den vorhandenen Maschinen erzielen lassen. Es müssen Versuche gemacht werden. Für kurze Zeiten läßt sich Alles beweisen, aber diese Umstellung in der Praxis darf nur auf Grund vorsichtiger und zuverlässiger Dauerversuche gemacht werden. Da aber hierfür bisher niemand Zeit hatte, weil eine Dauerarbeitsaufnahme nötig ist, so bleiben meistens solche für die Praxis so wertvollen Untersuchungen der wissenschaftlichen Prüfstellen unverwertet. Mit Hilfe des mechanischen Zeitaufnahmegeräts kann man aber solche Nachprüfungen im eigenen Betrieb für die vorliegenden Werksarbeiten planmäßig durchführen, beobachten und sachlich auswerten. Man kann nämlich durch einfache Zutaten auch die Spindelumläufe und damit die Schnittgeschwindigkeit mit aufzeichnen. So kann man die neuesten Feststellungen der Wissenschaft in kurzer Zeit der eigenen Werkstatt zunutze machen.

Haben wir auf Grund der Versuche die Geschwindigkeiten geändert, so verlassen wir uns also keinesfalls auf kurzfristige Arbeitsergebnisse und ebenfalls nicht auf Meister- und Arbeiteraussagen. Erst wenn durch Daueraufnahmen bewiesen ist, daß mit den neuen Geschwindigkeiten und Vorschüben tagelang störungsfrei gearbeitet werden kann, sind wir berechtigt, diese Werte als richtig anzunehmen. Wir werden zu den

Linien der Aufnahme gemäß Abb. 10 noch die Linie der neuen Werte aufnehmen und dann ohne Schwierigkeiten ablesen, inwieweit die anderen Maschinen gegen die neu erprobte Maschine zurückstehen. Die Durchführung der Umstellung, die Untersuchung, ob und wie man die Maschinen der gleichen Gruppe auf gleiche Leistung bringen kann und will, ist dann eine einfache Aufgabe für den Betriebsfachmann. Meistens genügt eine andere Riemscheibe auf Maschine, Transmission oder Motor, ein anderes Zahnrad, Sperrad u. dgl.

Dabei bedenken wir noch einmal, daß für besondere Aufgaben sich besondere Leistungszahlen und damit besondere Akkorde herausholen lassen, wenn man im Gegensatz zu den vorigen Überlegungen nicht unbedingt vereinheitlicht, sondern bei lohnenden Mengen den einen oder anderen Werkplatz aufs beste für bestimmte Sonderaufgaben einrichtet. Natürlich müssen wir dann dem Betrieb des Herausfinden der für die bestimmten Arbeiten vorgesehenen günstigeren Maschinen erleichtern. Am Schluß dieses Abschnittes werden wir auf einige einfache Hilfsmittel hinweisen.

Daß man beim Einkauf neuer Werkzeugmaschinen nur solche auswählt, mit denen man die als gut erkannten Vorschübe und Schnittgeschwindigkeiten auch verwirklichen kann, ist selbstverständlich. Man lasse sich vor dem Kauf die alle charakteristischen Daten enthaltende Maschinenkarte aushändigen, deren Einzelheiten vom Kalkulator und Betriebsingenieur zu überprüfen sind. Auch bei den als gut anerkannten Werkzeugmaschinen sind die Stufen der Vorschübe und Umdrehungszahlen nur so groß, daß bei einer Akkordermittlung auf Grund von Durchschnittswerten der Genauigkeitsgrad sehr stark beeinträchtigt wird.

Abnahmeaufnahmen. Im Anschluß an den Einkauf neuer Maschinen gehört es auch zur Feststellung des Betriebes wie er sein soll, sich davon zu überzeugen, ob bei der Inbetriebsetzung der neuen Maschinen auch alles wie geplant verwirklicht wurde. Es ist eine bekannte Tatsache, daß es meistens sehr lange dauert, bis eine neuangeschaffte Maschine richtig in Betrieb kommt, bald fehlen die Spanneinrichtungen, bald die Werkzeuge usw. Das ist insofern für unsere Überlegungen von Bedeutung, als häufig für solche mangelhaft ausgerüsteten Werkplätze bereits Akkorde ermittelt werden, die später nicht überprüft werden und dann als zu hoch den richtig ermittelten Akkorden gegenüber das Gefühl der Unzufriedenheit auslösen.

Auch bei dieser Aufgabe hilft das mechanische Aufnahmegerät. Wir lassen uns nach Ablauf der vereinbarten Aufstellungszeit eine mechanische Zeitaufnahme vorlegen und es wird sich zeigen, daß wir mit diesem einfachen Erziehungsmittel schneller zur Inbetriebnahme und zur Volleistung des neuen Werkplatzes kommen.

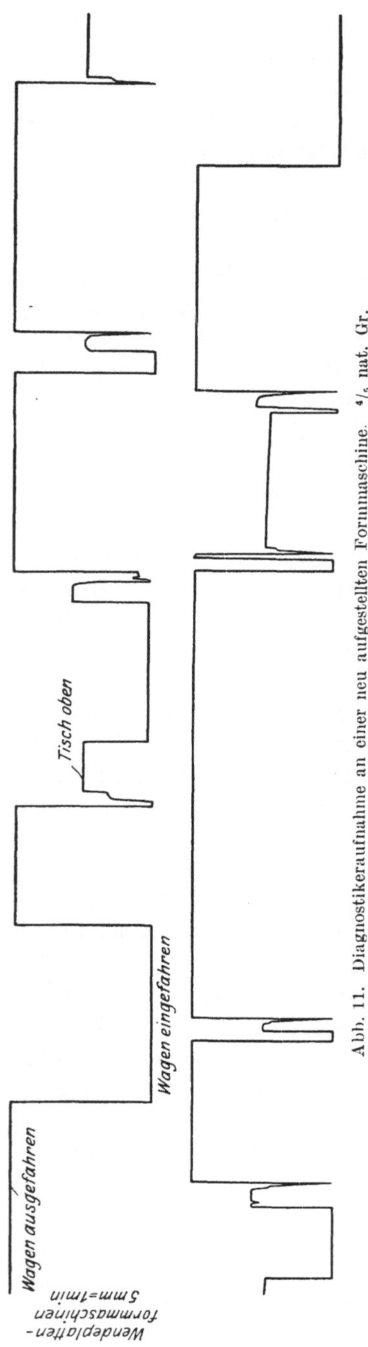

Abb. 11. Diagnostikeraufnahme an einer neu aufgestellten Formmaschine. 4/5 nat. Gr.

Ein praktisches Beispiel dürfte lehrreich sein. In der Gießerei wurde eine neue Wendeplattenformmaschine mit einschwenkbarem Kopfstück und heb- und senkbarem sowie ein- und ausfahrbarem Kastenwagen aufgestellt. Zur vereinbarten Zeit meldete der Meister, daß die Maschine gut arbeitet. Daraufhin wurde der Diagnostiker angeschlossen. Der Schnurzug des Hauptschreibers wurde mit dem Wagen verbunden.

Abb. 11 zeigt einen Ausschnitt aus der Aufnahme des ersten Arbeitstages. Bei normaler Leistung hätte die Aufnahme aber gemäß Abb. 12 aussehen müssen. Man erkennt durch den Vergleich der beiden Abbildungen auf den ersten Blick, daß die Maschine an dem vereinbarten Termin offenbar nicht richtig in Benutzung genommen worden war.

Der Betrieb meldete dazu, die richtigen zur Maschine passenden Kästen hätten noch gefehlt, so daß man die Maschine anders als gewollt hätte benutzen müssen, das abgeformte Modell sei nicht mustergültig und der Arbeiter wisse mit der neuen Maschine noch nicht richtig Bescheid.

Die Arbeitsaufnahme gab der Leitung den bestmöglichsten Aufschluß über den Stand der Arbeit am Tage der Inbetriebsetzung und sorgte für eine schnelle Ergänzung der fehlenden Ausrüstung und verhinderte vor allem Akkordfestsetzungen an dem noch mangelhaft ausgerüsteten Werkplatz.

Aufnahmen an Hilfsmaschinen. Wir werden aber unsere Arbeitsaufnahmen nicht nur auf die Tätigkeit der Werkzeugmaschinen beschränken. Richtige Akkorde bedingen Fluß in der Arbeit, und Fluß in der Arbeit bedingt wiederum ein wirtschaftliches Bereitsein aller Hilfsmaschinen und Anlagen. So gehört zu einer Überprüfung des Betriebes wie er ist, auch eine Arbeitsaufnahme dieser Hilfsmaschinen und Anlagen. Diese können je nach Art und Umfang des Betriebes natürlich sehr verschiedenartig sein, es seien nur genannt; Preßwasseranlage der Gießerei, zu prüfen durch Anschluß des Diagnostikers an den Preßwasserakkumulator; ferner Aufzüge, zu prüfen durch Anschluß des Aufnahmegerätes an das die Stellung des Aufzugs anzeigende Organ;

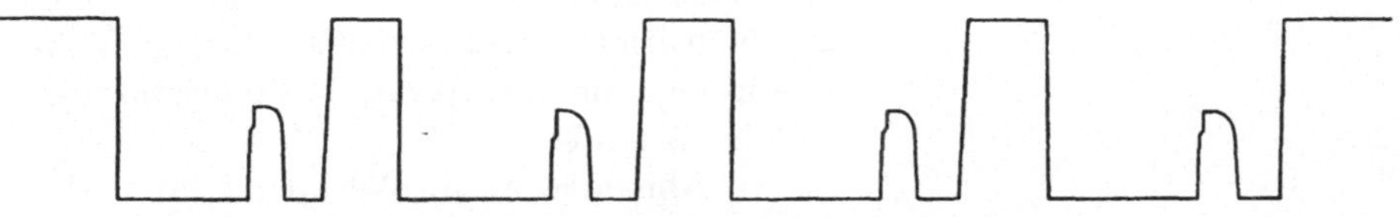

Abb. 12. Theoretisches Schaubild der Arbeit gemäß Abb. 11.

ferner Krananlagen und dergleichen mehr. Es sei als Beispiel eine solche Kranaufnahme in Abb. 13 gezeigt. Dieselbe wurde in einem großen Hüttenwerk aufgenommen. Unter Einschaltung einer Übersetzung zeichnete der Hauptschreiber des Diagnostikers die Fahrstrecken des Kranes auf, während der Zusatzschreiber die Tätigkeit des Hubwerks kennzeichnete. Man sieht aus der Aufnahme die geringe Verwendung des Hubwerks, die starke Benutzung des Krans am Vormittag und langes Stehen am Nachmittag. Da einer bestimmten Stellung des Krans bestimmte Werkplätze entsprechen, so liest man aus dem Bild natürlich auch sogleich ab, welche Werkplätze den Kran vornehmlich beanspruchen.

So kann man mit Hilfe ein und desselben Aufnahmegeräts den verschiedenartigsten Aufgaben beikommen und im klaren Bild Arbeit und Verlust des Tages erkennen.

Sammeln der Unterlagen zur Stückzeitvorausbestimmung. Wenn in diesem Sinne alle Abteilungen durchgearbeitet sind, können wir sehr wohl sagen, daß der Maschinenpark akkordreif ist. Damit aber alles so aufgezogen ist, daß eine einfache Akkordermittlung einerseits und eine gewollte Akkordausführung andererseits störungsfrei möglich ist, müssen wir noch dafür sorgen, daß Bureau und Betrieb sich auf die gleichen Unterlagen einstellen. Was fehlt uns dazu noch an Unterlagen?

Wenig oder alles, je nachdem wir uns zur bureaumäßigen Akkordermittlung einstellen. Im Abschnitt Zeitermittlung werden wir uns mit dieser Frage noch eingehend befassen, wollen uns aber hier wenigstens für eine Werkabteilung als Beispiel eine Aufstellung solcher Fragen machen, die geklärt sein möchten, bevor wir daran gehen können, im Einzelfalle eine Akkordzeit bureaumäßig, also im voraus zu ermitteln.

Greifen wir die Abteilung Hobelei heraus; für diese wären die Fragen etwa wie folgt zu fassen:

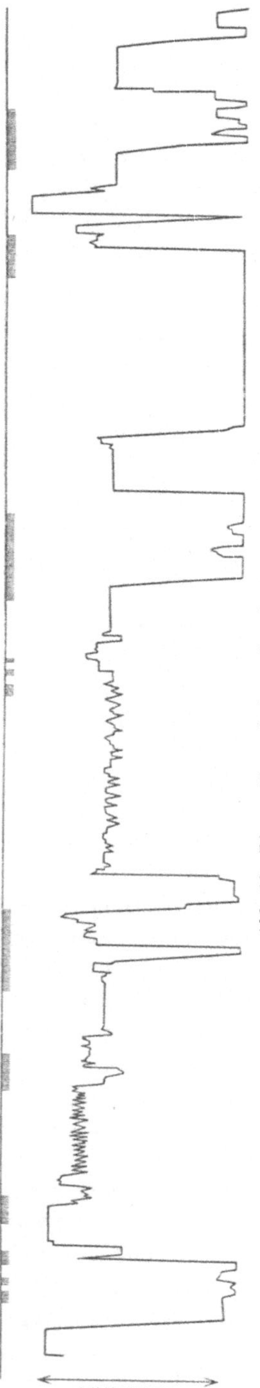

Abb. 13. Diagnostikeraufnahme eines Laufkrans. $^3/_4$ nat. Gr.

1. Anlauf- und Überlaufstrecken als Zuschlag zum Tischhub.
2. Anlauf- und Überlaufstrecken als Zuschlag zum Vorschubweg.
3. Normale Spannmöglichkeiten, soweit sie jedem zugänglich sind, a) am Werkplatz, b) in der Ausgabe.
4. Normale Werkzeuge a) am Werkplatz, b) in der Ausgabe;
5. Normale Meßmöglichkeiten; a) Meßwerkzeuge am Werkplatz, b) Meßwerkzeuge in der Ausgabe.
6. Abnahme a) am Werkplatz, b) an der Prüfstelle.
7. Welche Werkplätze sind zeitgemäß, welche sind durch Belegen mit bestimmten Arbeiten zeitgemäß auszunutzen.
8. Welche Werkplätze müssen wegen Minderleistung einen Ausgleichsfaktor bekommen und in welcher Höhe.
9. In welchem Verhältnis stehen die Leistungen der Tüchtigen zu denen an der unteren Grenze der gut Brauchbaren.
10. Welche Behinderung tritt ein beim Hobeln großer Flächen infolge der Betriebspausen (Vermeidung von Absätzen).
11. Welche Behinderung der Maschinenleistung tritt ein infolge der Bedienung mehrerer Maschinen durch einen Arbeiter, Grenze der Wirtschaftlichkeit.
12. Welche Nebenarbeiten sollen bei jeder einzelnen Arbeit und welche mit den allgemeinen Werkstattverlusten erfaßt werden.
13. Wie groß ist der Zuschlag für die allgemeinen Werkstattverluste.
14. Mit welchen der möglichen Schnittgeschwindigkeiten und Vorschübe soll gearbeitet werden in Abhängigkeit vom Werkstoff, Werkstück, Werkzeug, von der verlangten Genauigkeit, von der Durchzugskraft der Maschine.
15. Vorschubmöglichkeiten in allen Anstellrichtungen für alle Supporte.

16. Zeit für einen Arbeits- und Rückwärtsgang bei verschiedenen Tischwegen und verschiedenen Geschwindigkeiten, wenn solche möglich, bei normaler Belastung ermittelt, Belastung mit einem oder mehreren Supporten, Riemen normal.

17. Ermüdungseinfluß.

18. Zeiten für Werkzeugwechsel, Werkzeuganstellung, Messen je nach Werkstück und Meßwerkzeug, Supportschwenken, Bewegung der Supporte vor und zurück, Bewegung des Querbalkens aufwärts und abwärts, Vorschubeinstellen, Tischhubeinstellen, Maschine ein- und ausrücken usw.

Das wäre eine rohe Aufstellung für die Hobelei, wobei aus der Fülle der möglichen Griffelemente unter 18. nur wenige herausgegriffen sind.

Wie gelangen wir nun schnell zu einer Antwort auf die gestellten Fragen?

Die Fragen unter 1 und 2 können einwandfrei nur in Verbindung mit jedem einzelnen Arbeitsstück beantwortet werden. Sie hängen ab von der Eigenart der Maschine und dem Stückgewicht (zu 1) und von der Größe und der Ungenauigkeit der Form des Stückes und der Werkzeugform (zu 2). Trotzdem lassen sich Durchschnittswerte nach erfolgter Vereinheitlichung zusammen mit dem Betrieb festlegen. Die durch solche Durchschnittswerte in die Rechnung gelangende Ungenauigkeit ist natürlich in ihrem Einfluß viel größer als die infolge der Zusammenfassung von Griffelementen. Das ist für unsere weiteren Entschließungen wichtig.

Wir schlagen vor, die Werte zu 1 gar nicht für sich festzulegen, sondern die Hubzeiten in Abhängigkeit von der Werkstücklänge festzulegen, wobei die An- und Überlaufstrecken dann schon berücksichtigt sind. (Vgl. zu 16.)

Antworten auf die Fragen unter 3 bis 6 sind zwar im Betriebe an den einzelnen Werkplätzen festzustellen, aber man begnüge sich nicht mit der Feststellung der Tatsachen, sondern unter Beachtung der Lehren aus den allgemeinen Arbeitsaufnahmen wird man mancherlei zu regeln und zu verbessern finden. Denn auch *diese Fragen werden viel zu weitgehend dem Arbeiter und dem Meister zur Beantwortung überlassen.* Nehmen wir ruhig an, daß diese mit praktischem Blick im Laufe der Zeit sich eine gute Lösung herausprobieren, so gilt doch auch zu diesen Fragen, daß es nicht angängig ist, daß jeder auf eigene Faust und auf Kosten des Betriebes seine Erfahrungen macht. Unter Verwertung der vielen Anregungen in der Literatur und der vielseitigen Erfahrung im eigenen Betrieb soll das Beste herausgesucht und allen gleichmäßig zugänglich gemacht werden.

Auch für diese bisher noch sehr vernachlässigten Einzelheiten unter 3. bis 6. eröffnet sich für Gemeinschaftsarbeiten ein aussichtsreiches Arbeitsfeld.

Die Fragen zu 7 und 8 wurden bei der Vereinheitlichung der Maschinen mit erledigt, denn wo ein Heranbringen an den gewollten Bestwert nicht möglich oder nicht wirtschaftlich war, ist aus diesen Arbeiten bekannt, desgleichen der gebliebene Abstand. Der Wille zu gerechten und richtigen Akkorden verlangt die volle Aufwertung durch eine entsprechende Erhöhung des Geldfaktors.

Über die Frage 9 geben uns vorab die allgemeinen Arbeitsaufnahmen gleicher oder ähnlicher Arbeiten durch verschiedene Arbeiter Aufschluß. Bei der eigentlichen Laufzeit wird der Tüchtige im allgemeinen nicht viel herausholen gegenüber dem weniger Tüchtigen. Wohl kann er durch bessere Werkzeugbehandlung, durch geschickteres und treffsicheres Anstellen des Spanes, durch vorteilhafteres Messen, gelegentlich auch durch Vorbereiten des folgenden Arbeitsstücks beim Selbstgang Zeit heraussparen, er wird auch durch richtige Verteilung der Spantiefen einen sonst gelegentlich notwendig werdenden zusätzlichen Schnitt vermeiden. Den wesentlichsten Abstand erkennt man bei dem Einrichten der Maschine und bei den Auf- und Abspannarbeiten, falls nicht vollkommene Vorrichtungen vorhanden sind, überhaupt bei allen Arbeiten, bei denen der Arbeiter selbst das Tempo angibt. Erfahrungsgemäß beträgt der Abstand bei einfachen Massenteilen mit viel Laufzeit und wenig Nebenzeit bei guten Vorrichtungen 7—8 vH, während bei schwierigen Einzelarbeiten die Spanne sich bis zu 20 vH erweitert. Bei der Festlegung des Vom-Hundert-Satzes werden wir auch die Akkordverdienststatistik und die Prüfer zu Rate ziehen, denn es kann sein, daß die Arbeiten eines guten Verdieners in ihrer Güte wiederholt unter der Grenze des Brauchbaren liegen. Ein solcher Arbeiter gehört nicht zu den Tüchtigen.

Eine Antwort auf Frage 10 werden wir den mechanischen Arbeitsaufnahmen entnehmen können, wenn wir längere Zeit das Hobeln großer Flächen aufnehmen. Wir werden dabei auch Versuche machen, ob bei einem Stillsetzen der Hobelmaschine nach dem Arbeitshub unzulässige Absätze in der Hobelfläche nicht schon ausreichend zu vermeiden sind, obwohl bei genauen Arbeiten der Spannungsausgleich, der bei der Arbeitsunterbrechung eintritt, immer erkennbare Absätze bedingt. Bei der weiter unten beschriebenen Aufnahme der allgemeinen Werkstattverluste kann auf diese Frage 10. auch zugleich mit geachtet werden.

Aufnahme der allgemeinen Werkstattverluste. Fragen 11, 12 und 13 fassen wir zusammen, denn unser mechanisches Aufnahmegerät gibt uns die Möglichkeit, die Feststellungen dazu in einem vorzunehmen. Die Feststellung der allgemeinen Werstattverluste durch Zeitaufnehmer ist üblich. Gegenüber dieser bisherigen Stoppuhraufnahme erfassen wir mit dem Diagnostiker unter Zuhilfenahme einer besonderen in das Normalgerät einzusetzenden Zutat die vielfache Zahl an Aufnahmewerten.

Was man alles in die allgemeinen Werkstattverluste aufnehmen will (Frage 12), muß für jede Werkstatt getrennt festgelegt werden. Man mag sich dabei an die unten folgende Aufstellung halten, lege aber die einzelnen Posten mit dem Betrieb zusammen streng sachlich fest. Vor allem befolge man vor solchen Aufnahmen der allgemeinen Werkstattverluste erst die Lehren der allgemeinen Arbeitsaufnahmen, denn viele Verluste sind dann schon vorher entweder ganz zu beseitigen oder wenigstens bedeutend einzuschränken. Deshalb ist auf die voraufgehenden allgemeinen Arbeitsaufnahmen mit dem Selbstschreiber so großer Wert zu legen.

Für die Aufnahme bringen wir nach Abstellen des Haupt- und Zusatzschreibers eine Schreibschablone gemäß Abb. 14 am Selbstschreiber an. Statt der fünf Absätze bei dem abgebildeten Gerät könnte man auch mehr anbringen, wenn solches für bestimmte Aufnahmen erforderlich sein sollte.

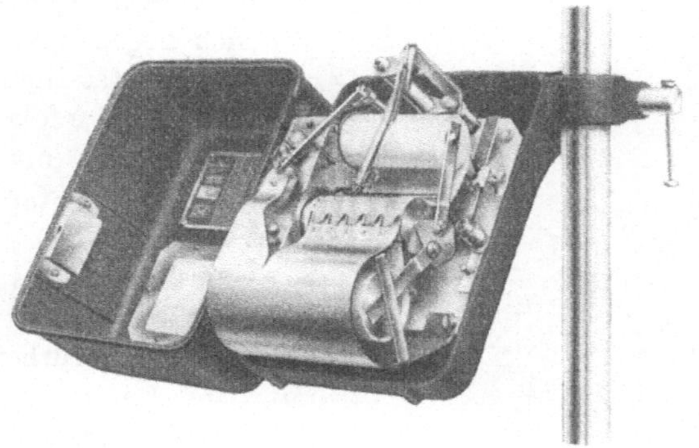

Abb. 14. Diagnostiker mit Schreibschablone.

Betriebsbeamten, Meister, Arbeiterrat und Arbeiter werden davon unterrichtet, daß wir die allgemeinen Werkstattverluste und damit zugleich die Maschinenbehinderung bei Mehrfachbedienung aufnehmen wollen und daß wir deshalb auf einen ganz normalen Ablauf aller Arbeiten Wert legen. Wir werden für jede Abteilung drei bis fünf Arbeiter an drei verschiedenen Wochentagen beobachten und ihre zu den allgemeinen Werkstattverlusten zu rechnenden Verluste sowie die Behinderungen bei Mehrfachbedienung buchen. Das Erfassen von einzelnen Zufallswerten ist also möglichst vermieden. Es ist wichtig, solche Verlustzeitaufnahmen gelegentlich zu wiederholen, schon um immer wieder dazu anzuregen, diese Verluste nach Möglichkeit weiter einzuschränken.

Das mit der Schreibschablone versehene Gerät stellen wir flach liegend mit dem Stativ oder auf einem Tisch liegend so in der Werkstatt auf, daß vom Standort des Gerätes für unser durchzuführendes Beispiel drei Hobler mit ihren je zwei Hobelmaschinen gut zu übersehen sind, ohne den normalen Werkstattverkehr zu stören. Das Gerät wird es uns ermöglichen, folgende neun Aufnahmen gleichzeitig durchzuführen: Für die drei Hobler A, B und C werden wir sämtliche Verluste laut Aufstellung buchen, außerdem die Behinderung an ihren sechs Hobelmaschinen infolge der Bedienung von je zwei Maschinen durch je einen Arbeiter.

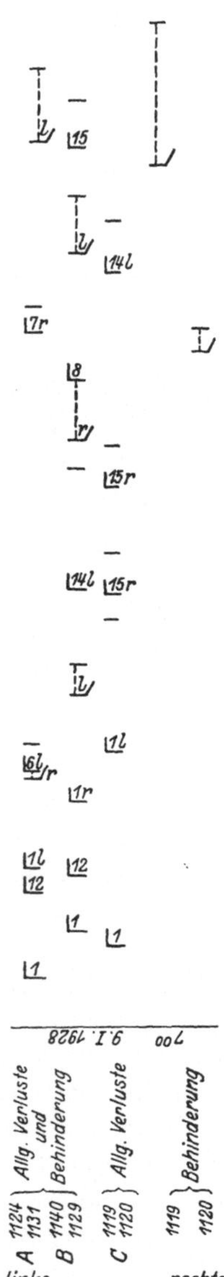

Abb. 16. Aufnahmebild einer Verlustzeitaufnahme. $^4/_{10}$ nat. Gr.

Die dicht über der Schreibfläche stehende Schreibschablone hat eine Form gemäß Abb. 15. Das Papierband bewegt sich in Richtung des Pfeiles unter das Schablonenblech, so daß das beschriebene Band verschwindet. Mit dieser Schreibschablone wollen wir verschiedene Zeichen schreiben:

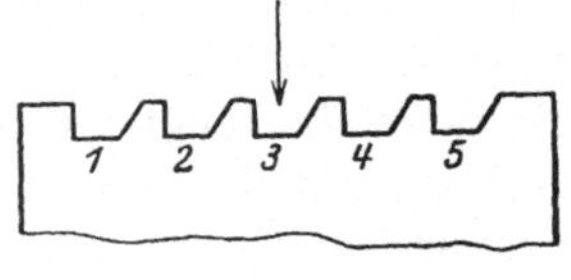

Abb. 15. Schreibschablone.

⌊3 bedeutet den Anfang einer Verlustzeit, die eingeschriebene Zahl kennzeichnet die Verlustnummer laut Aufstellung, die der Aufnehmer vor sich liegen hat;

r/ bedeutet den Anfang der Behinderung einer Maschine infolge der Bedienung der anderen, *l* sagt, daß die linke Maschine, *r* daß die rechte Maschine vom Stand des Beobachters gesehen, behindert wurde;

— bedeutet das Ende einer Verlust- oder Behinderungsstrecke.

Es kann natürlich das Ende einer Verlustzeit mit dem Anfang einer Behinderung zusammenfallen und umgekehrt. Die Verlustzeit kann eine oder zugleich beide Maschinen zum Stillstand bringen. Wenn beide Maschinen infolge der Verlustursache stehen, so wird nur die Zahl als Kennzeichen eingetragen. Steht entweder nur die linke oder nur die rechte Maschine vom Beobachter aus gesehen, so wird ein *l* oder *r* beigefügt. Als Aufnahmetage wählten wir den Montag, den Mittwoch und den Sonnabend.

In Abb. 16 ist ein Ausschnitt aus unserer Aufnahme wiedergegeben. Die Behinderungsstrekken wurden auf dem Schaubild nach der Aufnahme mit Farbstift, in der Abb. 16 mit einer gestrichelten Linie gekennzeichnet.

Die einzelnen Verluststrecken der gleichen Art werden addiert (Stillstand nur einer Maschine mit der halben Zeit) und zusammengestellt. Dabei werden ganz außergewöhnliche Werte nach Rücksprache mit dem Betrieb ausgeglichen. Für die Verlustposten, die in den Beobachtungstagen nicht auftraten, werden geschätzte Werte eingesetzt. Nach den Aufnahmewerten der drei Beobachtungstage werden sinngemäß die Werte

Allgemeine Verluste Großhobelei	Datum: 9. I. 1928 Aufnehmer: Bgr.	Diagnostiker-Aufnahme	Nr. 341
Werkplätze: 1124 1131 Rasten: 1 l 1 r	Arbeiter: A	Papiervorschub: 5 mm in 1 Minute	

Nr.	Benennung	mm Aufnahme Mo.	Mi.	Sbd.	geschätzt Di.	Do.	Fr.	gesamt mm	ermittelte Minuten	eingesetzte Minuten
1	Masch. schmieren	50	15.2		10	10	10	95.2	19	19
2	Masch. reinigen			80.3				80.3	16	16
3	Kurze Störung a.d. Masch.									15
4	Kurze Betriebsstörung									10
5	Riemeninstandsetzung	75.7						75.7	15.1	15
6	Werkzeuge und Lehren rauslegen und weglegen	2.9	2	1.8	2	2	2	12,7	2.5	3
7	Werkzeug und Lehren fassen und umtauschen	12.2	5	6	6	6	6	41.2	8.2	8
8	Werkzeug schleifen	18.5	23	14	20	20	20	115.5	23	23
9	Vorrichtungen fassen und abgeben									8
10	Störungen an Vorrichtungen									10
11	Zeichnungen fassen, lesen und abgeben									10
12	Betriebsstoffe fassen und umtauschen	6	4		4	4	4	22	4.4	5
13	Störungen durch mangelhafte Werkstücke	12			5	5	5	27	5.4	6
14	Auf Krahn und sonstige Hilfe warten	30	2	2	12	12	12	70	14	14
15	Gespräche mit Prüfern und Vorgesetzten	2.2	14		5	5	5	31.2	6.2	6
16	Bedürfnisgelegenheit	32	17	14	20	20	20	123	24.6	25
17	Löhnungsempfang		25					25	5	5
18	Verschiedenes		18.2	5	7	7	7	44.2	8.8	9
19										
20										
	Minuten anwesend	510	510	330	510	510	510	Gesamt-verlustminuten		207

Gesamt Minuten anwesend	2880	207 Verlustminuten sind
Gesamt Verlustminuten	207	7,8 vH, der 2673 Arbeitsminuten
Arbeitsminuten	2673	

Bemerkungen: das ergibt täglich auf 473 Arbeitsminuten 37 Verlustminuten

Abb. 17. Auswertungsblatt der Verlustzeitaufnahme.

für die drei anderen Tage einer Arbeitswoche geschätzt. Das Ergebnis unseres Beispiels für den Arbeiter A ist in dem Auswertungsblatt Abb. 17

wiedergegeben. Die Auswertung ergibt 7,8 vH Zuschlag zu den Arbeitsminuten. Bei dem Arbeiter *B* wurden 10,7 und beim Arbeiter *C* 9,1 vH ermittelt.

Diese so ermittelten Verlustprozente nehmen wir vorab noch nicht als unabänderlich an, sondern wir werden jeden einzelnen Verlustposten durchgehen, die Verlustursachen möglichst beseitigen und die dann noch bleibenden Werte der Zuschlagsberechnung zugrunde legen. Nach den Aufnahmewerten erscheint ein Zuschlag für allgemeine Werkstattverluste in der untersuchten Abteilung mit durchschnittlich 9,2 vH auf die geleistete Arbeitszeit als gerecht und richtig, wenn die Verluste selbst nicht weiter zu verringern sind.

Die Auswertung der Behinderungsaufnahme ist einfacher. Es sind für jede Maschine die Behinderungsstrecken zu addieren und zu der bleibenden Arbeitszeit der Maschine ins Verhältnis zu setzen. Das ist beispielsweise in dem Auswertungsblatt gemäß Abb. 18 für den Arbeiter *A* durchgeführt. Von den Minuten der gesamten Anwesenheit im Betrieb sind zur Ermittelung des Zuschlages auf die wirkliche Arbeitszeit auch die Verlustminuten der drei Aufnahmetage gekürzt. Für den Arbeiter *A* ergaben sich 8,4 vH, für den Arbeiter *B* 6 vH und für den Arbeiter *C* 14 vH Zuschlag. Der Vom-Hundertsatz hängt natürlich sehr davon ab, in welchem Verhältnis Handzeit und Laufzeit der zusammen ausgeführten Arbeiten zu einander stehen.

Wertvolle Unterlagen sind herauszulesen, wenn man die Behinderungsstrecken für die verschiedenen Arbeiten, die bei der Aufnahme in das Schaubild eingetragen wurden, getrennt aufstellt, und zwar derart, daß man das Verhältnis von Selbstgang zu Handzeiten der zugleich ausgeführten Arbeiten und die Behinderungsstrecken dazu vergleicht. Wir kommen im Abschnitt: „Von der ermittelten Zeit zur Akkordzeit" noch darauf zurück.

Ein geübter Aufnehmer wird uns außer den zugleich ausgeführten neun Aufnahmen auch noch die Einrichtezeiten beim Umstellen auf neue Arbeiten aufschreiben können. Er kann irgendein Zeichen, z. B. ein *E* zu einem der Anfangs- und Schlußzeichen eintragen. Wenn uns sonstige Werte interessieren, so lassen sich auch diese bei solchen Verlustzeitaufnahmen mit dem Universalaufnahmegerät zugleich erfassen, so z. B. Verluste wegen Vermeidung von Hobelabsätzen oder dergleichen.

Fragen 14 und 15 sind bei der Vereinheitlichung der Maschine beantwortet und durch die Umstellung geregelt worden.

Frage 16 wird zweckmäßig bei Einzelermittlungen beantwortet. Wir werden uns eine Sammeltabelle aufstellen und die jeweils gefundenen Werte eintragen. Nach kurzer Zeit lassen sich die fehlenden Werte durch Einschaltung, sei es rechnerisch oder zeichnerisch, nachtragen, um aus dem Gesamtergebnis eine Tafel mit brauchbaren Durchschnittswerten aufzustellen. Wir wiesen schon darauf hin, daß wir die Hubzeiten nicht in Abhängigkeit vom Tischweg, sondern von den Werkstücklängen fest-

Behinderung bei 2 Hobelmaschinen		Datum: 9. I. 1928 Aufnehmer: Bgr.		Diagnostiker-Aufnahme:	Nr. 341

Arbeiter: A			Papiervorschub: 5 mm in 1 Minute			
	Mo.		Mi.		Sbd.	
Werkplatz Rast	1124 1 l	1131 1 r	1124 1 l	1131 1 r	1124 1 l	1131 1 r
ausgeführte Arbeiten Fortsetzung auf der Rückseite	Körper A 100 B b 518	Tische A 800 B b 607	1 Körper A 100 B 2 Ständer C 400 D b 732 b 518	Tische A 800 B b 607	3 Ständer C 400 D b 732	Tische A 100 B b 607
Behinderungen laut Aufnahme in mm		3	13	4	2	65
	21	1,8	22		15	8
	14	12	5,5	155	5	19
	50	16	27	13	27	2
	10	2	2	18	60	96
	29	70	17		2	7
	18	12	3	10		
	3	13	30	42		
		3				
Summen mm . . .	145	132,8	119,5	242	111	197
Summen Minuten	29	26,6	23,9	48,4	22,2	39,4
Minuten anwesend	510		510		330	

Gesamt Minuten anwesend	—	1350	Bemerkungen:
Gesamt-Behinderung für 2 Maschinen 189,5	—	—	
Gesamt-Behinderung für 1 Maschine	95	—	
allgemeine Verlustminuten Mo., Mi., Sbd.	119	214	
Arbeitsminuten		1136	
95 Behinderungminuten sind 8,4 vH der 1136 Arbeitsminuten			

Abb. 18. Auswertungsblatt der Behinderungsaufnahme.

legen wollen. Wir vereinfachen uns damit unsere Rechenarbeit und erzielen mindestens ebenso richtige Werte.

Mit der Frage 17 ist eine Aufgabe angeschnitten, die nur durch Arbeitsaufnahmen von langer Dauer gelöst werden kann. Das mechanische

Aufnahmegerät verhilft uns in einfacher Weise zu den gewünschten Vergleichsbildern. Die Erfahrung der Praxis geht dahin, daß man überzeugende Bilder von Ermüdungserscheinungen nur bei ganz gleichen und kurzrhythmischen Arbeiten erhält. Im allgemeinen Maschinenbau sind Ermüdungserscheinungen kaum zu erkennen, weil die für den Arbeitsablauf maßgebenden Einflußgrößen zu mannigfach und zu verschieden groß sind. Da unsere Akkorde der Ermüdung Rechnung tragen müssen, so ist es von großem Wert, auch dieser Verlustgröße nachzugehen und dafür zu sorgen, daß von seiten des Betriebes auch dieser Verlust auf ein kleinstes Maß herunter gebracht wird. Man kann in besonderen Fällen schon bei der Konstruktion durch geeignete Unterteilung der Stücke in diesem Sinne helfen, auch die Transport- und Ablagemittel sind von großem Einfluß, desgleichen die richtige Arbeitshöhe am Werkplatz. Von der größten Bedeutung ist die Aufteilung einer zu leistenden Arbeit auf möglichst viele verschiedene Organe in einer Zeitfolge, die zwischendurch ein gewisses Ausruhen gestattet. Man macht sich diese Regel vielleicht an folgendem Beispiel besser klar. Wir nehmen an, daß ein Organ zur Erledigung einer bestimmten Arbeitseinheit im Laufe eines Arbeitstages 100 mal herangezogen werden darf, ohne daß eine Übermüdung eintritt. Wenn noch neun andere Organe mit gleichfalls je 100 Arbeitseinheiten ohne Übermüdung belastet werden dürfen, so wäre die von den zehn Organen zu übernehmende Gesamtarbeit = 1000 Arbeitseinheiten ohne Ermüdung. Würde man aber einem Organ zu den 100 Arbeitseinheiten nur noch 10 Arbeitseinheiten mehr zuweisen, so würde bei diesem Organ eine Übermüdung eintreten. Ein Arbeiter würde also bei richtiger Verteilung der Arbeit auf zehn Organe 1000 Arbeitseinheiten ohne Übermüdung leisten können, während bei nur 110 Arbeitseinheiten für ein Organ eine Übermüdung eintreten kann, die im Laufe der Zeit schädlich wirkt.

Wer diese Regel der Arbeitsverteilung beachtet und den vielfach dauernd belasteten Beinen durch geeignete Sitzgelegenheiten Zeit zum Ausruhen gibt, wird mit kürzeren Akkordzeiten auskommen und die Leistung seiner Werkstatt erhöhen, denn auch das gehört zu einer richtigen Akkordregelung, daß die Ermüdung infolge der Akkordarbeit bei einer richtigen Ausnutzung der Freizeit so wieder ausgeglichen werden kann, daß der Arbeiter alltäglich mit der gleichen Frische zur Arbeit kommen kann.

Frage 18 führt uns hinüber zur Zeitermittlung und zwar zur Ermittlung der Zeiten für Griffe und Griffelemente. Wir kommen zur Beantwortung dieser Frage im nächsten Abschnitt.

So wie wir alle diese Fragen für die Hobelei durchgesprochen haben, so wären die entsprechenden Fragen für alle anderen Abteilungen getrennt durchzugehen. Wir würden hier über den beabsichtigten Umfang unserer Arbeit weit hinaus kommen, wenn wir die Durchüberlegung etwa für alle Abteilungen einer Maschinenfabrik durchführen wollten. Es soll genügen, wenn wir den Weg für eine Abteilung gezeigt haben. Im übrigen wiederholen sich bei den verschiedenen Abteilungen viele Einzelfragen und deren gleichartige Erledigungen.

Wenn in diesem Sinne durch Vereinheitlichung und Umregelungen auf kleinste Verluste die Werkstatt und durch Schaffung der Unterlagen das Bureau vorbereitet sind, so soll nochmals darauf hingewiesen werden, daß der Weg zwischen Bureau und Werkstatt durch ein straffes Zusammenfassen unter einer fachkundigen Leitung möglichst störungsfrei gehalten werden muß. Wir betonten bereits, daß es nicht genügt, im engen Zusammenarbeiten einheitliche Ausgangswerte zu schaffen, sondern es muß mit dem gleichen Nachdruck dafür gesorgt werden, daß alle Überlegungen des Bureaus auch leicht faßbar und ausführbar bis an den Werkplatz gelangen.

Hilfsmittel für die Werkstatt. Es soll hier mit einigen Beispielen der Weg gezeigt werden, wie man den Beteiligten die Arbeit erleichtern kann. Vorab müssen wir alle lernen, in der gleichen Sprache zu sprechen und in den gleichen Einheiten zu denken. Das können wir natürlich nur auf dem Wege der Erziehung im Laufe der Zeit erreichen, weshalb wir schrittweise vorgehen müssen. Jedenfalls muß es angestrebt werden, daß wir uns mit den Ausdrücken und den Werten der Kalkulation auch mit Meister und Arbeiter verständigen können. Darüber hinaus müssen wir den Praktikern das zu den Begriffen und Größen gehörige Werkstattbild verschaffen, damit sich mit dem bestimmten Begriff auch ein bestimmtes Geschehen verbindet.

Zu dem Zweck wird man z. B. einem Dreher, der bei einer Schnittgeschwindigkeit von 16 m in der Minute Teile aus Gußeisen drehen soll, diese Umfangsgeschwindigkeit seiner Drehteile wiederholt und möglichst genau mit dem Hinweis auf unsere Bezeichnung „16 m Schnittgeschwindigkeit" einstellen. Nach kurzer Zeit wird er eine gewollte Schnittgeschwindigkeit von 16 m für Drehteile verschiedener Größe verhältnismäßig richtig einstellen. Entsprechendes gilt für andere Arbeiten. Es genügt aber nicht, wenn wir das Auge des Arbeiters auf Schnittgeschwindigkeiten schulen. Auch Meister und Betriebsleiter sollen sich des öfteren die gewollten Werte einstellen und sich das Laufbild einprägen, damit beim Gange durch die Werkstatt ein Blick auf die einzelnen Werkplätze genügt, um zu sehen, ob die Akkorderledigung im gewollten Sinne erfolgt.

Über diese Erziehung des Auges hinaus müssen wir Meistern und Arbeitern Tafeln geben, die für den einzelnen Werkplatz und für ganze Werkplatzgruppen aufgebaut sind. Zeitgemäße Werkzeugmaschinen werden gleich mit solchen brauchbaren Tafeln an der Maschine selbst geliefert oder jedenfalls sollte man die Mitlieferung der Gebrauchstafeln verlangen. Die normale Werkstatt besteht aber nicht nur aus neusten Maschinen, also müssen für die älteren Maschinen einfache Tafeln geschaffen werden, sonst ist auf eine wirtschaftlichste, reibungslose Akkordabwicklung nicht zu rechnen. Wenn man damit schnell einen Schritt weiterkommen will, so macht man z. B. für die Dreherei vorab Tafeln über Durchmesser und die zugehörigen Umdrehungszahlen bei gegebenen Schnittgeschwindigkeiten für ganze Werkstätten oder große Gruppen passend, je nach den Durchmesser- und Schnittgeschwindigkeitsgrenzen. Dazu gehört an jeden Werkplatz eine Tafel, welche die möglichen Umdrehungen und die Maschineneinstellung dazu angibt.

ϕ	Einstellung d. Maschine 1,466 bei Schnittgeschwindigkeit 20	22	24
30	ǀ ǀ /	\ ǀ /	\ \ ǀ
32	"	"	\ ǀ /
35	"	ǀ ǀ /	"
38	ǀ ǀ ǀ	"	ǀ ǀ /
40	"	"	"

Abb. 19. Einstelltafel für Werkzeugmaschinen. $^{6}/_{10}$ nat. Gr.

Man kann auch den Schritt gleich weitergehen und für jeden Werkplatz eine Tafel aufstellen, aus welcher bei dort gebräuchlichen Schnittgeschwindigkeiten zu dort gebräuchlichen Durchmessern die Maschineneinstellung abzulesen ist, Abb. 19.

Der Drehermeister bekommt eine in der Tasche zu tragende Tafel, aus welcher zu ersehen ist, welche Werkzeugmaschine bei gegebenem Durchmesser der gewollten Schnittgeschwindigkeit am nächsten kommt, Abb. 20.

∅	Maschinen bei Schnittgeschwindigkeit 20	22	24
30	1.241	1.368	1.420
32	1.273	1.241	1.368
35	1.420	1.273	1.241
38	1.304	1.420	1.273
40	1.273	1.304	1.420

Abb. 20. Tafel der bestgeeigneten Maschinen.

Die Akkordleistung hängt natürlich ebenso sehr oder mehr noch von den möglichen Vorschubgrößen ab, so daß auch diesbezüglich Klarheit und Hilfsmittel geschaffen werden möchten. Vorab gehört an jede Maschine eine Tafel mit den möglichen Vorschüben, z. B. an die Hobelmaschine die Angabe über die Vorschubgrößen bei den verschiedenen Schaltzähnen usw., damit man beim Gang durch die Werkstatt sich sofort einen Überblick verschaffen kann, ob die Arbeitsausführung sich weitgehendst mit der Planung deckt, und wie weit Abweichungen auf Grund der Werkstatterfahrung zulässig, berechtigt oder nötig sind, um davon ausgehend die Kalkulationsunterlagen wieder entsprechend zu beeinflussen.

In der modernen Fräserei sind Zahnform und Zahnstellung dem Werkstoff anzupassen. Wenn man nun auch in Abhängigkeit von Form, Spannmöglichkeit, verlangter Oberfläche und Genauigkeit des Arbeitsstückes und dergleichen mehr sowohl Vorschub als Schnittgeschwindigkeit in gewissen Grenzen verschieden wählen muß, so kann man doch für die normale Benutzung des Fräsers auf jeden Fräser gleich bei dessen Herstellung einschlagen: Für Werkstoff, Umdrehungen und minutlichen Vorschub.

Selbstverständlich gibt es für jede Arbeit eine günstigste Schnittgeschwindigkeit und einen günstigsten Vorschub. Aber abgesehen davon, daß es sich im allgemeinen Maschinenbau nicht lohnen würde, diese Bestwerte durch umfangreiche und kostspielige Versuche zu ermitteln, geben die meisten Maschinen der heutigen Werkstatt gar nicht die Möglichkeit, solche Bestwerte in allen Fällen einzustellen. Deshalb bedeuten die Maschinen mit stufenlosen Getrieben für Geschwindigkeit und Vorschub im Sinne unserer vorliegenden Akkordüberlegung einen wichtigen Fortschritt. Es kommt aber erfahrungsgemäß für die Güte der erzeugten Arbeitsfläche bezüglich der Schnittgeschwindigkeit und des Vorschubes auf einige vH nicht an. Aber diese wenigen vH wirken sich in vollem Umfange bei der Laufzeit und damit bei der Richtigkeit unserer Akkorde aus. Je weniger Wert auf die Vereinheitlichung der Maschinen und die Übereinstimmung der Kalkulationswerte mit den möglichen Werkstattwerten gelegt ist, um so größerer Wert muß darauf gelegt werden, jedes Werkstück dem günstigsten Werkplatz zuzuführen, indem man entweder möglichst für den bestimmten Werkplatz kalkuliert, oder im oben angedeuteten Sinne dem Meister durch Gebrauchstafeln die Werkplatzauswahl erleichtert. Anderenfalls werden wir mit dem Genauigkeitsgrad der Akkordausführung nicht an den möglichen Genauigkeitsgrad der Ermittlung herankommen.

Wellenschruppen für Schleifen V = 22 m/min S = 0,3 mm				Laufzeitabweichung gegen normal 100
∅	Maschinen	n	s	
30	1.371	230	0.3	98
	1.216	250	0.28	100
	1.404	220	0.33	104
32	1.269	216	0.3	99
	1.580	220	0.3	100
	1.371	200	0.36	108
35	1.216	210	0.28	98
	1.371	200	0.3	100
	1.269	216	0.3	108
38	1.371	175	0.33	96
	1.269	188	0.3	102
	1.404	184	0.3	110

Abb. 21. Tafel mit den Arbeitsdaten der vorhandenen Maschinen.

In diesem Sinne kann man für die Dreherei z. B. die Tafel gemäß Abb. 20 für bestimmte Arbeiten noch dadurch ausbauen, daß man zu bestimmten Durchmessern die bestmögliche Umdrehungszahl und den bestmöglichen Vorschub, das sind zusammengenommen die unsere Laufzeit und Akkordzeit beeinflussenden Werte, zusammenfaßt und für Werkplätze mit den günstigsten Zeiten die Tafel aufstellt (Abb. 21). In einer zusätzlichen Spalte sind die Abweichungen gegenüber der angestrebten Normalleistung = 100 eingetragen, so daß der Betrieb die günstigste Maschine heraussuchen kann oder, wenn diese besetzt ist, einigen Anhalt über die zu erwartende Mehr- oder Minderleistung hat.

Wenn in der angedeuteten Richtung Meister und Arbeiter die erwünschten Unterlagen bekommen haben, ist auch die notwendige Überprüfung der Akkordarbeiten durch Betriebsingenieure und Zeitaufnehmer leicht durchführbar. Man kann sich auch dazu noch mechanischer Hilfsmittel bedienen, so z. B. der bekannten Schnittgeschwindigkeitsmesser und des sogenannten Fadenzählers, einer Lupe mit einer Auflageöffnung von 10 · 10 mm. Mit letzterem kann man den Vorschub pro Umdrehung nachprüfen, wenn z. B. bei einer für Schleifen gedrehten Welle die Drehrisse zu sehen sind. Und so gibt es der kleinen Hilfsmittel noch mehr, um immer und überall zu helfen und zu sichern, daß unsere Akkorde in der gewollten Weise ablaufen.

So vorbereitet, können wir getrost an die Zeitermittlung herangehen. Die Werte, die wir jetzt in unserer Werkstatt finden werden, entstehen in einer Werkstatt, die so ist wie sie sein soll, auch in ihrem Zusammenhang mit dem technischen Bureau und der Zeitenstelle für die bureaumäßige Bearbeitung der Akkorde.

Wenn die in den bisherigen Abschnitten des II. Teiles behandelten Vorbereitungen lückenlos durchgeführt sind, wenn nur akkordreife Konstruktionen herauskommen, wenn Arbeitsgänge und Arbeitsstufen aufs beste in enger Fühlung mit der Werkstatt herausgearbeitet wurden, wenn alle Annahmen dem heutigen Stand der Betriebswissenschaft einerseits und dem der guten Werkstatt andererseits entsprechen, und wenn alle Beteiligten von dem Geplanten gleich gut unterrichtet sind und sich willig auf eine verlust- und störungsfreie Durchführung der Arbeiten einstellen, dann ist schon eine sehr wertvolle Arbeit zur Akkordermittlung und zur Akkorddurchführung erledigt. Wir führen dies hier nochmals an, um auf die entscheidende Bedeutung dieser erzieherischen und vorbereitenden Arbeiten nachdrücklich hinzuweisen, die leider vielfach unterschätzt wird.

18. Die Zeitermittlung.

Die Frage der Stückzeitvorausbestimmung. Wenn man von der Ermittlung der Stückzeiten spricht, so meint man damit im allgemeinen die bureaumäßige Vorausbestimmung der Stückzeiten. Es ist wichtig, daß wir diese sonst stillschweigende Voraussetzung zu Beginn dieses Abschnittes ganz klar aussprechen. Es wird sich herausstellen, daß dieses Vorausbestimmen keine Schwierigkeiten macht, wenn erst die zur Vorausbestimmung notwendigen Unterlagen eindeutig und brauchbar vorliegen, daß das genauere Ergebnis aber bei der Aufnahme der Arbeiten selbst zu erzielen ist.

Diese Unterlagen können nur durch das Verarbeiten von Zeitwerten abgeleitet werden, die aus zuverlässigen Zeitaufnahmen bei ausgeführten Arbeiten gewonnen wurden.

Wir wollen die vorliegende Aufgabe vorab ganz allgemein durchgehen. Man möchte dabei fast zu der Auffassung gelangen, als wäre die richtige Lösung gefunden, wenn man in jedem Einzelfalle oder sagen wir in allen typischen Einzelfällen in einer Versuchswerkstatt durch eine Probeausführung die Zeiten für die folgende Werkstattausführung ermittelt. Das wäre zwar auch eine Stückzeitvorausbestimmung, aber nicht die bureaumäßige. Diese praktische Vorausbestimmung hat sicher viel für sich und ist auch tatsächlich in verschiedenen Industrien durchgeführt worden. Es ist aber einleuchtend, daß dieser Weg nur in wenigen Ausnahmen wirtschaftlich gangbar ist und zwar nur in der großen Massenfertigung. Für kleinere Herstellungsmengen lohnt sich nicht die Aufstellung der notwendigen Maschinen in der Versuchswerkstatt, vielleicht nicht einmal das Einrichten derselben. Es sprechen aber nicht nur diese wirtschaftlichen Bedenken dagegen. Das Arbeiten in einer solchen Versuchswerkstatt deckt sich nicht mit der Werkstattarbeit, mag es nach der einen oder anderen Seite vor- oder nacheilen, es ist und bleibt werkstattfremd. Deshalb ist es für die Akkordbestimmung auszuschalten. Solche Versuchswerkstätten sind und bleiben wertvoll für die Beantwortung der Frage, wie gearbeitet werden soll, nicht aber für eine Beantwortung der Frage, wie lange an einem Stück gearbeitet werden soll, da es praktisch zwar leicht möglich ist, die gleiche Arbeit mit den gleichen Mitteln in der gleichen Weise zu wiederholen, aber eine gleiche Folge von Störungen zu sichern kaum durchführbar ist.

Wir kommen damit zu einer interessanten Feststellung, wenn wir uns sagen, daß die Stückzeitermittlung ohne Rücksicht auf Art und Umfang der Fertigkeit in der Aufmachung und im Ergebnis mehr oder weniger gleich sein würde, wenn die Störungen bei der Werkstattarbeit die gleichen sein würden.

Eine der bedauerlichen aber stets wieder bestätigten Erfahrungen der Werkstatt lautet, daß bei einer ersten Ausführung sich regelmäßig irgendwelche Störungen ergeben, die bei einer Wiederholung der Arbeit je häufiger umso gründlicher zu vermeiden sind. Das Wesen der Einzelfertigung ist aber die nur einmalige Ausführung, und so sind die Störungen von heute meist ganz andere als die von morgen. Im Gegensatz dazu wird in der Massenfertigung nicht selten das gleiche Werkstück tagaus tagein am gleichen Werkplatz bearbeitet, so daß alle erkannten Störungen schrittweise ausgeschaltet werden können. Infolge der durch die verschiedenen Störungen verursachten verschiedenen Verluste wird der Wirkungsgrad bei Einzel-, Reihen- und Massenfertigung also verschieden sein, trotzdem der Ablauf der eigentlichen Bearbeitung ganz gleich erfolgen kann.

Wir können also auch hier wieder feststellen, daß ein Weg zur wirtschaftlichen Fertigung mit dem Weg zur Stückzeitermittlung weite Strecken zusammengeht, wenn wir darauf ausgehen, all diese Störungen zu erkennen und zu beseitigen. Da sich die Einrichtezeiten bei der Massenfertigung auf viele Arbeitsstücke verteilen, so fallen sie auf das einzelne Stück gerechnet gar nicht ins Gewicht. Ganz anders dagegen bei der Einzelfertigung, wo für jedes Arbeitsstück aufs neue eingerichtet werden muß. Die Reihenfertigung steht sinngemäß dazwischen. Bei der Einzelfertigung wäre also eine gründliche Bearbeitung dieser Fragen am wichtigsten, aber mit den heute üblichen Mitteln ist sie selten lohnend. Das reizt zum Aufsuchen eines wirtschaftlichen Weges, der uns immer wieder in die Werkstatt zu der einzigen Wirklichkeitsquelle für richtige Stückzeitdaten führt.

Wenn man in den großen Werkstätten der Einzelfertigung sagt: „Wir haben an einer richtigen Stückzeitermittlung kein großes Interesse, uns kommt es auf ein paar Akkordminuten gar nicht an, uns geht es um die Einhaltung der gestellten Lieferzeiten", so verkennt man, daß die Stückzeitermittlung zugleich den ganzen Arbeitsablauf klären soll. Wenn das geschieht, wenn alle Störungen im Laufe der Zeit auch im Einzelbau ebenso klar erkannt werden, wie in der Massenfertigung, und dann sicherlich besser vermieden werden als das heute üblich und möglich ist, so sind wir ja einer Lösung der großen Aufgabe der Lieferzeiteinhaltung so nahe als möglich gekommen. Denn das Überschreiten der Lieferzeiten wird ja weniger durch ein falsches Einschätzen der normalen Fertigungszeit bedingt als vielmehr durch das Eintreten von „unvorhergesehenen" Störungen, die wir deshalb zu sehr als selbstverständlich und als unvermeidlich ansehen, weil wir ihre Häufigkeit und Gesetzmäßigkeit nicht erkennen und deshalb den Angriffspunkt zur Abhilfe nicht finden können.

Wenn wir uns aber ein klares Bild des tatsächlichen Arbeitsablaufes verschaffen können, wenn jeder im Betriebe weiß, daß jede Beeinflussung des Arbeitsablaufes sowohl nach der Beschleunigungs- als auch nach der Verzögerungsseite klar gebucht wird, wenn wir alle an Hand solcher Bilder uns zu einem wirtschaftlichen Arbeitsablauf heranarbeiten, dann sind die Lieferzeiten nicht nur einzuhalten, sondern gegenüber den heute üblichen abzukürzen, und zugleich gelangen wir bei niedrigen Stückzeiten zu guten Akkordverdiensten und zu einer mustergültigen Ausnutzung der Betriebsanlagen.

Die Schwierigkeiten einer Stückzeitvorausbestimmung in der Einzelfertigung gelten als groß, und wir wollen sie nicht verkennen. Da wir aber sehen werden, daß die ganze Zeitermittlung mit einer wirtschaftlichen Zeitaufnahme steht und fällt, so können wir nach den Erfahrungen mit der Mechanisierung der Zeitaufnahmen schon als Ergebnis vorwegnehmen, daß sich die Aufgabe einfach und sicher lösen läßt.

Die richtige Arbeitsaufteilung. Wenn man Stückzeiten im voraus festlegen will, so heißt das, für die genau festgelegten Arbeitsstufen, Griffe und Griffelemente bekannte Zeitwerte einsetzen und diese zu einer Gesamtzeit vereinigen. Je verschiedenartiger die Arbeiten sind, umso verschiedener werden die zugehörigen Griffe sein, und wenn man einen mathematisch richtigen Aufbau der Zeitgleichungen haben will, kommt man leicht dazu, die Arbeitsgänge bis in die Griffelemente aufzuteilen, um zu den sich genau wiederholenden Einheiten zu gelangen. Es gibt dann schließlich bei genügend weit geführter Unterteilung Griffelemente, die sich tatsächlich in allen Betrieben in der gleichen Zeit ausführen lassen müssen. Wie weit man dabei gehen müßte, erkennt man am besten aus Beispielen der eigenen Werkstatt. Es sei z. B. das Messen von Wellendurchmessern genannt. Man sollte meinen, dieses Messen von Wellendurchmessern müßte überall in der gleichen Zeit möglich sein. Wir finden aber, daß wir zu dem Zweck noch weiter unterteilen müssen, indem wir sagen:

Messen mit Passameter,
,, ,, Grenzlehre,
,, ,, Vergleichslehre,
,, ,, Mikrometer,
,, ,, Schublehre,
,, ,, Taster.

So haben wir schon 6 Zeitgruppen für das Messen von Wellendurchmessern, denn je nach dem Durchmesser und der Möglichkeit, an die Meßstelle heranzukommen, werden die Werte in jeder Gruppe noch in größerer Anzahl erscheinen. Das Messen soll meistens bei stillgesetztem Werkstück erfolgen. Die Zeit zum Stillsetzen des Werkstücks hängt nun wieder weitgehend von der Maschine ab, und zwar von dem jeweiligen Zustand des Antriebes und dem Getriebeverlust, von der Umlaufzahl und der umlaufenden Masse und dergleichen mehr. Wollte man Griffelemente festlegen, die all diesen Einflüssen Rechnung tragen, so käme man zu einer Unzahl von Werten für jede einzelne Griffelementengruppe und für die Gesamtheit der häufigen Griffelemente zu vielen Tausenden von Werten. Das wäre schließlich noch nicht gar zu schlimm, denn bei einer planmäßigen, guten Ordnung der Werte würde man die gesuchten leicht finden und die oft gebrauchten würde der Zeitermittler im Laufe der Zeit auswendig wissen.

Aber was helfen uns all die genauen Zeitwerte, wenn die so schön aufgebaute Genauigkeit zusammenstürzt, sobald wir mit ihr in unsere Werkstatt gehen. Wir wissen, daß es nicht immer möglich ist, die Arbeit für eine ganz bestimmte Maschine im voraus zu bestimmen, da aus allerhand bekannten Gründen die Arbeiten sich bald in dieser, bald in jener Werkstatt häufen, so daß Arbeitsumstellungen innerhalb einer Fertigungsgruppe nicht zu vermeiden sind. Wir haben zwar im Sinne des vorigen Abschnittes alle Maschinen einer Gruppe einer guten Normalleistung weitgehendst angepaßt, aber dieses Anpassen ist kein Gleichmachen geworden. Die Stufen für Umdrehungszahlen und Vorschübe werden in den meisten Fällen voneinander abweichen und die Überprüfung in jeder Werkstatt, die nicht entgegen der heutigen Regel aus nur gleichen Werkzeugmaschinen besteht, wird bestätigen, daß die Abweichungen der durchführbaren Werte gegenüber den für eine ganze Gruppe im voraus bestimmten Zeiten um 5—10 vH, gelegentlich auch noch mehr, voneinander abweichen. Solche Zahlengrößen sind natürlich gegenüber den Sekundenwerten der Griffelemente erdrückend, und es ist als zweiter Kernpunkt unserer Überlegungen festzulegen, daß wir nicht für eine Kartei, sondern für die Werkstatt unsere Werte bestimmen und die Genauigkeit unserer Stückzeitermittlung folglich der Werkstattgenauigkeit anzupassen haben. Alles Zuviel an Genauigkeit ist bei voller Klarheit der Arbeit eine Zeit- und Geldverschwendung, und jeder Mangel an Klarheit über die Arbeit ist bei größter Genauigkeit der Zeitwerte für alle Griffelemente Mangel an wirtschaftsreifer Führung.

Nun ist es üblich zu sagen, die Zeitwerte für Griffelemente gebrauchen wir nicht bei der Einzelfertigung, im allgemeinen auch nicht bei der Reihenfertigung, aber bei der Massenfertigung müssen wir sie haben.

Wir stellen dem gegenüber den Satz auf, daß für die Massenfertigung eine bureaumäßige Stückzeitvorausbestimmung wie bei der Einzelfertigung oder der kleinen Reihenfertigung unpraktisch ist oder bestimmter gesagt, nicht in Frage kommen sollte. Die Herstellungskosten bei der Massenfertigung hängen zu sehr von vielerlei Kleinigkeiten ab, die erst im Laufe der Fertigung aufs beste abgestellt werden. Durch Bewegungs- und Zeitstudien werde deshalb der günstige Arbeitsgang in allen Einzelheiten herausgearbeitet, der sich dann in einer gewissen Dauerarbeit unter Kontrolle des mechanischen Zeitaufnahmegerätes bewähren soll. Wenn so alle eigentlichen Arbeiten und Griffe sich als wirtschaftlich erwiesen haben und alle vermeidbaren Verlustzeiten ausgeschaltet sind, dann ist auf diese Weise für die Massenfertigung die Stückzeit aufs beste zugleich mit ermittelt, zwar nicht im voraus aus Zeiten für Griffelemente, sondern in der Werkstatt bei der praktischen Ausführung aus einer zugleich aufgezeichneten mechanischen Zeitaufnahme.

Das Aufteilen in Griffelemente gebrauchen wir also auch bei der großen Massenfertigung nicht für die Vorausbestimmung der Stückzeiten, wohl aber für eine Klärung des Arbeitsganges selbst, gegebenenfalls auch zur Vorkalkulation für Preisangebote. Aber für letztere kommen wir im allgemeinen mit Gebrauchstabellen aus, die sich auf Arbeitselemente oder Griffkomplexe aufbauen.

Bei Vorbereitungsarbeiten in der großen Massenfertigung, besonders beim Herausfinden der vorteilhaftesten Geräte, des praktischsten Handwerkzeuges und der Anordnung aller gebrauchten Mittel zueinander machen wir Bewegungsstudien, bei denen wir schließlich auch die Zeiten von Griffelementen zu ermitteln haben. Diese Arbeiten dienen also nicht der Vorausbestimmung der Stückzeiten, wir werden uns also erst weiter unten bei der Besprechung der Zeitaufnahmen wieder damit zu befassen haben.

Je häufiger sich eine Arbeit wiederholt, umso besser kann man kleineren Zeiten beikommen, umso feiner kann also auch die Arbeitsaufteilung sein, ohne bei der Zeitfestlegung auf zu große Schwierigkeiten zu stoßen. Daraus ergibt sich, daß wir die gleichen Arbeitsgänge verschieden unterteilen werden, je nachdem es sich um Einzel- oder Reihenfertigung handelt. Und zwar werden wir aus obigen Gründen die Unterteilung vornehmlich mit Rücksicht auf die Möglichkeit der Zeiterfassung machen. Denn daß wir uns die Zeitwerte erst beschaffen müssen, wird wohl für die meisten Betriebe zutreffen, da Normzahlen bei Zeitwerten für Arbeitselemente und Griffkomplexe nicht gut denkbar sind. Wo solche Zahlen in der Literatur genannt werden, mögen sie als anspornende Vergleichszahlen angesehen und verwertet werden. Zur Stückzeitvorausermittlung für die eigene Werkstatt können aber nur die in der eigenen Werkstatt gewonnenen Zahlen Bedeutung und Daseinsberechtigung haben.

Wir wollen uns die verschiedene Aufteilung an einem Beispiel klar machen. Es soll ein mittleres Gußstück auf der Hobelmaschine plangehobelt werden.

Einzelfertigung.

Einmal:

1. Einrichten und Abrüsten.

Wiederholt:

1. Aufspannen.
2. Schruppen u. Schlichten.
3. Nebenarbeiten.
4. Abspannen.

Reihenfertigung.

Einmal:

1. Einrichten.
2. Abrüsten.

Wiederholt:

1. Aufspannen.
2. Werkzeug einspannen, Maschine einstellen und einrücken.
3. Schruppen.
4. Werkstück lösen.
5. Werkzeug u. Vorschubwechsel.
6. Messen u. Wiederfestspannen.
7. Schlichten.
8. Lösen u. Messen.
9. Abspannen und Maschine säubern.

Mit einem solchen Beispiel soll nun nicht für alle Fälle die gegenseitige Abstufung festgelegt sein, denn es wird sich ganz nach Art und Umfang der Arbeit und auch nach dem Stande des Betriebes selbst richten, wie weit man bei den verschiedenen Fertigungsarten mit der Aufteilung geht. Und da die Aufteilung mit Rücksicht auf die Zeiterfassung geschehen soll, so wird sich die Aufteilung auch danach richten müssen, auf welcher Höhe die Zeitaufnahmen in dem Unternehmen stehen.

Nach diesen grundsätzlichen Betrachtungen liegt die Aufgabe und damit auch die Lösung der Zeitermittlung wesentlich einfacher vor uns, die wir etwa wie folgt zusammenfassen können:

Ermittlungsart.	Beschaffung der Unterlagen.
A. Einzelfertigung. Reine Vorausbestimmung.	Aus Zeitaufnahmen typischer Werkstücke mit dem mechanischen Aufnahmegerät. Prüfung der Vorausbestimmung durch mechanische Zeitaufnahme, daraus Richtigstellung und Ergänzung der vorhandenen Unterlagen.
B. Kleine Reihenfertigung. Reine Vorausbestimmung.	Wie bei Einzelfertigung.
C. Selten oder nicht wiederholte Großreihenfertigung. Vorausbestimmung und Überprüfung beim Ablauf der Arbeit, daraus endgültige Stückzeiten für den Rest des laufenden großen Auftrages.	Wie bei Einzelfertigung, jedoch mit Nachprüfung und Richtigstellung schon bei dem Auftrag selbst.
D. Reihenfertigung mit häufiger Wiederholung. Keine Vorausbestimmung, sondern vorab Bearbeitung einer möglichst kleinen Reihe, aber ausreichend groß, um bei ihrem Ablauf die Arbeit selbst nach jeder Richtung wirtschaftlich einstellen zu können bei gleichzeitiger Aufnahme mit dem mechanischen Zeitaufnahmegerät.	Aus den mechanischen Zeitaufnahmen der endgültigen Arbeit Festlegung der Stückzeiten für die Wiederholungen der Arbeit.

Die Durchführung unter *C* und *D* bedarf gegebenenfalls einer besonderen Akkordregelung im Betrieb. Man wird die Verständigung dadurch erleichtern, daß man im Falle *C* nur eine begrenzte Stückzahl zu dem vorausbestimmten Akkord in Arbeit gibt und vor Ablauf dieses ersten Akkordauftrages die Überprüfung soweit abschließt, daß ohne Arbeitsunterbrechung der zweite Teilauftrag zu dem richtiggestellten Akkord ausgegeben werden kann. Im Falle *D* wird man die erste Reihe von einem tüchtigen Akkordarbeiter im Lohn ausführen lassen, der helfen kann, den wirtschaftlichsten Arbeitsgang herauszuarbeiten, wobei man dem Arbeiter für die Zeit dieser Probeausführung einen durchschnittlichen Akkordverdienst als Lohn zahlt.

So bringt man auch die Reihenfertigung möglichst an die Massenfertigung heran und Arbeitgeber und Arbeitnehmer laufen nicht Gefahr, für größere Aufträge an vorausbestimmte und deshalb in gewissen Grenzen stets unsichere Akkordzeiten gebunden zu sein.

Nach dieser grundsätzlichen Lösung stehen wir vor der Aufgabe, die Unterlagen für die Vorausbestimmung zu beschaffen. Wir halten daran fest, daß alle Vorbereitungen, die wir im vorigen Abschnitt behandelt haben, auch tatsächlich durchgeführt sind, sonst können wir nicht zu brauchbaren Werten gelangen, weil ein beständig notwendig werdendes Ändern der ersten Grundlagen ein ebensolches Schwanken unseres Aufbaues bedeuten würde, wobei ein Vertrauen zu unseren Arbeiten nicht aufkommen kann.

Wir haben bei dieser Festlegung der Werte für die Zeitvorausbestimmung wieder auf die wertvollen Arbeiten des Refa hinzuweisen. Ein gründliches Durcharbeiten seiner Veröffentlichungen wird manchem Doppelarbeiten ersparen.

Einzelfertigung. Die uns gestellte Aufgabe wollen wir vorab für die Einzelfertigung weiter verfolgen. Auch bei der Einzelfertigung wiederholen sich häufig gleiche oder doch ähnliche Teile. So werden z. B. Papiermaschinen wohl stets in Einzelfertigung gebaut, weil kaum eine Maschine in ihrer Gesamtheit der zweiten gleich ist. Aber Teile der Maschinen, ja ganze Gruppen derselben sind vielfach als Werknormen gleich, wenigstens im Sinne unserer Überlegungen, so bei dem genannten Beispiel die Siebpartie, die Trockenzylinder, die Feuchtung und Aufwicklung und dergleichen mehr. Das gilt sinngemäß auch bei anderen in Einzelfertigung hergestellten Maschinen. Es ist also eine erste Teilaufgabe, solche gleichen oder typischen Teile als Werknormen herauszusuchen. Diese Teile werden im Sinne der vorigen Abschnitte durchgearbeitet, so daß die richtigen Arbeitsgänge in der günstigen Unterteilung vorliegen. Man kann nun den sicheren Weg gehen und durch Zeitaufnahmen mit dem mechanischen Aufnahmegerät sich Einzelwerte für alle Arbeitselemente bei typischen Werkstücken sammeln. Das dauert aber etwas lange, und so empfiehlt es sich, bei der Einzelfertigung mit einem Annäherungsverfahren zu beginnen. Man nimmt sich die entsprechenden Werkstattfachleute zusammen und stellt mit diesen in verhältnismäßig kurzer Zeit je ein Vergleichsbild auf für das Einrichten und Abrüsten und für das Auf- und Abspannen typischer Teile. Man geht dabei zweckmäßig so vor, daß man den Betriebsbeamten ein allgemein bekanntes, typisches Teil nennt, z. B. einen bestimmten Trockenzylinder, und sich anschließend andere Teile nennen läßt, die mehr und auch solche die weniger Einrichtezeit für die einzelnen Arbeitsgänge verlangen. So erhält man vorab eine ganz rohe Reihenfolge. Dann läßt man die Einrichtezeit für das zuerst genannte Teil schätzen, und anschließend die Mehr- oder Minderzeiten für die übrigen Teile der Liste. Die so geschätzten Werte stellt man zu einem Bild zusammen (Abb. 22), das man den Betriebsbeamten zur Nachprüfung und zur Ergänzung aushändigt. Sobald solche typische Teile in Bearbeitung kommen, werden die Zeiten mechanisch aufgenommen und das Ergebnis wird in das erste Bild nachgetragen, so daß ein Bild gemäß Abb. 23 entsteht. Man wird dabei häufig feststellen, daß die geschätzten Einrichtezeiten niedriger sind, als die aufgenommenen Zeiten. Diese Unterschätzung der einmaligen Zeiten ist in der Einzelfertigung und auch in der Reihenfertigung fast immer zu beobachten. Man wird auch offensichtlich falsche Abstufungen feststellen, ohne daß die Auswertung der Aufnahme falsch zu sein braucht, denn einmal geht solche Einrichtearbeit wesentlich günstiger voran als ein andermal. Verschiedene Aufnahmewerte beim gleichen Stück wird man alle eintragen, um bei der Auswahl durch Vergleich mit anderen Teilen nicht auf das arithmetische Mittel angewiesen zu sein. Die Zusammenstellung in solchen Bildern gemäß Abb. 22 und Abb. 23 ist deshalb so wichtig, weil man dazu gezwungen wird, Abweichungen in den Aufnahmen auszugleichen, und dieses Ausgleichen wiederum ist Grundbedingung für das Erzielen und Erhalten des Vertrauens. Denn wenn man bei Arbeitern auch weniger ein richtiges Gefühl für die absoluten Zeitwerte findet, so ist die Einstellung auf ein Vergleichen mit bekannten Werten überall umso stärker ausgeprägt. Da das Abrüsten in den meisten Fällen in diesem Zusammenhang genau genug in einem bestimmten für ganze Gruppen gleichen Vom-Hundert-Satz des Einrichtens angenommen werden kann, so wird man der Einfachheit halber Einrichten und Abrüsten, also die einmalige Zeit, gleich zusammenfassen.

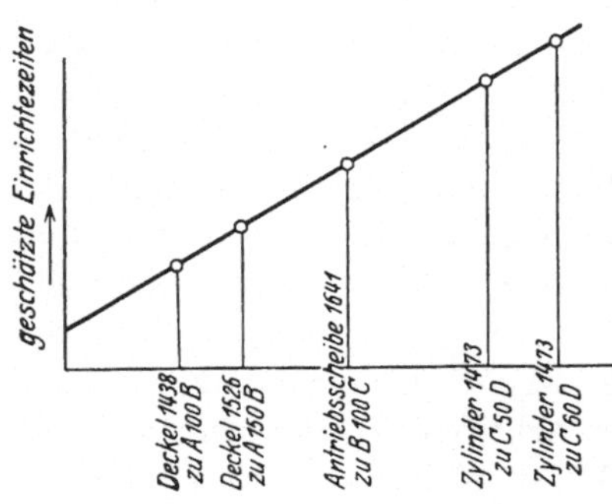

Abb. 22. Vergleichsbild für geschätzte Einrichtezeiten.

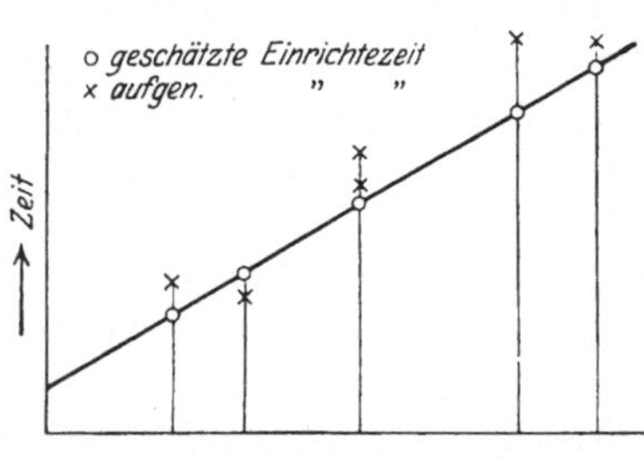

Abb. 23. Vergleichsbild mit geschätzten und aufgenommenen Einrichtezeiten.

Nachdem man so begonnen hat, verschiedenartige Teile im Vergleichsbild zusammenzustellen, wird man sich bald solche Vergleichsbilder getrennt für ähnliche Teile des gleichen Typs aufstellen und so die Unterlagen immer verfeinern. Kommen dann neue Teile des gleichen Typs zur Bearbeitung, so kann man durch Einfügen des neuen Teiles zwischen bekannte eine brauchbare Einrichtezeit leicht ablesen. Sinngemäß baut man sich die Unterlagen auf für das Auf- und Abspannen und schließlich auch für die Nebenarbeiten.

Für jedes Teil wird man sich eine Stückzeitkarte anlegen, die außer dem an sich üblichen Kopf alle Arbeitsgänge enthält und dahinter in getrennten Spalten die vorausbestimmten und die später aufgenommenen Zeitwerte sowie die Nummern der Zeitaufnahmen, damit man stets die Aufnahmen für Nachprüfungen ohne langes Suchen zur Hand hat.

Die Vergleichsbilder baut man soweit aus, daß man sich für alle typischen Teile ein Vergleichsbild aufstellt, in welches man nur besonders charakteristische Teile mit der Teilbezeichnung einträgt, weil sonst das Bild unübersichtlich wird. Die Stellen eingereihter Teile markiert man auf der Zeitlinie durch Zahlen, zu denen man unter dem Bild die Teilbezeichnung hinzufügt. Ein solches Vergleichsbild zeigt Abb. 24. Diese Vergleichsbilder sind als Karteikarten nach dem Gegenstand alphabetisch geordnet gesammelt. So ist es möglich, mit Hilfe mechanischer Zeitaufnahmen in verhältnismäßig kurzer Zeit an Stelle von geschätzten Erinnerungswerten wirkliche Werkstattzahlen als Vergleichszahlen zu haben. Und während früher zur Anlehnung an geschätzte Werte eine Zahl mit der anderen immer falscher wurde, wird jetzt auch in der Einzelfertigung Ruhe und Sicherheit in die Akkorde kommen, die nicht nur der Ruhe und Arbeitsfreudigkeit im Betrieb, sondern vor allem auch der Einhaltung der Lieferzeiten zugute kommen.

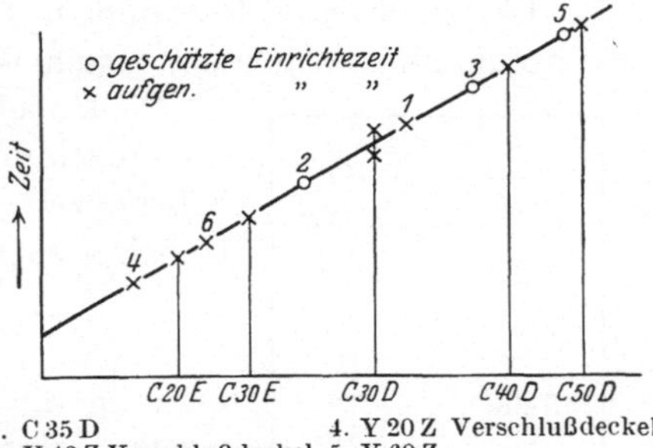

1. C 35 D
2. Y 40 Z Verschlußdeckel
3. C 38 D
4. Y 20 Z Verschlußdeckel
5. Y 60 Z ,,
6. C 25 E

Abb. 24. Vergleichsbild für gleichartige Teile.

Für die Vorausbestimmung der Maschinenzeiten sind vielerlei interessante und an sich wertvolle Zahlen und zeichnerische Tafeln aufgestellt worden. Auch hierüber findet man in den Refablättern gute Beispiele und Anregungen.

Wenn es nötig ist, aus den Tafelwerten erst durch eine Multiplikation zum gewollten Gesamtwert zu kommen, so wird der Rechenschieberrechner es vorziehen, eine Multiplikations- oder Divisionsrechnung mehr auszuführen, statt erst in Tafeln bestimmte Werte aufzusuchen. Für die Einzelfertigung kommt man jedenfalls mit einfachen Faustregeln aus und bestimmt nach diesen auf Grund der mit dem Betrieb vereinbarten Werte für Schnittgeschwindigkeit und Vorschub mit Hilfe des Rechenschiebers schnell die Laufzeiten. Es sei dies an Hand einiger Beispiele gezeigt.

H o b e l n: An einem Werkstück 1600 mm lang sollen zwei Leisten je

150 mm breit gehobelt werden. Je ein Schrupp- und Schlichtspan sollen genügen.

Vorschub beim Schruppen = 1 mm
Vorschub beim Schlichten = 3 mm

Beide Werte sind auf den Arbeitsschein dem Betrieb bekannt zu geben.

$$\text{Hobelzeit} = \text{Zeit gleich für einen Hub} \cdot \frac{\text{Hobelbreite}}{\text{Vorschub}} .$$

Die Zeit für einen Hub (Vorwärts- und Rückwärtsgang) entnehmen wir der Zeittabelle, die wir gemäß vorigem Abschnitt in Abhängigkeit von der Werkstücklänge für die verschiedenen Hobelmaschinengruppen aufgestellt haben. Ein Ausschnitt einer solchen Tabelle sei in Abb. 25 wiedergegeben.

Um nicht zwei Rechnungen für Schruppen und Schlichten getrennt durchführen zu müssen, fassen wir beide Aufgaben zusammen.

Werkstück-länge mm	Zeit für 1 Hub Minuten
—	—
—	—
—	—
1200	0.14
1300	0.15
1400	0.16
1500	0.17
1600	0.18
1700	0.19
1800	0.20
—	—
—	—

Abb. 25. Hubzeittabelle.

Die Hobelzeit beim Schlichten ist im Verhältnis der Vorschubwerte kleiner oder auch größer als die Schruppzeit. Für das Zusammenfassen der beiden Hobelzeiten erhält man als

$$\text{Faktor} = 1 + \frac{\text{Schruppvorschub}}{\text{Schlichtvorschub}} ,$$

wenn in die Rechnung der Schruppvorschub eingesetzt wird. Dieser Faktor ist meistens im Kopf zu ermitteln. In unserem Beispiel ist er $= 1 + \frac{1}{3} = 1{,}33$.

Für An- und Überlauf geben wir mit Rücksicht auf die Länge des Stücks für jede Leiste 15 mm zu.

Aus diesen Zahlen ergibt sich die eigentliche

$$\text{Hobelzeit} = 0{,}18 \cdot \frac{2 \cdot 165}{1} \quad 1{,}33 = 79 \text{ Minuten.}$$

Drehen: Für bestimmte Arbeiten sind Schnittgeschwindigkeiten und Vorschübe vereinbart. Z. B. v = 20 m/Min. s = 0,3 mm pro Umlauf. Dann ist die

$$\text{Drehzeit} = \frac{D \cdot \pi}{1000} \cdot \frac{1}{20} \cdot \frac{L}{0{,}3}$$

$$\cong \frac{1}{1900} \cdot D \cdot L .$$

Für andere Gruppen mit anderen Werten für v und s ergeben sich entsprechend andere Faktoren, die man sich aber leicht einprägt.

Für Einzelfertigung vereinfacht sich die Rechnung wieder durch Zusammenfassung aller Längen und durch Einsetzen nur eines mittleren Durchmessers. Ein Beispiel mag dies veranschaulichen.

Ein Bolzen gemäß Abb. 26 soll geschruppt werden. Schnittzahl und Längen trägt man sich in die Werkstückskizze ein; die einzelnen Längenwerte rechnet man zusammen.

$$
\begin{aligned}
2 \cdot 30 &= 60 \\
3 \cdot 155 &= 465 \\
1 \cdot 100 &= 100 \\
4 \cdot 55 &= 220 \\
2 \cdot 25 &= 50 \\
\hline
L &= 895
\end{aligned}
$$

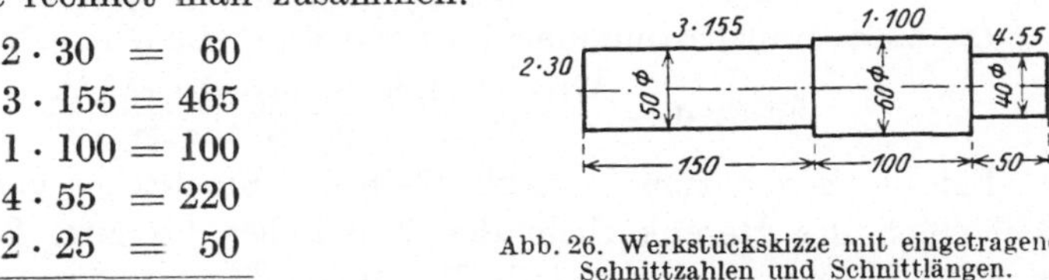

Abb. 26. Werkstückskizze mit eingetragenen Schnittzahlen und Schnittlängen.

Den Durchmesser setzt man mit durchschnittlich 60 mm ein, so daß die Zeitgleichung lautet:

$$\text{Laufzeit} = \frac{60 \cdot 895}{1900} \cong 28 \text{ Min.}$$

Fräsen: Für Fräsarbeiten vereinbart man mit Rücksicht auf die Zeitvorausbestimmung am besten den Vorschub in der Minute. Je nach Fräserdurchmesser und Spantiefe ist der Werkstücklänge außer

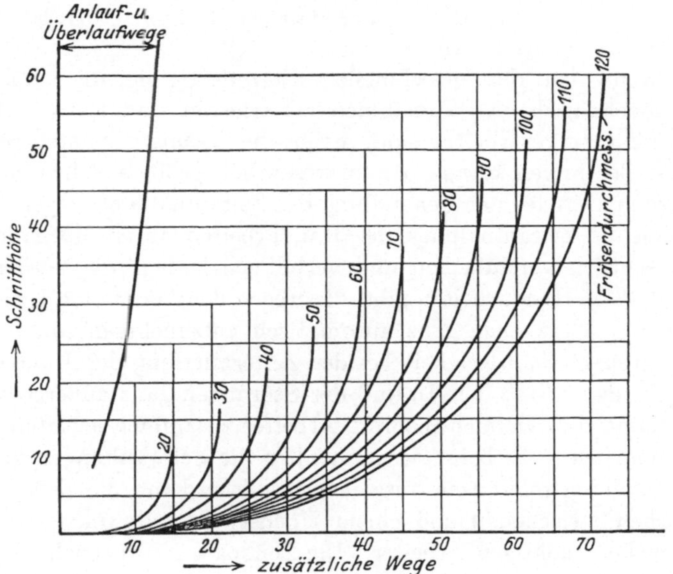

Abb. 27. Tafel für die Anschnitt-, Anlauf- und Überlaufwege bei Fräsmaschinen.

der üblichen An- und Überlaufsstrecke eine Anschnittlänge hinzuzurechnen. Zur schnellen Bestimmung dieser zusätzlichen Strecken zeichnet man sich ein Bild gemäß Abb. 27. Auf der Abszissenachse läßt man die verschiedene Fräserdurchmesser darstellenden Kreise berühren. Die Kreismittelpunkte legt man um das Maß der bei den verschiedenen Durchmessern am häufigsten zu erwartenden Anlauf- und Überlaufwege von der Ordinatenachse entfernt. Diesem Bild entnimmt man zu den jeweils gegebenen Spantiefen bzw. Anschnitthöhen auf der Abszissenachse das Gesamtmaß des zusätzlichen Weges.

Die Zeitvorausbestimmung ist dann sehr einfach:

$$\text{Fräszeit} = \frac{\text{Werkstücklänge} + \text{zusätzlicher Weg}}{\text{Vorschub in der Minute}}.$$

Für die Zeiten zum Zurückkurbeln des Frästisches von Hand einschließlich des Herankurbeln des Frästisches bis zum Schnitt stellt man sich schnell zu ermittelnde Tabellen auf in Abhängigkeit von den maßgeblichen Aufspannlängen.

In der gleichen Weise lassen sich die einfachen Beziehungen bei allen anderen Bearbeitungsarten aufstellen, so daß die Laufzeiten meist mit dem Rechenschieber in kürzester Zeit mit einer für die Einzelfertigung ausreichenden Genauigkeit im voraus zu bestimmen sind. Wir weisen auch hier nochmals darauf hin, die Genauigkeit im ganzen auf gleicher Höhe zu halten und nicht etwa in der Zeitvorausbestimmung Genauigkeiten bringen zu wollen, die durch die Mittel der praktischen Werkstattausführung nicht durchgehalten werden können.

Während bei der maschinellen Einzelfertigung die Stückzeiten durch mechanische Zeitaufnahmen zu erfassen und für die Vorausbestimmung zu verarbeiten sind, macht die Lösung der entsprechenden Aufgabe bei reinen Handarbeiten wesentlich größere Schwierigkeiten; wir werden zwar bei der Behandlung der Zeitaufnahmen zeigen können, daß auch die Zeitaufnahmen der Handarbeiten durch Mechanisierung sich wesentlich vereinfachen und verbilligen lassen, wir werden sogar finden, daß es Handarbeiten gibt, die wegen der Benutzung bestimmter Geräte und Werkzeuge ganz automatisch aufzunehmen sind.

Die größere Schwierigkeit bei der Zeitermittlung der Handarbeiten liegt z. T. darin, daß der Einfluß der Störungen ganz außergewöhnlich groß ist und daß vielfach mehrere Arbeiter zusammen arbeiten. Wenn die Handarbeit z. B. beim Zusammenbau die Schwankungen innerhalb der Herstellungstoleranzen ausgleichen soll, so kann die Zeit für diese Handarbeit zwischen 0 und einem Höchstwert schwanken, selbst bei dem gleichen tüchtigen Arbeiter. Die Zeitspanne wird noch wesentlich erweitert bei einer Ausführung durch verschiedene Arbeiter, denn bei der Handarbeit spielen Veranlagung, Schulung und Übung, geistige Überlegung, überhaupt die Tüchtigkeitsfrage eine sehr große Rolle. Ferner ist zu beachten, daß bei der Handarbeit die Leistung des Arbeiters vom Zustand des Werkzeugs wesentlich beeinflußt wird. Während eine Drehbank bei allmählich stumpf werdendem Drehstahl stets die gleiche Arbeitsleistung im Sinne unserer Stückzeitermittlung liefert, ist das bei der Handarbeit in weiten Grenzen schwankend. Mit einem gut geschärften Schaber leistet man das Vielfache als wie mit einem stumpfen Schaber. Es kommt also darauf an, nach wieviel Leistungsnachlaß der Arbeiter zum neuen Schaber greift und das hängt natürlich davon ab, wie bequem ihm der neugeschliffene Schaber erreichbar ist. Das Gleiche gilt beim Arbeiten mit Meißel, Feile, Reibahle, Gewindewerkzeugen und allen anderen Werkzeugen, bei denen der Schnittdruck von der menschlichen Muskelkraft zu erzeugen ist.

Schließlich spielt bei der Handarbeit der Arbeitsausfall für die aufzuwendende Zeit eine ganz erhebliche Rolle und dabei kann man in den meisten Fällen nicht so einfach wie bei der spanabhebenden Bearbeitung die Güte des Arbeitsausfalles eindeutig festlegen. Man ist vielfach auf Ansichten der Ausführenden und Prüfenden angewiesen und nur eine persönliche Erziehung zur guten Arbeit kann hier eine brauchbare Akkordarbeit ermöglichen.

Heute stützt man sich bei der Vorausbestimmung der Zeiten bei Handarbeiten fast nur auf „Erfahrungszahlen", d. h. man baut auf Zeitaufnahmen der primitivsten Art. Denn wenn der Meister auf Grund seiner Erfahrung die Dauer der Handarbeit auf eine bestimmte Zeit schätzt, so stützt er sich vergleichend darauf, daß eine ähnliche Arbeit, soweit ihm erinnerlich, wohl soundso lange gedauert hat, oder aber, daß bei dieser Arbeit seiner Zeit ein gewisser Stundenverdienst erzielt wurde. Wir stoßen also auch hier wieder darauf, daß es eine Frage der Zeitaufnahme ist, mit welcher Sicherheit, in welcher Zeit und mit welchen Kosten wir zu brauchbaren Unterlagen für die Vorausbestimmung der Akkordzeiten bei Handarbeiten gelangen und wir werden sehen, daß uns die Mechanisierung der Zeitaufnahmen weiterhilft.

Wir können auch bei Handarbeiten ähnlich, wie oben für die Einrichte-, Spann- und Nebenzeiten gezeigt, Vergleichsbilder anlegen, in denen geschätzte und aufgenommene Werte zusammengetragen werden, um in Anlehnung an richtige Aufnahmewerte für neue Arbeiten die Zeiten mit ausreichender Sicherheit einreihen zu können.

Bei der Handarbeit wird häufig in Gruppen zusammengearbeitet. Bei diesem Gruppenakkord werden meistens Arbeiter verschiedener Befähigung und Leistung zusammengestellt, z. B. ein Gruppenführer mit zwei älteren und zwei jüngeren Schlossern und einem Lehrling. Um für solche Fälle Vergleichswerte schaffen zu können, und dabei der wechselnden Zusammensetzung einer Gruppe Rechnung tragen zu können, schafft man sich für die geschlossene Gruppe eine Leistungszahl, indem man den Schlosser an der Grenze der Brauchbaren etwa mit 1, den hochwertigeren Gruppenführer höher und jüngere Schlosser mit niedrigeren Wertzahlen einsetzt. Eine Gruppe könnte dann z. B. folgenden Leistungswert darstellen:

1 Gruppenführer	1,35
1 Schlosser	1,15
1 „	1,00
1 jüngerer Schlosser	0,80
1 „ „	0,70
	5,00

Wenn diese Gruppe eine Arbeit in 50 Stunden gut abliefert, so würde anzunehmen sein, daß eine Gruppe, die infolge einer anderen Zusammensetzung den Leistungswert 4,1 darstellt, mehr als 50 Stunden und zwar $50 \cdot \frac{5,0}{4,1} = 61$ Stunden für die gleiche Arbeit gebrauchen wird. Man muß also die aufgenommenen Arbeitszeiten bei Gruppenarbeiten erst auf den gleichen Maßstab bringen, bevor man das Ergebnis in das Vergleichsbild eintragen kann. Man wird also weder die 50 noch die 61 Stunden, sondern $50 \cdot 5$ oder $61 \cdot 4,1 \cong 250$ als Akkordzeit einsetzen müssen.

Bei der Einzelfertigung wird man Handarbeiten wohl selten in einzelne Stufen und Griffe unterteilen, es sei denn, daß infolge großer Ähnlichkeit sich wiederholender Teile die Einzelfertigung der Reihenfertigung in ihrer Art sich nähert. Man wird aber in vielen Fällen gewisse mehr oder weniger scharf angegrenzte Abschnitte im Arbeitsablauf festhalten können, so beim Zusammenbau einer Maschine etwa

1. Abschnitt: Rohbau bis zum 1. Laufen;
2. „ Probelauf;
3. „ Auseinandernehmen, Saubermachen, Streichen,
4. „ Zusammenbau und Abnahme;
5. „ Auseinandernehmen für den Versand.

Eine solche grobe Aufteilung genügt in der Einzelfertigung meistens schon und erleichtert das Sammeln von Grundlagen für die Zeitvorausbestimmung und die letztere selbst. Wenn in Teilmontagen die einzelnen großen Bestandteile einer Maschine vorab getrennt zusammengebaut werden, so ist uns bei der Zeitermittlung noch weiter geholfen, weil wir den Zeiten der kleineren Arbeiten wieder besser beikommen können.

Soviel über die bei der Einzelfertigung einzuschlagenden Wege. Bessere Ausgestaltungen, wie wir sie bei der Reihenfertigung kennenlernen werden, sind je nach dem Stand der Einzelfertigungsbetriebe sehr wohl möglich und lohnend. Wir wollen noch auf eine Ausgestaltung nach der primitiven Seite hin aufmerksam machen, die möglich ist, wenn in Einzelfertigung sich ähnliche Teile des Öfteren wiederholen. Bei der Reihenfertigung würde man das Geänderte umrechnen und so aus einzelnen Zeitwerten für Arbeitsstufen und Griffe jeweils die Zeitwerte neu zusammensetzen. Für die Einzelfertigung ist ein anderer Weg gangbar.

Bei ähnlichen Teilen werden z. B. die Einrichte-, Spann- und Nebenzeiten nahezu den gleichen Vom-Hundert-Satz von der eigentlichen Bearbeitungszeit ausmachen, oder aber es wird eine gewisse Gesetzmäßigkeit bestehen, die man erkennt, wenn man die Vergleichsbilder für diese Einzelheiten mit den Bearbeitungszeiten zu einem Vergleichsbild gemäß Abb. 28 zusammenträgt. Nach Beschaffung ausreichender fester Punkte erhält man für diese Sonderfälle ausreichend gute Unterlagen für die Stückzeitvorausbestimmung. Von vornherein die Gesamtzeiten aufzunehmen, empfiehlt sich keinesfalls, weil man dann den Verlustzeiten nicht genügend auf die Spur kommt, um die Zeitaufnahmen in wertvoller Weise zur Rationalisierung auszunutzen. Denn die gleichzeitige Lösung dieser Aufgabe ist ja gerade bei der Einzelfertigung so wichtig, weil bei der Einzelfertigung die Störungen am häufigsten auftreten. Man wird zwar auch durch solche planmäßige Überprüfungen die außergewöhnlichen Verlustzeiten, die von Fall zu Fall durch Sondervergütung abzugelten sind — z. B. mehr Schnitte wegen zu großer Bearbeitungszugabe, Gußausschuß, wegen mangelnder Erfahrung über Verziehen und Schwinden usw. — nicht ganz vermeiden, aber die scharfe Überprüfung durch Zeitaufnahmen bringt die sonst so häufigen Störungen infolge Unaufmerksamkeit aller Beteiligten auf ein wirtschaftlich zulässiges Maß herunter.

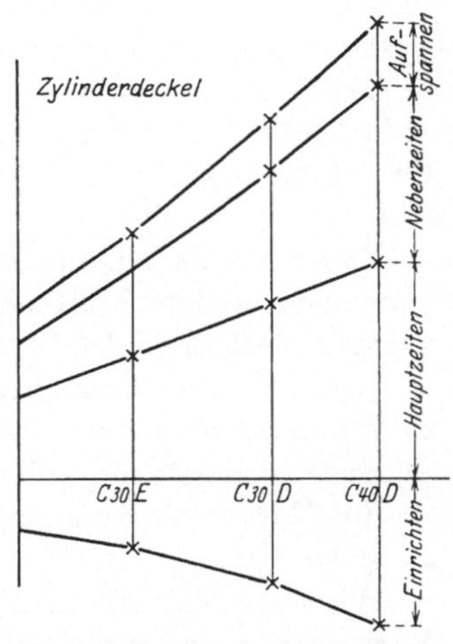

Abb. 28. Vereinigtes Vergleichsbild zur schnellen Einreihung ähnlicher Werkstücke.

Reihen- und Massenfertigung. Bei der Reihenfertigung geht der einzuschlagende Weg in der gleichen Richtung. Den allgemeinen Überlegungen gemäß werden wir die Arbeiten weitgehender unterteilen und alle Ermittlungen gründlicher vornehmen, denn einmal verteilen sich die höheren Ermittlungskosten auf mehrere Werkstücke und außerdem sparen wir jeden geschaffenen Vorteil bei jedem hergestellten Stück heraus. Bei der Reihenfertigung werden wir also nicht wie bei der Einzelfertigung mit Schätzen sondern mit Zeitaufnahmen beginnen. Natürlich wählen wir uns dabei möglichst häufig gleich und ähnlich vorkommende Teile heraus, um unsere Arbeiten schnell und vielseitig ausnutzen zu können. Wir werden diese Zeitaufnahmen so machen, daß wir aus den eindeutigen Zeiten für den einen Fall möglichst Unterlagen für die Vorausbestimmung der häufig gleich oder ähnlich auftretenden Arbeitselemente bzw. Griffkomplexe herausarbeiten können. Die Zahl der Vergleichsbilder wird bei der weitergehenden Unterteilung in Arbeitsstufen und Griffe natürlich größer. Da sich alle Werte aber schon in einer Reihe besser überprüfen lassen, erst recht bei einer Wiederholung derselben, so kommt man in der Reihenfertigung trotzdem schneller zu guten Unterlagen als in der Einzelfertigung. Schwierigkeiten auch wirtschaftlicher Art bestehen für die Zeitvorausbestimmung der Einrichte-, Spann- und Nebenzeiten auch in der Reihenfertigung nicht, wenn wir es nur fertig bringen, durch günstige Zeitaufnahmen brauchbare Unterlagen zu beschaffen.

Die Laufzeiten werden wir auch bei der Reihenfertigung in der gleichen einfachen Weise errechnen wie bei der Einzelfertigung gezeigt wurde, nur müssen wir beim Zusammenfassen von Arbeitsstufen und bei der Annahme von Durchschnittsabmessungen vorsichtiger sein und beachten, daß wir bei solchen Annahmen nicht unter den Genauigkeitsgrad der Gesamtermittlung und der praktischen Durchführung kommen. Natürlich kann man sich für häufig vorkommende Werksnormen vereinfachende Tabellen machen, in denen man mehrere Arbeiten wie z. B. Einrichten und Abrüsten, Aufspannen und Abspannen u. dgl. zusammenfaßt.

Es sei wieder auf die Refablätter aufmerksam gemacht, aus denen man nach stichprobenweiser Überprüfung manchen auf die Gesamtzeit weniger einflußreichen Zeitwert entnehmen kann.

Wenn es so auch möglich ist, in nicht allzulanger Zeit zu Unterlagen zu kommen, mit denen eine brauchbare Vorausbestimmung der Stückzeiten möglich ist, so werden wir uns mit der Reihenfertigung doch stets an die Massenfertigung anzulehnen trachten, um an ihren Vorteilen zu gewinnen.

Wir wiesen bereits oben darauf hin, daß es zweckmäßig ist, bei der Massenfertigung grundsätzlich auf eine büromäßige Vorausbestimmung der Stückzeiten zu verzichten und sich immer nach einem gründlichen praktischen Herausarbeiten der günstigsten Fertigung die richtigen Zeiten aus der gleichzeitig gemachten Zeitaufnahme zu ermitteln. Selbstverständlich wird man auch in der Massenfertigung bei gleichen Arbeitsgängen an Teilen verschiedener Größe zwischen sicher ermittelte Zeitwerte andere ohne Zeitaufnahmen einreihen, wobei man nur die wirklich geänderten Arbeitsstufen oder Griffe mit den neuen Werten einsetzt. Bei der Massenfertigung tritt aber die rechnerische Stückzeitvorausbestimmung solange ganz in den Hintergrund, bis an Hand von Dauerzeitaufnahmen alle Arbeitsgänge aufs wirtschaftlichste ausgearbeitet und die daraus sich ergebenden Zeiten aus Zeitaufnahmen für alle typischen Werkstücke zuverlässig ermittelt sind. Wenn wir uns mit der Zeitermittlung bei der Reihenfertigung an diejenige bei der Massenfertigung anlehnen wollen, so müssen wir wie oben unter D bereits gesagt, auf eine rechnerische Vorausbestimmung möglichst ganz verzichten, was bei der Reihenfertigung mit häufiger Wiederholung jedenfalls am Platze ist, oder wie unter C gesagt ist, bei selten oder nicht wiederholten Großreihen eine rohe Vorausbestimmung nur deshalb machen, um einen kleinen abgetrennten Akkordauftrag als solchen an den Arbeiter geben zu können.

Natürlich muß die Zeitermittlung im Falle C wie überhaupt bei der Massenfertigung sehr schnell erfolgen. Man darf sich dabei aber nicht mit der Aufnahme nur weniger oder gar nur eines Werkstücks begnügen, trotzdem vielleicht durch gleichzeitiges Ausgeben mehrerer neuer Teile die Anforderungen an den Zeitaufnehmer zeitweise gesteigert sind, denn es ist zu bedenken, daß alle bei der Stückzeitfestlegung gemachten Fehler dauernd bleiben, wenn sie zu Gunsten der Arbeiter gemacht wurden. Dem Arbeiter kann man nicht zumuten, daß er von sich aus die für ihn günstigen Akkorde meldet, es sei denn, daß die Fehler auffallend groß sind, und Meister, Betriebsingenieure und Zeitingenieure sind wegen all den anderen Alltagsarbeiten froh, wenn sie sich um einmal ausgegebene Akkordzeiten nicht mehr zu kümmern brauchen. Deshalb ist es bedenklich, die Zeiten bei einer ersten Reihenfertigung rechnerisch vorauszubestimmen, um sie damit zugleich ohne Zeitaufnahmen für später festzulegen. Wir wissen alle aus Erfahrung, daß bei einer ersten Ausführung fast immer unvorhergesehene Störungen auftreten, die für später vermieden werden können. Diese außergewöhnlichen, in der vorausbestimmten Stückzeit natürlich nicht erfaßten Verlustzeiten verlängern die wirkliche Arbeitszeit, Der Akkordarbeiter beklagt sich beim Meister, „er komme nicht auf sein Geld“, d. h. auf seinen durchschnittlichen Akkordverdienst. Der Meister bestätigt, daß fleißig gearbeitet wurde, und da mangels einer Zeitaufnahme keiner die Störungen im Einzelnen erkannt und erfaßt hat, so wird wohl oder übel der Akkordzeit zugelegt. Der Arbeiter ist zufrieden, und wir haben den oben gekennzeichneten Fall, daß niemand diesem Akkord wieder nachgeht. Die Störungen bleiben, man fabriziert dauernd mit unnötigen Verlustzeiten, nutzt die Betriebsanlagen nicht aus und zahlt zu hohe Akkorde, ohne daß der Arbeiter was davon hat. Das wird alles vermieden, wenn man sich bei neuen Arbeiten immer wieder auf eine eindeutige Zeitaufnahme stützt.

Für Handarbeiten in Reihenfertigung gilt sinngemäß das Gleiche. Man teilt die Arbeit entsprechend auf und legt die Ausrüstung des Akkordwerkplatzes eindeutig fest. Ein gutes Beispiel findet man in dem von Gottwein herausgegebenen Buch[1], von M. Belke: „Zusammenbau einer Universalrundschleifmaschine“.

Eine Handarbeit in Massenfertigung wird man heute in Fließarbeit

[1] Gottwein: Schlosserei- und Montage-Arbeitszeitermittlung. Berlin: Julius Springer 1928.

überzuleiten versuchen. Eine Zeitvorausbestimmung ist in diesem Falle bei Handarbeit erst recht nicht zweckmäßig. Man untersucht durch ausreichend lange ausgedehnte Bewegungsstudien und Arbeitsaufnahmen die einzelnen zusammenfließenden Arbeiten, um alle durch geeignete Aufteilung und Ausgestaltung auf den gleichen Zeitwert zu bringen. Für eine erste rohe Aufteilung genügt die Schätzung, die Verfeinerung erfolgt durch Zeitaufnahmen beim Werkstattversuch.

Für häufig vorkommende Einzelarbeiten wie Gewindeschneiden, Aufkeilen, Schraubeneindrehen u. dgl. kann man durch Zeitaufnahmen schnell Werte sammeln. Man beachte aber die obigen Hinweise auf Werkzeugzustand, Tüchtigkeit, Übung u. dgl.; deshalb sind solche Aufnahmen häufig zu wiederholen, um zu brauchbaren Durchschnittswerten zu gelangen. Auch für Feilarbeiten, Schabearbeiten u. dgl. lassen sich Vergleichstafeln aufstellen in Abhängigkeit von der zu bearbeitenden Fläche und dem Zustand vor und nach der Bearbeitung. Aber solche Werte sind mit der größten Vorsicht zu benutzen, weil z. B. die Feilleistung weitgehend davon abhängt, ob man einen günstigen Feilstrich anbringen kann oder nicht. Die in verschiedenen Betrieben gewonnenen Zeitwerte für Handarbeiten werden meistens große Abweichungen aufweisen, weil Arbeitsbedingungen, Arbeitstempo, und Zeitaufnahmen zu verschieden sind.

Wenn wir das Ergebnis unserer Überlegungen betreffend Zeitermittlung nochmals kurz zusammenfassen, so ist festzustellen, daß wir bei der Zeitermittlung zu unterscheiden haben zwischen einer büromäßigen Stückzeitvorausbestimmung, die für Einzelfertigung und zum Teil für Reihenfertigung in Frage kommt und der Zeitfestlegung bei der Arbeit selbst, die bei der Massenfertigung fast ausschließlich anzuwenden und bei der Reihenfertigung anzustreben ist. Bei der Vorausbestimmung lehnen wir uns an ähnliche Arbeiten, Arbeitsstufen und Griffe an, für die wir uns im Laufe der Zeit auf Grund zuverlässiger Zeitaufnahmen die Unterlagen sammeln, während wir bei einer Zeitfeststellung bei der Arbeit selbst nicht auf dem Umweg über ähnliche Arbeiten eine angenäherte, sondern durch Zeitaufnahmen die richtige Werkstattzeit direkt ermitteln, wobei wir nicht nur die Gewähr der größeren Richtigkeit sondern vor allem die Möglichkeit einer gründlichen Rationalisierung der ganzen Arbeit haben, womit wir bei jedem folgenden Stück sparen und verdienen.

Die Zeitaufnahme. Wir stehen damit vor der wichtigen Frage, wie sind die zur Rationalisierung und Akkordermittlung so entscheidend wichtigen Zeitaufnahmen heute am besten durchführbar. Diese Frage hat E. Michel[1] im Jahre 1920 nach dem Stande von damals umfassend

[1] Michel: Wie macht man Zeitstudien? VDI-Verlag.

beantwortet und die Refaveröffentlichungen sind im gleichen Sinne abgefaßt.

Nach den günstigen Erfahrungen mit den mechanischen Zeitaufnahmen ist unsere heutige Einstellung zu der Frage natürlich eine andere, als sie vor Jahren möglich war. Trotzdem bleiben die Grundsätze die gleichen, nur Mittel und Wege haben sich gewandelt, und auch dazu ist einschränkend zu sagen, daß es heute noch Aufgaben gibt, zu deren Lösung wir auf den altbekannten Wegen mit den alten Hilfsmitteln gelangen. Man wird sich natürlich auch bei den Zeitaufnahmen dem jeweiligen Zweck derselben anpassen und der kann, wie wir gesehen haben, sehr verschieden sein.

So kann es sich darum handeln, eine allgemeine Übersicht über den Stand der Werkstatt und über die Ausnutzung der maschinellen Anlagen zu gewinnen, oder aber die Aufnahme dient zur Klärung der Fertigung eines bestimmten Arbeitsstücks und zur Stückzeitfestlegung oder zur Beschaffung der Unterlagen für die Stückzeitvorausbestimmung oder zur Bestimmung von Maschinen- und Werkzeugleistungen oder zum Leistungsvergleich von Maschinen und Arbeitern u. dgl. m. Dabei haben wir uns einmal einzustellen auf das rohe Erfassen großer Zeitabschnitte, wie teilweise in der Einzelfertigung, oder aber auf das genaue Aufnehmen kleinerer Zeitwerte wie etwa bei der Reihen- und Massenfertigung oder es handelt sich um die Aufnahme der kleinsten noch zu beobachtenden und abzugrenzenden Zeiten bei Zeit- und Bewegungsstudien.

Es wird auch ein Unterschied sein, ob wir eine rein mechanische Bewegung (Kolbenbewegung eines hydraulischen Akkumulators) oder das Zusammenarbeiten von Arbeiter und Maschine (bei Werkzeugmaschinen) oder die menschliche Handarbeit aufzunehmen haben. Dabei können die genannten Aufgaben einzeln oder in beliebiger Verbindung miteinander auftreten.

Für die Lösung all dieser vielseitigen Aufgaben gilt gleichmäßig, daß vor Beginn der Aufnahmen eindeutig festzulegen ist, worauf es bei der Aufnahme ankommt und daß nur durch klare begriffliche Arbeitsabgrenzung eine scharfe Zeitabgrenzung ermöglicht ist.

Die Aufnahmen sind so zu machen, daß der Zeitaufnehmer möglichst wenig an den Aufnahmeplatz gebunden ist und für die Dauer seiner persönlichen Beobachtung seine volle Aufmerksamkeit dem Arbeitsablauf widmen kann, damit er sein fachmännisches Können ungehindert in den Dienst der bei solchen Aufgaben stets anzustrebenden Rationalisierung stellen kann.

Die Aufnahme soll für alle Beteiligten klar und nachprüfbar sein.

Die Auswertung der Aufnahme soll einfach sein.

Aufnahme und Auswertung zusammen sollen so, wie sie der Rationalisierung dienen, selbst rationalisiert, also wirtschaftlich sein.

Zeitmessen. Es kommt unseren Zeitaufnahmen zugute, daß wir Zeiten einfach und zuverlässig mit der Uhr messen können; als Schwierigkeit bleibt bestehen, die einzelnen Zeitwerte voneinander abzugrenzen und zu buchen. Soweit die Abgrenzung nur durch die geistige Tätigkeit eines Beobachters erfolgen kann, sind wir auf diesen angewiesen, er wird dann auch die Buchung besorgen und zwar möglichst unter Benutzung mechanischer Hilfsmittel. Wenn aber die Abgrenzung direkt mechanisch oder auch auf Umwegen mechanisch erfolgen kann, so wird man auch die Buchung mechanisch ausführen. Wir stellen uns also darauf ein, die Zeitaufnahmen soweit zu mechanisieren bzw. zu automatisieren, als dabei ein wirtschaftlicher Vorteil herauskommt.

Um große Zeitabschnitte nur mit ihrer Anfangs- und Endzeit festzulegen, bedient man sich der Taschen- oder Werkstattuhr.

Sollen kleinere Zeitabschnitte erfaßt werden, so bedient man sich der Stoppuhr und zwar wählt man eine Uhr mit Doppelzeiger und Hundertstelminutenteilung. In den Refaveröffentlichungen sind solche Stoppuhren abgebildet und ausführlich beschrieben, desgleichen ihre Benutzung und die verschiedenen Arten der Ablesung. Es mag also genügen darauf hinzuweisen, um hier mehr Raum für die mechanischen Zeitaufnahmen zu gewinnen.

Mechanische Zeitaufnahmen. Der Aufgabe gemäß, einen praktischen Weg für das Gebiet des Maschinenbaus zu finden, haben wir es vor allem mit Zeitaufnahmen an Werkzeugmaschinen zu tun. Es sollen aber auch Aufnahmen aus anderen Gebieten gezeigt werden, weil sich die Anwendungsmöglichkeiten der verschiedensten Art für fast alle Betriebe in ähnlicher Weise wiederholen. Bereits im vorigen Abschnitt haben wir uns der mechanischen Zeitaufnahmen bedient und bei der Gelegenheit das Grundsätzliche darüber besprochen. Auch ein Aufnahmegerät wurde dort bereits im Bilde gezeigt. Um bei den folgenden Beispielen mit einem kurzen Hinweis auszukommen, wie die Aufnahmen zustande gekommen sind, sei das Gerät und seine Hauptanschlußmöglichkeiten kurz beschrieben.

Die Aufnahmegeräte. Das normale Aufnahmegerät, der Diagnostiker, Abb. 5 besteht aus einem kräftigen Uhrwerk, welches ein Papierband von einer Abwicklung über die Schreibstelle zur Aufwicklung in mehrfach abgestufter Geschwindigkeit bewegt und aus einem Schreibwerk mit Übersetzungsgliedern, die mit der Aufnahmestelle kraftschlüssig verbunden werden. Das normale Werkstattgerät hat einen Hauptschreiber, der die mittels Schnurzug unter Vermittlung einer stufenlosen Übersetzung abgenommenen Bewegungen von 2000—150 mm auf volle Schaubildhöhe bucht. Die Einstellung erfolgt nach Tabelle und

Skala. In dem gleichen Gerät befindet sich ein Zusatzschreiber mit ganz geringem Hub, der bei geschlossenem Gerät dadurch bedient wird, daß man einen nach außen herausragenden Stift entgegen einer leichten Feder bewegt. Die vielen Schwierigkeiten, die sich bei der Entwicklung eines werkstattreifen Gerätes herausstellten, können durch besondere, neue Konstruktionseinzelheiten gemäß Erfahrung als überwunden gelten, so daß man nicht etwa durch Einschaltung des mechanischen Gerätes neue Unsicherheiten in die Zeitaufnahmen hineinbringt, denn davor müssen wir uns vorsichtig hüten.

Einfache und leicht anzusetzende Zutaten machen den Diagnostiker auch für persönlich durchzuführende Beobachtungen besonders geeignet. Die Anwendung der Schreibschablone für Verlustzeitaufnahmen lernten wir im vorigen Abschnitt schon kennen. Eine Rastzutat, welche ein Schalten des Schreibstiftes von Hand nach festen oder auch einstellbaren Rasten gestattet, macht das Gerät zugleich zum Bandschreiber für persönliche Aufnahmen kurzer Zeiten. Da mit dieser Rastzutat nur eine klare, fortschreitende Schaubildlinie entsteht, so werden die das Bild störenden vielen Linien der üblichen Bandschreiber mit vielen Schreibstiften vermieden. Solche fortschreitende Schaubilder sind wertvoll für das Auseinanderziehen schnell aufeinanderfolgender Arbeitsstufen, Griffe und Griffelemente an einem Werkplatz oder aber für das Verfolgen eines Werkstücks durch die Werkstatt. Ein Beispiel für solche neuen Aufnahmen sei unten in Abb. 47 gebracht.

Das bisher behandelte Aufnahmegerät eignet sich in der gekennzeichneten Ausführung nur zur Aufnahme von hin- und hergehenden Bewegungen. Bei Exzenterpressen und ähnlichen Werkzeugmaschinen ist die Hubzeit vielfach so gering, daß der Papiervorschub sehr groß gewählt werden müßte, um ein klares Bild zu erzielen. Außerdem gibt es Aufgaben, bei denen nicht hin- und hergehende, sondern umlaufende Bewegungen aufzunehmen sind. Zur Aufnahme solcher schnellhubigen und umlaufenden Bewegungen bedient man sich eines Diagnostikers in Sonderausführung, mit welchem bei mehrstufiger Papiergeschwindigkeit und mit wechselbarer Sperrzahnschaltung beide Arten von Bewegungen in stets klaren Bildern aufgenommen werden können. Auch bei diesem Gerät wird man zur Markierung persönlicher Beobachtungen und zum Erfassen einer zweiten Bewegung einen Zusatzschreiber einbauen. Denn gerade in diesen schnellhubigen und umlaufenden Bewegungen hat man selten die charakteristische Bewegung, die restlos Aufschluß gibt über den Arbeitsablauf. Denn eine Exzenterpresse kann man auch durchlaufen lassen, ohne daß Arbeit geleistet wird. Für solche Fälle überträgt man eine charakteristische zusätzliche Bewegung auf den Zusatzschreiber und erhält dann auch eindeutige Bilder.

Anbringen der Aufnahmegeräte. Das Anbringen dieser Geräte wurde im vorigen Abschnitt (Abb. 4 und 6) bereits gezeigt. Da wir hier das neue Gebiet der mechanischen Zeitaufnahmen ganz allgemein zu behandeln haben, so seien die obigen Ausführungen noch ergänzt. Das an verschiedenen Werkplätzen zu verwendende Gerät wird man an Stativ und Stutzen anklemmen. Dabei wird man auf den Stutzen die zur Einstellung des Geräts wichtige Länge des größten Schnurwegs einschlagen. Wenn auch die Anbringung eines solchen Stutzens an der arbeitenden Maschine meistens leicht möglich ist, so liegt es doch nahe, das bei Kraftmaschinen Übliche auf die Werkzeugmaschinen zu übertragen. Wer würde heute eine Kraftmaschine ohne Indikatorstutzen kaufen, um sich dieselben nachher selbst nach Bedarf anzubringen? So könnte der Werkzeugmaschinenbau seinem Abnehmer die Arbeit auch erleichtern und durch Anbringung eines Stutzens und vielleicht einer Sicherheitsschnurführungsrolle eine sofortige und praktische Anbringung des Aufnahmegeräts ermöglichen. Bei einer solchen Durchüberlegung in der Werkzeugmaschinenfabrik kann die Anschlußmöglichkeit des mechanischen Zeitaufnahmegeräts in manchen Fällen insofern günstiger gestaltet werden, als man durch geringes konstruktives Eingehen auf die Aufgabe der Zeitaufnahme mit ganz einfachen Mitteln (Wellenverlängerung, Öffnung in der Wand usw.) lange Schnurzüge und Umleitungen vermeiden kann.

Bei wertvollen Werkzeugmaschinen wird sich sogar der dauernde Anschluß eines Aufnahmegerätes lohnen, wenn dieses im Verhältnis zum Maschinenpreis billig genug ist. In solchem Falle kann man die Schnurzüge durch kraftschlüssige Antriebe ersetzen, die man gleich von dem Antrieb der aufzunehmenden Bewegung ableitet. Damit ist dem Werkzeugmaschinenbau ein Weg gezeigt, der vorab einer Rationalisierung der Werkstattarbeit, dann aber auch der Vervollkommnung der Zeitaufnahme zugute kommt. Denn nur bei solchen eingebauten Aufnahmegeräten können wir Zeitaufnahmen machen, die absolut unbeeinflußte Werkstattbilder zeigen, weil man mit ihnen Aufnahmen machen kann, ohne daß Arbeiter, Meister und Betriebsingenieure davon wissen. Das ist bei Stückzeitermittlungen nicht nötig, aber umso mehr bei einer Erziehung zur besten Ausnutzung teurer Betriebsanlagen.

Dieser feste Einbau eines Aufnahmegeräts in die Werkzeugmaschine hat aber noch den sehr großen Vorteil, daß man das Gerät der Eigenart der Maschine anpassen kann. Weil das Universalgerät sich schnell überall anbringen lassen muß, so muß man bei seiner Ausbildung die verschiedensten Zugeständnisse machen, von denen man absehen kann, wenn das Gerät nur für einen ganz bestimmten Maschinentyp zur Verwendung kommen soll. Dabei kann man dem Gerät auch mehr als zwei Schreibstifte geben, so daß man alle Einzelbewegungen einer Maschine mit einem solchen Sondergerät erfassen kann. In solchen Fällen wird man die

Verbindung von Maschine zum Gerät in den Übersetzungen so wählen, daß der größte Maschinenweg bei größter Schaubildhöhe aufgenommen werden kann. Dann ist eine Umstellung des Gerätes für die verschiedenen Arbeiten nicht mehr notwendig. So würde man beispielsweise ein Sondergerät mit vier Schreibstiften so an ein Horizontalbohr- und Fräswerk anschließen, daß je ein Schreibstift vorgesehen ist für die axiale Bewegung der Bohrspindel, für die Auf- und Abwärtsbewegung des Bohrspindelschlittens, für die Vor- und Zurückbewegung des Tisches und für die Seitwärtsfahrt desselben (Abb. 29). Mit einem solchen Gerät erfaßt man natürlich jede Bewegung und damit auch jede Arbeit der Maschine. Sinngemäß lassen sich derartige Geräte an allen Maschinen anbringen.

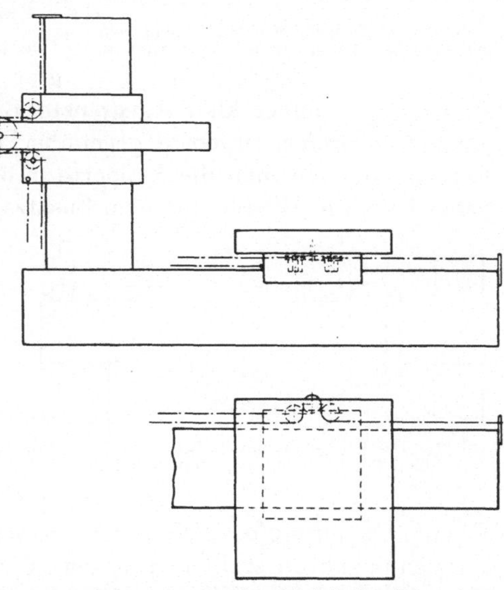

Abb. 29. Ableitung der vier charakteristischen Bewegungen eines Horizontal-Bohr- und Fräswerks für die mechanische Zeitaufnahme.

Wir können jetzt unsere Frage bereits viel enger so stellen: Wie macht man mit solchen am Werkplatz in der gekennzeichneten Weise angebrachten mechanischen Aufnahmegeräten die verschiedenen Zeitaufnahmen? Durch die praktischen Beispiele im vorigen Abschnitt ist auch diese Frage zum Teil bereits beantwortet. Es sei im folgenden an Hand von Aufnahmen an den verschiedenartigsten Werkplätzen ein möglichst geschlossenes Bild von dem heutigen Stand der Mechanisierung bzw. Automatisierung der Zeitaufnahmen gegeben. Das Grundsätzliche sei kurz vorweg genommen.

Grundsätzliches für mechanische Zeitaufnahmen. Auch für die mechanische Zeitaufnahme ist die Unterteilung und Abgrenzung der Arbeitsstufen und Griffe zum Teil mit Rücksicht darauf aufzubauen, daß auch die rein mechanische Abgrenzung bei der Buchung möglich ist. Zeitaufnehmer und Arbeiter erhalten als bindende Regel für die Reihenfolge der einzelnen Stufen und Griffe einen solchen, die Abgrenzung klar wiedergebenden Arbeitsplan.

Es genügt im allgemeinen, einen solchen Plan — und sei es in kleinen Betrieben in der primitivsten Form als durchgeschriebener Zettel — am Werkplatz für die Arbeitsdauer auszuhängen.

Bei den Aufnahmen an den weitaus meisten Werkzeugmaschinen ist eine besondere Überlegung für die Abgrenzung und Zusammenfassung von Arbeitsstufen und Griffen nicht erforderlich. Es genügt, den Plan nach den oben besprochenen Gesichtspunkten für Einzel-, Reihen- und Massenfertigung aufzustellen, wenn man das Aufnahmegerät so anschließt, daß die Relativbewegung zwischen Werkstück und Werkzeug in der Anstellrichtung auf den Hauptschreiber übertragen wird. Das gibt bezüglich der mechanischen Bewegungen immer klar abgegrenzte Bilder. Sollen die Relativbewegungen mehrerer Supporte gegenüber dem Werkstück aufgenommen werden, so kann man die Supporte in bezug auf den Schnurweg kuppeln. Durch Markieren mit dem Zusatzschreiber werden die Linienzüge im Diagramm trotzdem eindeutig gekennzeichnet. Abb. 30 zeigt die Kupplung der drei Supporte einer Drehbank auf nur einen Schnurzug. Jede Bewegung der Supporte bedingt eine Längenänderung des Schnurzugs und damit eine Verstellung des Schreibstiftes. Für die Umleitung des Schnurzugs bedient man sich besonderer Sicherheitsschnurführungsrollen, von denen auch eine lose durchhängende Schnur nicht abfallen und sich nicht einklemmen kann. Ein zweites Beispiel gekuppelter Supporte sei in Abb. 31 für eine Hobelmaschine mit zwei Supporten am Querbalken gezeigt. Der Diagnostiker ist am Querbalken angebracht. Man könnte auch noch die Auf- und Abwärtsbewegung der Schlitten einschalten, wenn solches für eine deutliche Abgrenzung nötig ist.

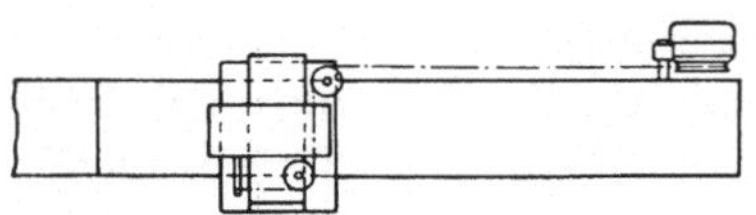

Abb. 30. Das Kuppeln mehrerer Bewegungen auf nur einen Schnurzug bei der Drehbank.

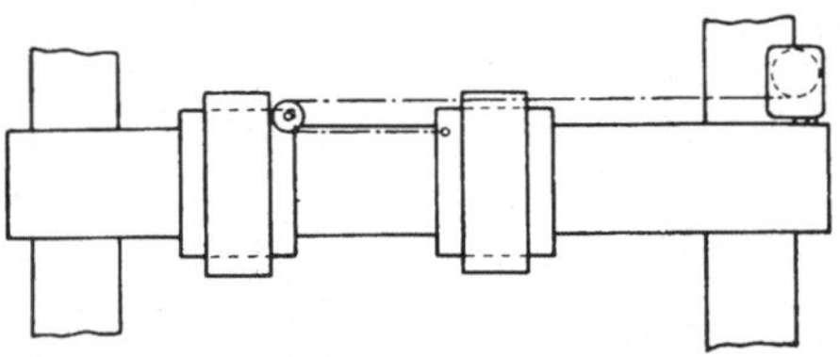

Abb. 31. Das Kuppeln mehrerer Bewegungen auf nur einen Schnurzug bei der Hobelmaschine.

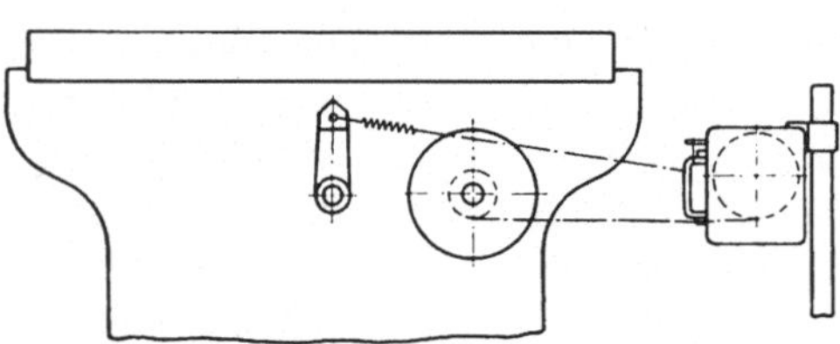

Abb. 32. Die Ableitung der Relativbewegung in der Anstellrichtung von dem Anstellgetriebe aus bei einer Rundschleifmaschine. Zugleich Übertragung der Schlittenschaltung auf den Zusatzschreiber.

In besonderen Fällen kann die Relativbewegung zwischen Werkstück und Werkzeug in der Anstellrichtung so gering sein, daß man sie als Schnurweg nicht übertragen kann. Man leitet die gleiche Relativbewegung dann von den Anstellmechanismen ab. Man wird also bei einer Rundschleifmaschine Abb. 32 den Schnurzug um die Anstellspindel oder um die Handradnabe auf dieser Spindel oder auf eine aufgesetzte Scheibe wickeln. So wird der Schnurweg wieder ausreichend groß. Bei diesem Beispiel reicht die Buchung dieser Anstellbewegung nicht aus, um ein ausreichend klares Bild der Arbeit zu erhalten, denn bei solchen Schleifarbeiten wird man im Auslauf ohne Anstellung noch mehrere Schlittenhübe ausführen lassen. Um diese zu erkennen, ist es zweckmäßig, auch die Schlittenhübe zu buchen. Nachdem der Hauptschreiber bereits mit der Anstellbewegung gekuppelt ist, bleibt hierfür beim normalen Aufnahmegerät nur noch der Zusatzschreiber übrig. Man könnte Sondergeräte mit mehr Schreibstiften verwenden, wie solche auch in Benutzung sind, aber es ist nicht notwendig. Man kann von dem großen Schlittenweg ganz einfach auf den kleinen Weg des Zusatzschreibers kommen, wenn man unter Einschaltung einer kleinen Zugfeder den Schnurzug an den Schlitten in seiner Endstellung am weitesten vom Gerät anschließt, so daß von der Zugfeder die Feder des Zusatzschreibers überwunden und der Zusatzschreiber verstellt wurde. Geht der Schlitten zurück, so hängt die Schnur lose durch. Der Zusatzschreiber markiert also nur die jedesmalige äußerste Endstellung des Schlittens mit einem Strich. Anstatt die Endstellung des Schlittens zu markieren, kann man auch durch eine Nase am Schlitten an beliebiger Stelle einen Hebel zum Ausschlag bringen, der mit einer dauernd gespannten Schnur — auch mit eingeschalteter Zugfeder — an den Zusatzschreiber angeschlossen ist. Gemäß Abb. 32 wurde der Schnurzug zum Zusatzschreiber mit dem Umschalthebel für die Tischbewegung verbunden.

Das Erfassen von zwei Bewegungen zur klaren Abgrenzung des Arbeitsablaufs ist in anderen Industriezweigen häufiger als im Maschinenbau. Es lassen sich solche Aufnahmen vereinfachen, wenn eine Bewegung für die ganze Dauer der Maschinentätigkeit die gleiche ist. Man kann dann anstatt der Bewegung selbst die des Ein- und Ausrückgestänges buchen lassen. Dies ist besonders wichtig, wenn die eigentliche Bewegung sehr schnellhubig und womöglich stoß- und schlagartig erfolgt. Wir werden weiter unten in Abb. 60 als Beispiel hierfür die mechanische Aufnahme der Arbeit einer Feilenhaumaschine bringen.

Eine andere Schwierigkeit tritt auf, sobald die Anstellung ununterbrochen erfolgt, wenn z. B. bei einer Vertikalfräsmaschine die Werkstücke mit einem zwangläufig gedrehten Mehrfachspanntisch an dem Fräser vorbeigeführt werden. Das Buchen der Spanntischumdrehungen würde in diesem Falle nicht viel mehr vom Arbeitsverlauf zeigen, als wollte man die Fräserumdrehungen aufschreiben lassen; denn man kann den Frästisch auch laufen lassen, ohne daß Teile eingespannt sind. Man schafft für die mechanische Aufnahme schon bessere Bedingungen, wenn man etwa einen leichten mit dem Schnurzug des Hauptschreibers verbundenen Schlepphebel gegen die eingespannten Werkstücke anlaufen läßt. Aber auch das ist noch unsicher. Wenn auch vielfach ein mehrmaliges Vorbeiführen der Werkstücke am Werkzeug die Lehrenhaltigkeit aufheben wird, so kann gegebenenfalls doch das Aufnahmebild dadurch gestört werden, daß man den Spanntisch mit eingespannten Werkstücken dauernd laufen läßt und so ein dauerndes Arbeiten vortäuscht. Man kann eine solche Arbeit sicher aufnehmen, wenn man einen zweiten Schlepphebel an die Aufspannstelle legt und ihn mit dem Zusatzschreiber verbindet. Je nach Art der Werkstücke und der Spannvorrichtung kann es sogar genügen, wenn man nur das Ein- und Anspannen aufnimmt.

Die Zeitaufnahmen von Automaten oder von Stanz- und Ziehpressen kann man dadurch ganz mechanisch gestalten, daß man die abfallenden, fertigen Werkstücke die Schaltung ausführen läßt. Reicht die lebendige Kraft des fallenden Werkstücks zur Schaltung nicht aus, so läßt man vom Werkstück einen Stromkreis schließen und die Schaltung durch einen Elektromagneten ausführen.

Endlich gibt es bei der maschinellen Bearbeitung Fälle, die einer mechanischen Zeitaufnahme nur dadurch zugänglich werden, daß man außer einer mechanischen Bewegung den Kraftbedarf bucht. Das ist bei elektrischem Einzelantrieb durch Einschaltung eines Solenoids oder dergleichen leicht möglich, wenn man an Stelle des einfachen Zusatzschreibers einen großhubigen Zusatzschreiber einbaut.

Die reichlich mit Handarbeiten durchsetzten Maschinenarbeiten, wie wir sie z. B. bei der Maschinenformerei im Gießereibetriebe haben, bieten der mechanischen Zeitaufnahme schon gewisse Schwierigkeiten. Man muß den Anschluß des Aufnahmegeräts so wählen, daß man möglichst viele mechanische Abgrenzungen der Arbeit festlegen kann, weil die reinen Handarbeiten ohne festliegende Bewegungen mechanischer Teile von dem Aufnahmegerät nicht erfaßt werden. Die Aufnahme gemäß Abb. 42 im vorigen Abschnitt ist ein Beispiel hierfür. Durch das Buchen der Wege des Formkastenwagens erhält man gut verteilte, rein mechanische Abgrenzungen. Würde die Maschine noch eine mechanische Preßbewegung ausführen, so wäre diese auf den Zusatzschreiber zu übertragen. Mit letzterem markiert man während der persönlichen Beobachtung die Abgrenzung zwischen den einzelnen Handarbeiten, die im Hauptschaubild als gerade Linie in der Papierlaufrichtung erscheinen. So ist auch eine solche Arbeit klar zu erfassen.

Bei Zeitaufnahmen zwecks Leistungsvergleichen von Werkzeugen und dergleichen kann es notwendig sein, sowohl den Vorschub als auch die Schnittgeschwindigkeit zu erfassen. Man kann dann von einer in Abhängigkeit von der Schnittgeschwindigkeit laufenden Welle entweder nach einer gewissen Zahl von Umdrehungen den Zusatzschreiber eine Markierung ausführen lassen, man kann auch nach Art des oben beschriebenen zweiten Aufnahmegeräts die Umläufe auf einen großhubigen Zusatzschreiber übertragen, oder am einfachsten ein Aufnahmegerät für die Anstellung und ein zweites für die Schnittgeschwindigkeit anschließen. Das letztere Gerät braucht nicht einmal mit dem gleichen Papiervorschub zu arbeiten, weil es in solchen Fällen im allgemeinen ja nur die Constanterhaltung der Geschwindigkeit belegen soll. Im übrigen kann man mit dem Auswerter die zusammengehörigen Zeiten leicht bestimmen.

Schwieriger werden die Bedingungen für die mechanische Zeitaufnahme bei der reinen Handarbeit. Allerdings kann man in den Fällen, in denen Hilfsmaschinen oder Geräte bei der Handarbeit benutzt werden, durch geeignetes Anschließen dieser an den Selbstschreiber mechanische Abgrenzungen erzielen. Man vergleiche weiter unten die Aufnahme der Schraubstockarbeit (Abb. 43) wobei das Öffnen und Schließen des Schraubstockes sowie das Aufnehmen und Ablegen eines Werkzeugs gebucht werden.

Spielen sich die Handarbeiten an einem engumgrenzten Raum ab oder handelt es sich um Bewegungsstudien einfacher Art etwa bei Einspannarbeiten oder Maschinenschaltungen oder dergleichen, so kann man auch wohl den Schnurzug am Handgelenk des Ausführenden mit einer Schlaufe anhängen. Man erhält dann auch über das Aneinanderreihen von Griffelementen so klare Bilder, wie es anders nicht möglich ist.

Diese verschiedenen Winke mögen genügen, um zu zeigen, daß der Fachmann stets Mittel und Wege finden wird, die charakteristischen Bewegungen zu erkennen und sie auf das Aufnahmegerät zu übertragen.

Kommen nun Handarbeiten mit verschieden abzulegenden Werkzeugen vor oder bewegen sich die Arbeiter im Raum, so ist mangels festzulegender Bewegungen die mechanische Zeitaufnahme, d. h. die selbsttätig buchende, nicht möglich. Das schließt aber nicht aus, daß wir auch in solchen Fällen die von einem Beobachter durchzuführende Aufnahme weitgehendst mechanisieren. Im vorigen Abschnitt haben wir bereits die Zeitaufnahme der allgemeinen Werkstattverluste mit mechanischen Hilfsmitteln durchgeführt und gesehen, daß die Mechanisierung einem Beobachter die gleichzeitige Durchführung von neun Aufnahmen ermöglichte. Die Zeitabgrenzung erfolgt in diesen Fällen durch den Beobachter selbst. Wir werden auch hierzu weiter unten noch ein praktisches Beispiel und ein besonderes Aufnahmegerät zeigen.

Mechanische Aufnahmen bei Mehrfachbedienung. Wir stehen mit der mechanischen Zeitaufnahme wieder vor einer neuen Aufgabe, wenn mehrere Maschinen von nur einem Arbeiter bedient werden. Es ist vorab naheliegend, in solchen Fällen alle von einem Arbeiter gemeinsam bedienten Maschinen an ein Aufnahmegerät anzuschließen, oder, da solches im allgemeinen nicht durchführbar ist, jede Maschine an ein besonderes Aufnahmegerät anzuschließen. Das gibt zwar brauchbare und auch gut auszuwertende Aufnahmen, denn die Papiervorschübe lassen sich so gleichmäßig einregulieren, daß man die verschiedenen Schaubilder nebeneinander legen und Arbeiten und Verluste zu einander in Beziehung bringen kann. Es hat sich aber herausgestellt, daß es viel richtiger ist, wenn man nur die eine gerade interessierende Arbeit an einer Maschine aufnimmt, einmal, um in den Abteilungen mit Mehrfachbedienung nicht zu viel Aufnahmegeräte zu gebrauchen, vor allem aber, weil man zu richtigeren Werten gelangt, wenn man jede Arbeit aufs beste ausführen läßt, als hätte der Arbeiter nur diese eine Arbeit auf der einen Maschine zu erledigen. Er muß dann für die Dauer der Aufnahme natürlich seine anderen Maschinen vernachlässigen. Da wir so Zeiten aufnehmen, die nur Geltung haben, wenn eine Behinderung durch die anderen Maschinen nicht eintritt, so müssen wir bei der Umwandlung der ermittelten Zeit zur vorzugebenden Zeit einen entsprechenden Behinderungszuschlag machen. Diese Behinderung haben wir im vorigen Abschnitt bereits beispielsweise zusammen mit den allgemeinen Werkstattverlusten ermittelt. Wir kommen im folgenden Abschnitt noch darauf zurück.

Nachdem wir so geklärt haben, wie man die Zeitabgrenzung bei der Mechanisierung der Zeitaufnahme sichert, kommen wir zur praktischen Durchführung der mechanisierten Zeitaufnahmen. Das erste, was wir uns dabei immer wieder einprägen müssen, ist die Feststellung, daß mechanische Zeitaufnahmen beliebig lange ausgedehnt werden können, ohne daß Ermüdung oder große Kosten störend im Wege stehen. Es kommt also gar nicht darauf an, ob wir unser Aufnahmegerät einen Tag oder eine ganze Woche an einem Werkplatz aufstellen. Die Hauptsache ist, daß wir auf die gestellten Fragen eine ausreichende Antwort erhalten.

Mechanische Aufnahme mit unterbrochener persönlicher Beobachtung. Eine weitere Abweichung bei der mechanischen Zeitaufnahme gegenüber der heute üblichen Aufnahme besteht in der bewußten Unterbrechung der persönlichen Beobachtung. Damit stellen wir zugleich fest, daß wir auch bei der mechanischen Zeitaufnahme auf eine persönliche Beobachtung nicht ganz verzichten. Während man aber bisher gewöhnt ist, während der beabsichtigten Zeit einer Zeitaufnahme fortdauernd am Werkplatz zu sein, richten wir uns bei der mechanischen Zeitaufnahme so ein, daß wir mit möglichst großen Unterbrechungen persönlich beobachten, während zwischendurch das Aufnahmegerät allein seine mechanischen Buchungen macht. Das heißt mit anderen Worten, daß wir bei einer Reihe von etwa 10 Stück nicht die ersten 3 Stück persönlich beobachten, sondern etwa beim ersten, beim sechsten und beim zehnten Stück am Werkplatz sind, ohne gerade diese Abstufung zu einer festen Regel zu machen. Diese Unterbrechungen haben einmal den Zweck, von unserer wertvollen Zeit soviel als möglich zu sparen. Dazu kommt als weiterer Grund, daß wir den Arbeitsablauf unter möglichst verschiedenen äußeren Umständen sehen, daß wir den Einfluß der Übung und Schulung erkennen und daß wir absichtlichen Beeinflussungen der Zeitaufnahme, ganz gleich von welcher Seite, entgegenarbeiten. Eine solche Aufnahme mit Unterbrechung der persönlichen Beobachtung kann nicht zu einer werkstattfremden Paradeaufnahme werden, die Arbeit kann auch nicht während ihrer ganzen Dauer in einer gleichen Übereilung oder Zurückhaltung erledigt werden, weil der Einfluß der persönlichen Beobachtung mit den großen Unterbrechungen nur kurze Zeit wirkt.

Meister und Arbeiter sind anzuhalten, außergewöhnliche Störungen und Behinderungen bei dem Ablauf der aufgenommenen Arbeit kurz schriftlich zu melden. Besonders der Arbeiter hat ein Interesse daran, alle vorgekommenen Störungen zu erklären, weil man sonst bei der Auswertung solche Verluststrecken als vermeidbar streichen, also dem Arbeiter bei der Stückzeitfestlegung nicht gutbringen wird.

Wenn man der bisherigen Erfahrung folgend etwa auf 50 Werkplätze 1 Aufnahmegerät rechnet, so ist es einleuchtend, daß man für eine solche nur selten durch Neuanschaffungen geänderte Werkplatzgruppe die richtigen Anschlüsse des Aufnahmegerätes ohne Schwierigkeit ermittelt, und dann nach Bedarf das Gerät in wenigen Minuten anschließen kann, erst recht, wenn man die häufig anzuschließenden Maschinen mit Stutzen versieht. Weil für solche Gruppen die Ausführung der mechanischen Aufnahmen außerordentlich einfach ist, kann sie der Meister selbst durchführen.

Der Zeitaufnehmer. Gehören mehrere solcher Gruppen zu einem Betriebsunternehmen, so wird man zweckmäßig einen Zeitaufnehmer mit allen Aufnahmen beauftragen. Gemäß Erfahrung kann ein tüchtiger Zeitaufnehmer fünf und auch mehr Aufnahmegeräte bedienen, je nach der Dauer der Arbeiten und je nach der Entfernung der Werkplätze. Als Aufnehmer wählt man einen tüchtigen Werkstattfachmann, der sachlich belehrend allen helfen kann, denn er hat dank der mechanischen Buchung durch das Aufnahmegerät am besten Zeit und Gelegenheit, den Arbeitsablauf ungestört zu beobachten, zu beurteilen und zu verbessern. Der Aufnehmer soll also, um es recht drastisch zu sagen, nicht Nörgler und nicht Schutzmann sondern Lehrmeister sein. Er ist dauernd über alle Neuerungen auf dem Gebiet der Werkstattbearbeitung und der Zeitaufnahme in einer ihm verständlichen Form auf dem Laufenden zu halten. Selbstverständlich muß er sowohl mit der Zeitenstelle als auch mit Betriebsingenieuren, Meistern und Arbeitern in engster Fühlung zusammen arbeiten, und alle Erfahrungen allen Beteiligten bekannt geben, so daß sie dem Unternehmen voll und ganz zugute kommen. Für die Dauer der persönlichen Beobachtung markiert der Aufnehmer alle Abgrenzungen gemäß Griffplan mit dem Zusatzschreiber. Wenn zwei Beobachter (Aufnehmer und Meister) zum Werkplatz kommen, so verständigen sich beide über eine unterschiedliche Markierung (Abb. 3).

Der mit mehreren Geräten arbeitende Aufnehmer wird sich zweckmäßig einen Tagesplan machen (Abb. 33), um auch zu den gewollten

Aufnehmer: Müller.							Datum: 3. 10. 27			
	7	8	9	10	11	12	13	14	15	16
426	35/4				~~30~~ 25				0	
	Arbeiter bemängelt mit Recht das Werkzeug									
312		40/3	55/1	∅ 40/4						
918						~~30~~ 45/1		0/5 flott		
249	0/6 Guß porös		∅ 10/8		∅ 5/8 schwierig		0/9			
951			20/3	20/5			30/2			
	schlecht gerichtet; Vorschub auf 0,4 vergrößert									

Abb. 33. Tagesplan des Zeitaufnehmers.

Zeiten wieder an den bestimmten Werkplätzen zu sein, und um gerade überall das zu erfassen, was wichtig ist. Gemäß Abb. 33 war er um 7 Uhr am Werkplatz 249, der durch ein einzelnes Stück für etwa 3 Tage belegt ist. Er teilt seine Zeit möglichst so ein, daß er bei Spannarbeiten und beim Spanansetzen persönlich zugegen ist. Er hat sich in seinem Plan vor seinem Weggang vorgemerkt, daß er um 9 Uhr wieder an diesem Platz sein möchte. Seine Beobachtung „Guß porös" trägt er gleichfalls in diese Liste ein, außerdem, daß er bei Arbeitsstufe 6 zum Platz kam. Um 7,35 Uhr beobachtete er am Werkplatz 426. Er bleibt bis 8,10 Uhr und markiert mit dem Zusatzschreiber. Der Arbeiter klagt über schlechtes Werkzeug. Es werden 10 Werkstücke bearbeitet, deren Bearbeitungszeit der Beobachter roh auf je 40 Minuten schätzt. Er will das 6. Stück wieder sehen und merkt sich deshalb 11,30 vor. So trägt er sich bei jedem Besuch eines Werkplatzes den Stand der Arbeit durch die Nummer des Griffplanes bei seiner Ankunft und die Zeit für die nächste Beobachtung ein. Abweichungen gegenüber der geplanten Zeit ändert er in seiner Liste um. Alle Bemerkungen und Erfahrungen — auch Bemerkenswertes über Arbeitstempo und Schwierigkeitsgruppe — trägt er ein, benutzt dazu, wenn nötig, auch die Rückseite und liefert täglich diese Liste mit fertigen Schaubildern an die Zeitenstelle ab.

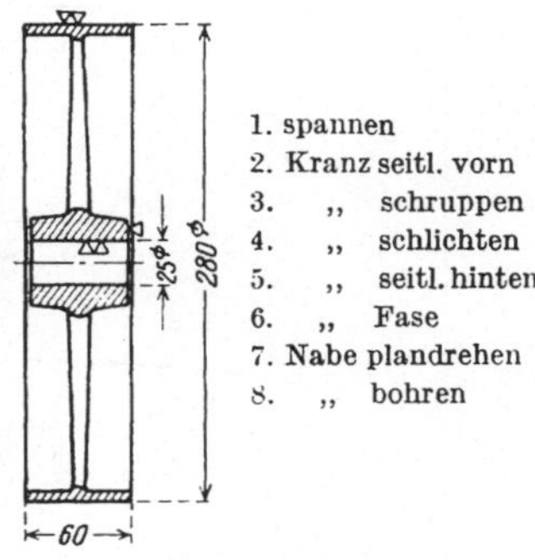

Abb. 34. Riemscheibe zur Aufnahme Abb. 36.

Noch einmal kurz zusammengefaßt ist über die Durchführung dieser Aufnahmen zu sagen: Bei den mechanischen Zeitaufnahmen halten sich Aufnehmer und Arbeiter genau an die vorher festgelegte Reihenfolge von Arbeitsstufen und Griffen. Der Aufnehmer beobachtet persönlich mit Unterbrechungen so, daß er von einem vollen Arbeitsablauf insgesamt mindestens alle Handzeiten und von den Laufzeiten soviel als zur Festlegung der Schaubildlinie genügt, persönlich beobachtet, wobei er alle Abgrenzungen durch den Zusatzschreiber markiert. Aufnehmer, Meister und Arbeiter melden zur Aufnahme alle besonderen Vorkommnisse. Aufnahmen und Meldungen gehen täglich an die Auswertungsstelle.

Sehen wir uns nun einige mechanische Zeitaufnahmen an.

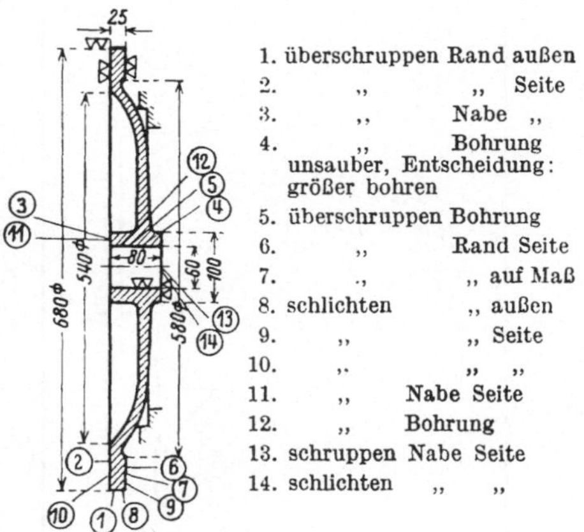

Abb. 35. Gußdeckel zur Aufnahme Abb. 36.

Beispiele von Maschinenarbeiten. Es sind in Einzelfertigung eine Riemenscheibe Abb. 34 und ein Gußdeckel Abb. 35 nacheinander zu drehen. Die Supporte der Drehbank sind gemäß Abb. 30 mit nur einem Schnurzug gekuppelt. Bewegungen von rechts nach links, also die Längsdreharbeiten, ergeben ein Anziehen, Plandrehen von außen nach der Mitte zu ein Nachlassen der Schnur. So erkennt man getrennte Längs- und Planarbeiten im Schaubild sogleich an der Ansteigrichtung der Arbeitslinien. Papiervorschub 1 mm = eine Minute. Die Aufnahme (Abb. 36) erfolgte auf Papier mit Zeitaufdruck. Der Aufnehmer war wiederholt am Werkplatz und markierte seine Beobachtungen mit dem

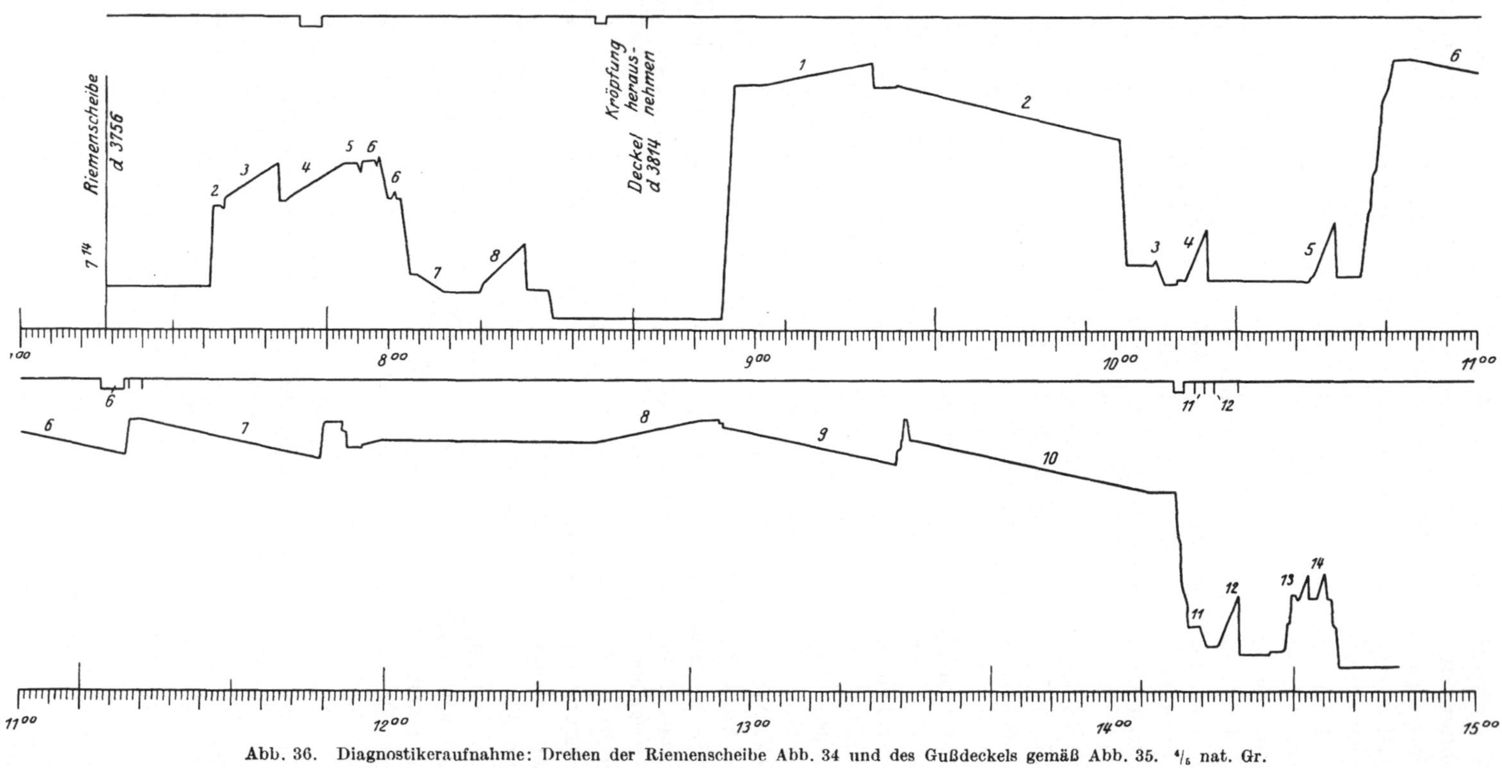

Abb. 36. Diagnostikeraufnahme: Drehen der Riemenscheibe Abb. 34 und des Gußdeckels gemäß Abb. 35. 4/5 nat. Gr.

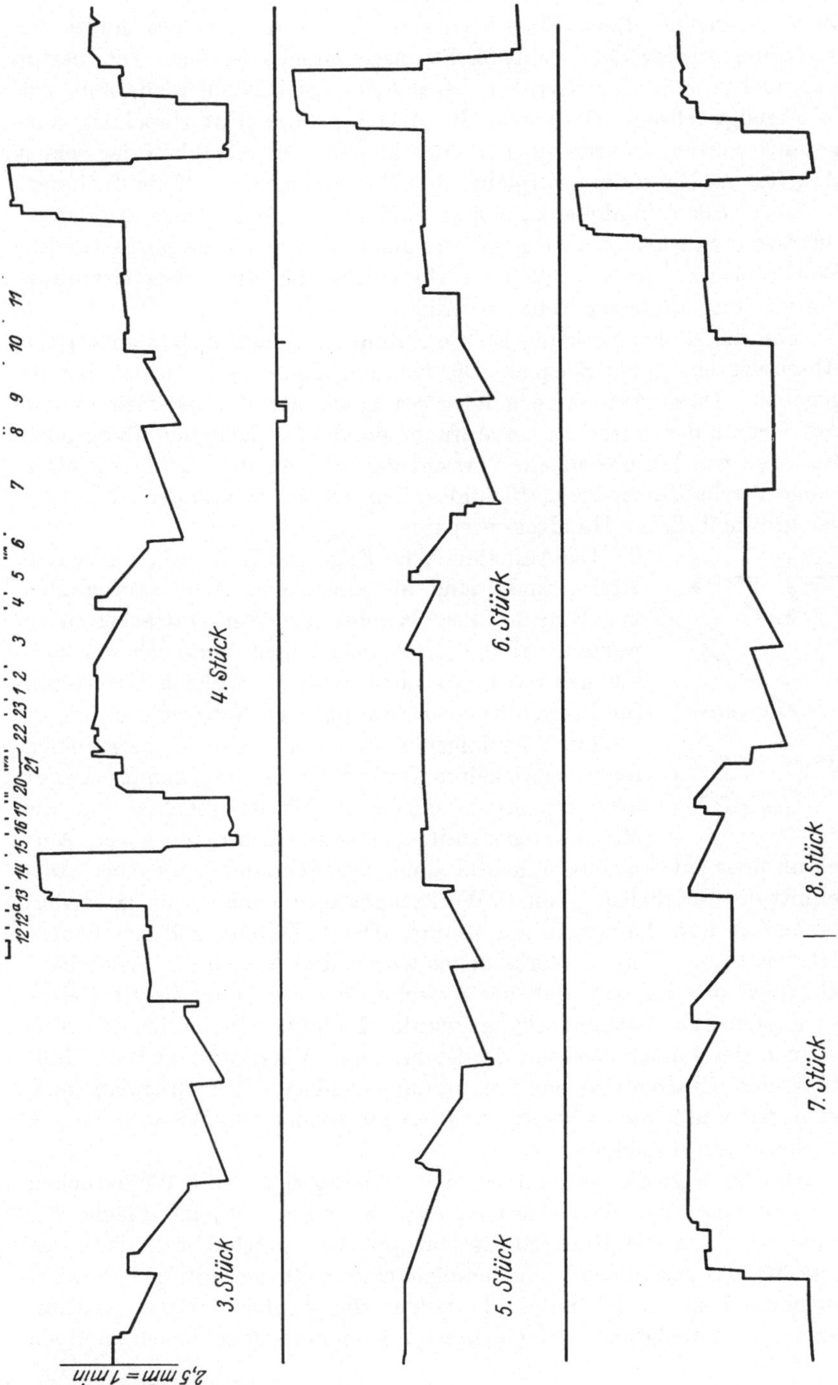

Abb. 37. Diagnostikeraufnahme: Hobeln von Werkzeughaltern gemäß Abb. 38. $^{6}/_{10}$ nat. Gr.

Zusatzschreiber. Beim Einrichten zum Drehen des Deckels mußte der Kröpfungseinsatz der Drehbank herausgenommen werden. Die hierfür gebrauchte Zeit markierte er besonders, desgleichen wiederholt das Werkzeugwechseln. Trotzdem die Arbeiten ohne Unterbrechung ausgeführt wurden, so erkennt man doch klar den Arbeitsablauf der beiden Arbeiter an Hand der Griffpläne. Die Markierungen des Zeitaufnehmers ergänzen die Aufnahme zu einem eindeutigen Bild. Diese Aufnahme diente zur Stückzeitermittlung dieser ganz typischen Teile für bestimmte Werksnormen, um anschließend Unterlagen für die Stückzeitvorausbestimmung ähnlicher Teile abzuleiten.

Für die Reihenfertigung ist die Aufnahme gemäß Abb. 3 im vorigen Abschnitt ein gutes Beispiel. Die Erläuterungen dazu wurden bereits gegeben. Diese Aufnahme galt ursprünglich der Stückzeitermittlung. Auf Grund der durch dieses Aufnahmebild klar belegten übergroßen Handzeit wurde eine einfache Vorrichtung angefertigt, außerdem wurden einige Wechselfutter beschafft und so ließ sich auf Grund der Aufnahme der größte Teil der Handzeiten sparen.

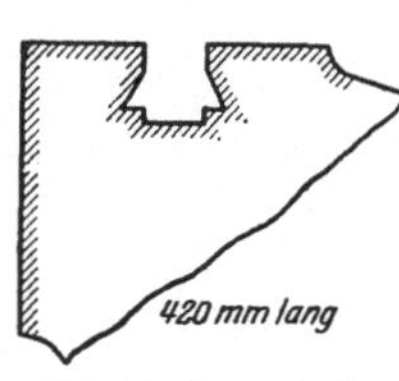

Abb. 38. Querschnitt des Werkzeughalters zur Aufnahme gemäß Abb. 37.

Die Aufnahmen der Fräs- und Hobelarbeiten gemäß Abb. 7 und 9 sind als allgemeine Arbeitsaufnahmen zur Klärung des Standes der Werkstattarbeiten zu werten. Abb. 8 ermöglicht einen Vergleich der Leistungen zweier Arbeiter und gibt zugleich Unterlagen für Einrichte- sowie Haupt- und Nebenzeiten.

Das hier folgende Schaubild Abb. 37 zeigt einen recht verwickelten Verlauf. Trotzdem erkennt man gut den sich wiederholenden Arbeitsrhythmus und die Markierungen mit dem Zusatzschreiber geben Aufschluß über jede einzelne Schaubildlinie. Das Schaubild gibt einen Ausschnitt der Bearbeitung von 10 Werkzeughaltern gemäß Abb. 38 wieder. Papiervorschub 2,5 mm in der Minute. Die Aufnahme galt der Stückzeitermittlung. Von 10 Werkstücken waren drei Ausschuß. Das Schaubild klärt darüber auf, daß der Ausschuß in zwei Fällen erst bei einer der letzten Arbeitsstufen erkannt wurde. Es fehlt nämlich bei den Aufnahmen der Ausschußstücke der hochragende Vorsprung im Bild. Gußstück und Bearbeitung wurden darauf geändert. Den Griffplan dazu geben wir weiter unten bei der Auswertung wieder, um Wiederholungen möglichst zu vermeiden.

Abb. 39 zeigt die Aufnahme von 4 Arbeitsgängen an 5 Werkstücken nacheinander. An einer Anschlagleiste wurde zuerst eine Fläche geschruppt, dann die Rückseite geschruppt und geschlichtet, dann die erste Fläche geschlichtet und endlich eine Seite geschruppt. Papiervorschub 1 mm = 1 Minute. Trotzdem die 4 gleichartigen Arbeitsgänge sich ohne besondere Unterbrechung aneinander schließen, sind sie

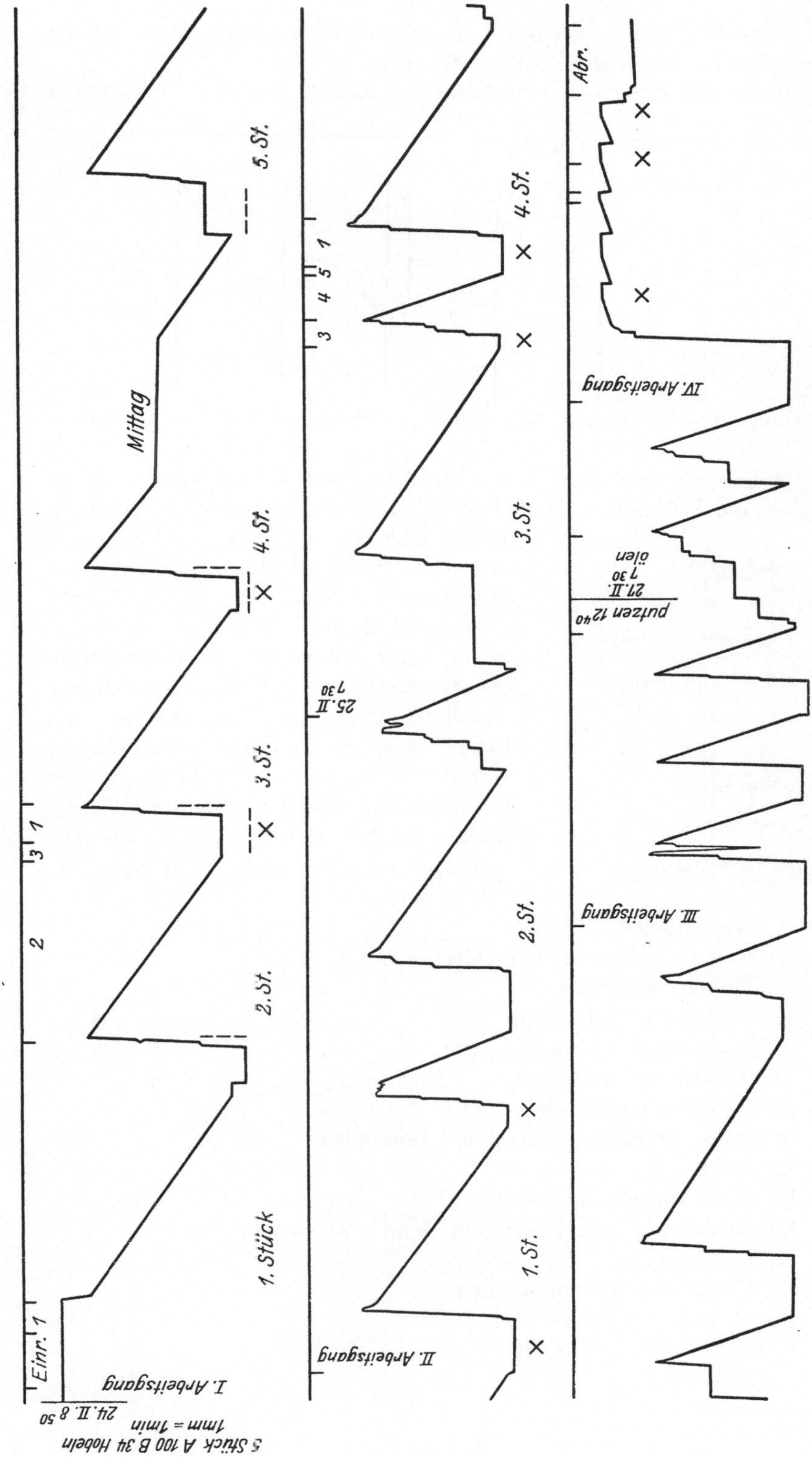

Abb. 39. Diagnostikeraufnahme: Hobeln von 5 Anschlagleisten. $^{2}/_{3}$ nat. Gr.

im Schaubild klar voneinander zu unterscheiden. Auch hierzu sei der Griffplan bei der Auswertung weiter unten gezeigt.

In der Massenfertigung wird man von Zeit zu Zeit eine Überprüfung der Arbeiten vornehmen. Wenn alle Störungen ausgeschaltet sind, so müssen die Aufnahmen ein Bild gemäß Abb. 40 ergeben. Das Werkstück hierzu zeigt Abb. 41. Der Schnurzug war mit dem Revolverschlitten verbunden. Papiervorschub 12,5 mm in der Minute.

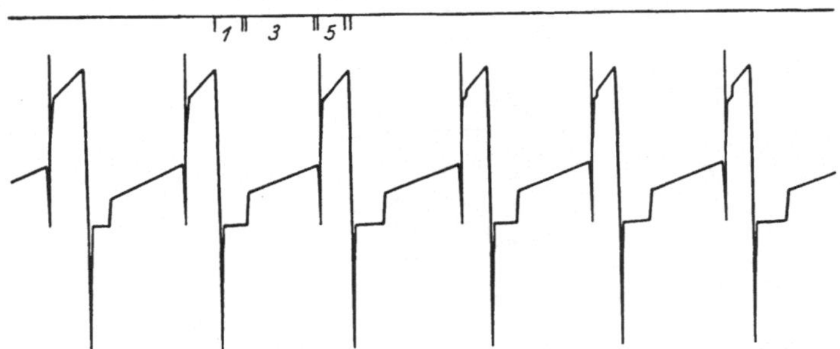

Abb. 40. Diagnostikeraufnahme: Revolverarbeit am Werkstück gemäß Abb. 41. 3/4 nat. Gr.

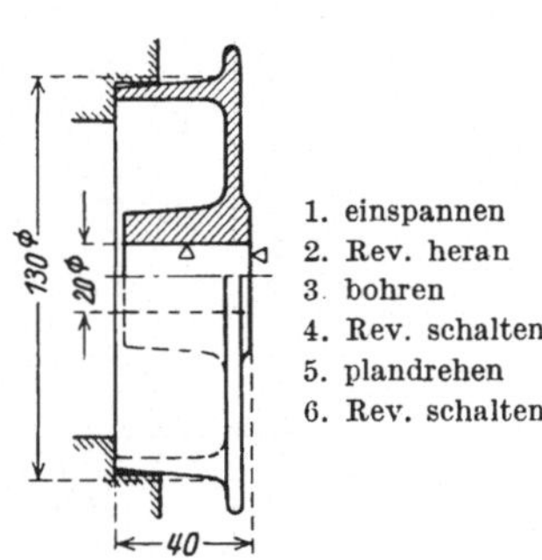

Abb. 41. Werkstück zur Aufnahme gemäß Abb. 40.

Beispiel Gießerei: Für eine mit Handarbeit stark durchsetzte Maschinenarbeit bietet Abb. 42, die wir schon im vorigen Abschnitt andeuteten, ein Beispiel. Es handelt sich um das Formen eines kleinen Unterkastens auf einer Wendeplattenformmaschine. Die Markierungen mit dem Zusatzschreiber klären uns über alle Abgrenzungen und über alle Handzeiten auf. Es bedeuten:

1. Kastenholen,
2. Kasten aufsetzen und befestigen,
3. Platte einstäuben,
4. Modellsand aufsieben,
5. Modellsand andrücken,
6. Kastenrand aufsetzen,
7. Füllsand einschaufeln,
8. Preßkopf einschwenken und feststellen,
9. Pressen,
10. Kopf zurückschwenken,
11. Kastenrand abnehmen und Sand abstreichen,
12. Luft stechen,
13. Platte mit Kasten wenden,

14. Kastenwagen anheben,
15. Kasten lösen,
16. Kasten absenken,
17. Wagen mit Kasten ausfahren,
18. Kasten abheben und absetzen,
19. Kastenwagen einfahren.

Um in diesem Falle die kurzen Zeiten der einzelnen Handgriffe klar markieren zu können, wurde für die Zeit der persönlichen Beobachtung der Papiervorschub auf 25 mm = 1 Minute eingestellt. In der übrigen Zeit ließ man das Papierband mit 5 mm in der Minute laufen, denn eine Umstellung der Papiervorschübe ist mit zwei Griffen erledigt. Die Aufnahme unter Beobachtung zeigt einen ungestörten Arbeitsablauf, die Daueraufnahme aber ein Bild mit allerhand Abweichungen, wie es bei normaler Werkstattarbeit ausfällt. Aus dieser Daueraufnahme erkennen wir, wie und wo helfend und bessernd einzugreifen ist, um nachher bei günstigen Stückzeiten zufriedene Akkordarbeiter zu haben.

Beispiel Handarbeit. Eine Handarbeit am Schraubstock, bei welcher nacheinander eingespannt, mit einer Schruppfeile geschruppt, mit einer Schlichtfeile geschlichtet und mit Schmirgelleinen abgezogen wurde, zeigt Abb. 43. Der Schnurzug des Hauptschreibers ist nach Umlenkung mittels Schnurführungsrolle um den Bund der Schraubstockspindel gewickelt. Unter Zwischenschaltung einer Zugfeder geht ein Schnurzug vom Zusatzschreiber zu einer auf der Feilbank angelenkten Stange. Dadurch, daß die Schlichtfeile als mittleres Werkzeug so abgelegt wird, daß sie diese Stange belastet, sind trotz reiner Handarbeit alle Abgrenzungen zwischen den Stufen und Griffen ganz mechanisch gebucht.

Mechanisierte Aufnahmen bei persönlicher Beobachtung. Sobald die Abgrenzung nur auf Grund persönlicher Beobachtung des Aufnehmers durch diesen selbst erfolgen kann, bedienen wir uns des Aufnahmegerätes mit Schreib-

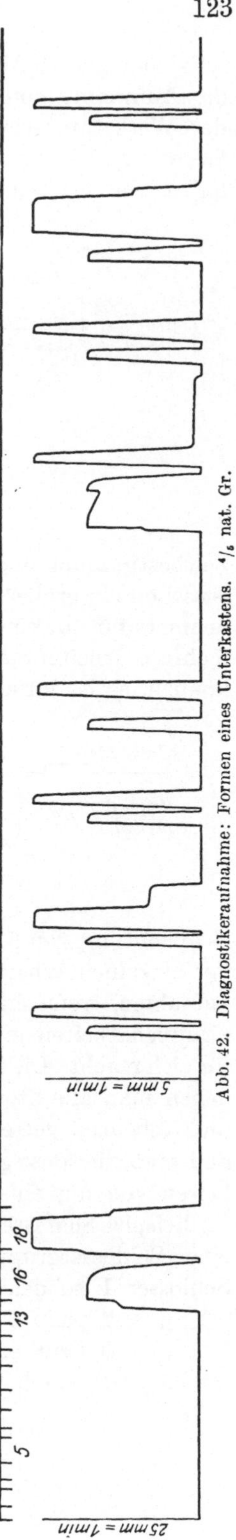

Abb. 42. Diagnostikeraufnahme: Formen eines Unterkastens. 4/5 nat. Gr.

schablone gemäß Abb. 14 im vorigen Abschnitt. Dort zeigten wir bereits die Aufnahme von 9 Beobachtungen gleichzeitig bei der Feststellung der Werkstattverluste und der Behinderung bei Mehrfachbedienung. Wenn wir die von einem Arbeiter auszuführenden Arbeiten ebenso aufteilen, wie wir es bei den Maschinenarbeiten gewöhnt sind, so können wir bei einem einzelnen Arbeiter mit dem Zusatzschreiber alle Abgrenzungen klar markieren. Das gibt zwar schon ein übersichtliches Bild und ermöglicht es auch dem Aufnehmer, dauernd die Arbeiten zu beobachten, ohne auch nur einen Blick für die Zeitbestimmung und Buchung von der Arbeit abwenden zu müssen. Das ist schon ein großer Vorteil, aber es verlangt doch die volle Zeit des Aufnehmers für nur eine Aufnahme. Wenn wir uns eine Arbeitsaufteilung für mehrere Arbeiter machen, die so arbeiten, daß wir sie alle dauernd sehen können, so ist unter Verwendung der Schreibschablone eine gleichzeitige

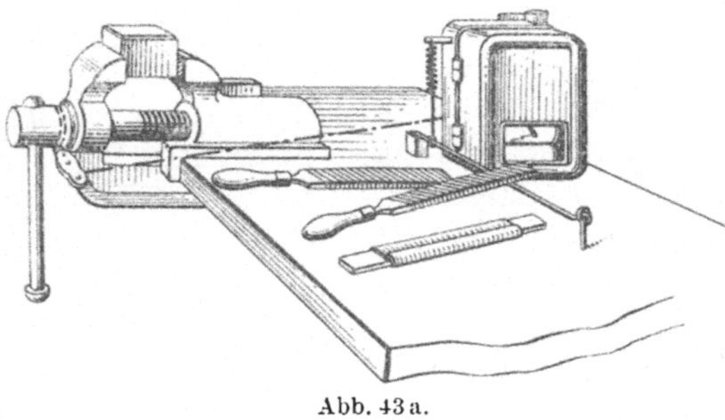
Abb. 43 a.

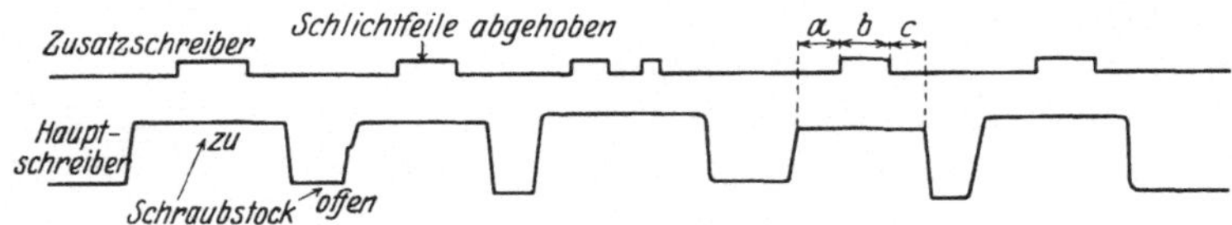

Abb. 43 b. Diagnostikeraufnahme einer Schraubstockarbeit. $^1/_2$ nat. Gr.

Beobachtung von 5 und noch mehr Arbeitern möglich je nach der Dauer der einzelnen Arbeitsstufen und Griffe. Man vereinfacht sich die Zeitaufnahme, wenn man die Arbeiten möglichst so einteilt, daß auch bei Gruppenarbeiten jeder einzelne Arbeiter seine scharf umgrenzte Arbeit für sich macht. Die Zeitaufnahme für Rationalisierungsüberlegungen, bei denen man alle Störungen und die Arbeiten nach Einrichtezeit, Haupt- und Nebenzeit getrennt erkennen möchte, kann man sich so erleichtern, daß man die sonst gleichzeitig von mehreren Arbeitern ausgeführten Arbeiten von nur einem Arbeiter nacheinander ausführen läßt.

Beispiel Schlossergruppe. Wir wollen uns in Abb. 44 die Aufnahme einer Schlossergruppe ansehen.

Schlosser 1 schneidet 10 Gewinde 5/8″ 30 lg in Maschinenstahl;
,, 2 paßt 5 Keile 6 · 6 · 50 lg in Wellen ein;
,, 3 baut eine Vorschubwelle ein;
,, 4 und 5 bauen auf einen Grundrahmen 2 Lager auf.

Bei den Schlossern 1 und 2 wiederholt sich also die gleiche mit nur einem Zeitwert zu erfassende Arbeit. Die Arbeit des Schlossers 3 ist soweit unterteilt, daß man aus der Aufnahme Einzelwerte für eine spätere Stückzeitvorausbestimmung ableiten kann und zwar in:

1. Ritzel befestigen;
   a) Welle in Schraubstock spannen,
   b) Ritzel aufkeilen (Keil schon in der Welle);
   c) Scheibe und Mutter aufschrauben;
2. Handrad befestigen;
   a) Handrad aufkeilen (Keil schon in der Welle);
   b) Schraube eindrehen und Handrad abziehen;
3. Bohrer säubern;
4. Welle ausspannen und säubern;
5. Welle ölen und in Bohrung einführen;
6. Handrad aufkeilen und Schraube anziehen.

Die gemeinsame Arbeit der Schlosser 4 und 5 ist wie folgt unterteilt:

1. Aufstellen und Ausrichten des Grundrahmens;
2. Lagerbock 1
   a) holen und absetzen;
   b) anschrauben;
3. Lagerbock 2
   a) holen und absetzen;
   b) anschrauben;
4. Welle einlegen und Lagerböcke ausrichten;
5. Lagerböcke festschrauben.

Abb. 44. Mechanisierte Aufnahme einer Schlossergruppe. $\frac{1}{2}$ nat. Gr.

Wir legen beispielsweise folgende Kennzeichen fest: für Schlosser 1 und 2 wird der Beginn einer neuen Arbeit mit ⌊_, ein Störungsbeginn mit _/, das Störungsende mit — gekennzeichnet.

Bei Schlosser 3, 4 und 5 kennzeichnen wir den Beginn einer neuen Arbeit mit |, den Beginn jeder einzelnen mit einer Nummer belegten Stufe mit ⌊_, die Abgrenzung innerhalb derselben durch —, Störungen wie bei Schlosser 1 und 2.

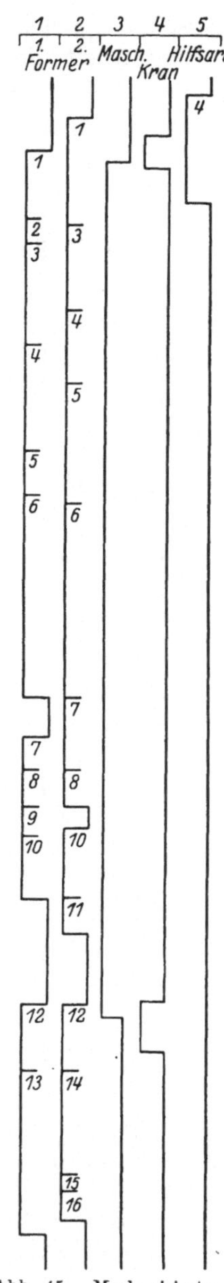

Abb. 45. Mechanisierte Aufnahme einer Formplatzgruppe. $^1/_2$ nat. Gr.

Das Schaubild ist einfach und schnell auszuwerten. Es empfiehlt sich bei derartigen Aufnahmen, die sich über ganze Tage erstrecken, zugleich die als allgemeine Werkstattverluste der Abteilung anzusehenden Störungen besonders hervorzuheben.

Die Aufnahme gemäß Abb. 44 könnte man zugleich als die einer aus 5 Schlossern bestehenden Montagegruppe ansehen, bei der nach Möglichkeit jedem einzelnen Schlosser seine scharf umgrenzten Aufgaben gestellt sind.

Die Werkplatzaufnahme. Eine besondere Gruppe von Zeitaufnahmen der man allerdings bisher so gut wie gar keine Beobachtung geschenkt hat, sollte man sowohl wegen der Stückzeitermittlung, ganz besonders aber auch wegen der Ermittlung der Schlüsselwerte für die Aufteilung der mehrere Werkplätze belastenden Anlagen planmäßig ausgestalten. Auch solche Aufnahmen lassen sich mit dem Normalaufnahmegerät und der Schreibschablone aufnehmen. Die Aufnahme, die wir als Beispiel in Abb. 45 zeigen wollen, sei aber mit einem Sondergerät gemäß Abb. 46 aufgenommen, welches tragbar ausgeführt wurde, um nicht an einen Aufnahmeplatz gebunden zu sein. An Stelle der Schablone sind 5 oder auch mehr Schreibstifte vorgesehen, die aus einer linken Stellung (läuft) in eine rechte Stellung (ruht) geschaltet werden können. Man könnte aber auch noch Zwischenstellungen vorsehen, um damit das Arbeitstempo anzuzeigen, doch kann der Zeitaufnehmer darüber sein Urteil auch mit wenigen Worten oder Zeichen auf das Papierband oder ein Beobachtungsblatt auftragen, denn ihm bleibt auch bei der Mehrfachaufnahme Zeit genug, Störungsursachen und Verbesserungsmöglichkeiten aufzuschreiben. Dieses Sondergerät stellt also einen sogenannten Bandschreiber dar, bei dem allerdings die Schaltung der Schreibstifte direkt erfolgt.

In unserem Beispiel, das wir bezüglich der Arbeitsfolgen ähnlich dem Beispiel gemäß Abb. 42 wählen, um Vergleiche anstellen zu können, soll festgelegt werden, wie der Arbeitsablauf an einem Formplatz sich gestaltet und wie Arbeiter, Maschinen und Hilfsmaschinen dabei beteiligt sind. Demzufolge buchen wir mit

Schreibstift 1 die Arbeit des Formers 1, mit
,, 2 die Arbeit des Hilfsformers 2, mit
,, 3 die Belegzeit der Formmaschine, mit
,, 4 die Benutzungszeit des Krans, mit
,, 5 die Tätigkeit eines Hilfsarbeiters am Formplatz.

Abb. 46. Diagnostiker in Sonderausführung als Bandschreiber mit 5 Schreibstiften, tragbar.

Auch solche Aufnahmen kann man gleich dazu ausnutzen, um die Werkstattverluste zu buchen. Man benennt dann die Liste der allgemeinen Werkstattverluste am besten mit Buchstaben, wenn die Arbeitsstufen und Griffe mit Zahlen gekennzeichnet sind.

Für die Former 1 und 2 sei die Arbeitsaufteilung der Arbeiten wie folgt:

1. Kasten holen, aufsetzen und befestigen,
2. Platte einpudern,
3. Modellsand aufsieben und andrücken,
4. Haken holen, feuchten und stellen,
5. Füllsand einschaufeln,
6. stampfen,
7. Kasten abstreichen und Luft stechen,
8. Platte mit Kasten wenden,
9. Kastenwagen heben,
10. Kasten absenken,
11. Wagen mit Kasten ausfahren,
12. Kasten abheben und absetzen,
13. Form ausputzen,
14. Kerne besorgen und einlegen,
15. Wagen einfahren,
16. Platte wenden und säubern.

Am Abgrenzungsstrich werden diese Nummern eingetragen.

Für die Belegung von Maschine und Kran genügt das Hin- und Herschalten der zugehörigen Schreibstifte. Die für den Hilfsarbeiter in Frage kommenden Arbeiten sind:

1. Hilfe beim Kastenausleeren,
2. Guß aufladen,
3. Sandsieben,
4. Modellsand bringen,
5. Kästen an- und abfahren,
6. Modelle an- und abfahren.

Nach diesen Angaben ist das Schaubild Abb. 45 ohne weitere Erklärung verständlich. Man könnte gleichzeitig ein Normalgerät an die Maschine anschließen und so eine Aufnahme ähnlich Abb. 42 aufnehmen, so daß man nach einer persönlichen Beobachtung der ganzen Gruppe die mechanische Aufnahme weiter fortsetzen kann, um den Arbeitsrhythmus weiter verfolgen zu können. Erst dann kommt man den Störungen auf die Spur.

Eine weitere Gruppe von Zeitaufnahmen, die besondere Beachtung verdient, betrifft die Aufnahme der Wanderung der Werkstücke durch die Werkstatt. Solche Aufnahmen bringen vielfach große Überraschungen, weil sie all die vielen Stockungen im Arbeitsfluß aufdecken. Solche Aufnahmen sind deshalb für eine Rationalisierung der Fertigung, aber auch für eine gesunde Akkordbemessung von großer Bedeutung. Denn nur, wenn den Werkplätzen die Arbeit störungsfrei zufließt, ist die Voraussetzung einer flotten Arbeitserledigung gegeben. Im Maschinenbau ist die Werkstückwanderung, die man auch im Schaubild sehen möchte, so langsam, daß auf Grund von Meistermeldungen und persönlichen Feststellungen des Zeitaufnehmers über Wander-, Arbeits- und Liegezeiten ein Schaubild zusammengestellt werden kann.

Es gibt aber auch Werkstätten, in denen die Werkstücke so schnell von Werkplatz zu Werkplatz wandern, daß die mechanisierte Buchung

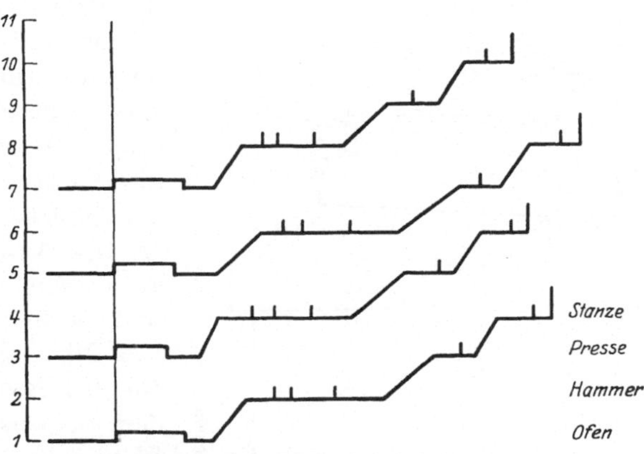

Abb. 47. Diagnostikeraufnahme mit Hilfe der Rastzutat. Fortschreitendes Schaubild, der Wanderung des Werkstücks folgend.

am Platze ist, um dem Arbeitsstück folgen und womöglich Arbeitsstufen und Griffe buchen zu können. So wandert z. B. in einer Schmiedewerkstatt der Stahlblock vom Ofen zu einem Hammer, um vorgeschmiedet zu werden, dann geht das Schmiedestück zu einer Schmiedepresse, um endlich auf einer Stanze abgegratet zu werden. Solche Aufnahmen macht man vorteilhaft gemäß Abb. 47, d. h. man legt für jeden Werkplatz eine bestimmte Stelle der Schaubildhöhe fest und führt den Schreibstift mit dem Arbeitsstück von Station zu Station, wobei man zu jedem Arbeitsgang die Stufen und Griffe durch zusätzliche Bewegungen des Schreibstiftes markiert. Auch solche Schaubilder werden mit dem Diagnostiker aufgenommen, der zu dem Zweck mit einer an alle Geräte passenden Rastzutat versehen wird. Man erzielt wichtige Vergleichsbilder, wenn man wie in Abb. 47 von der gleichen Anfangslinie aus, jeweils um ein bis zwei Rasten verschoben, die gleichen Arbeitsgänge aufnimmt.

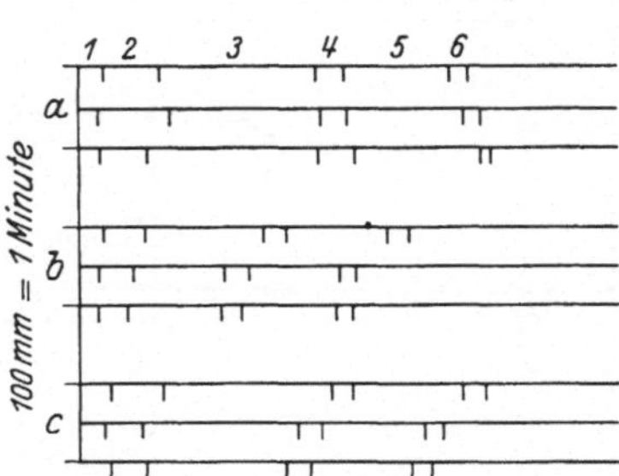

Abb. 48. Mechanisch abgestoppte und gebuchte Griffelemente. $^{6}/_{10}$ nat. Gr.

Solche mit der Rastzutat aufgenommene Schaubilder übertreffen an Klarheit die mit Bandschreibern geschriebenen Bilder, so daß sie, wie oben schon gesagt, auch für Zeitaufnahmen kurzfristiger Arbeitsstufen, Griffe und Griffelemente besonders geeignet sind.

Zeit- und Bewegungsstudien. Zeitstudien und Bewegungsstudien macht man mit dem Normalgerät bei großem Papiervorschub. Bei 25 mm Papierweg in der Minute kann man mit spitzem Schreibstift einzelne Sekunden noch klar buchen. Für außergewöhnliche Aufgaben ist das Aufnahmegerät auch mit Papiervorschüben bis zu 100 mm i. d. Min. auszuführen. Die bei Bewegungsstudien einzuschlagenden Wege sind durch einige Beispiele leicht zu erläutern. Abb. 48 zeigt das Abstoppen von Spannversuchen, 100 mm = 1 Minute.

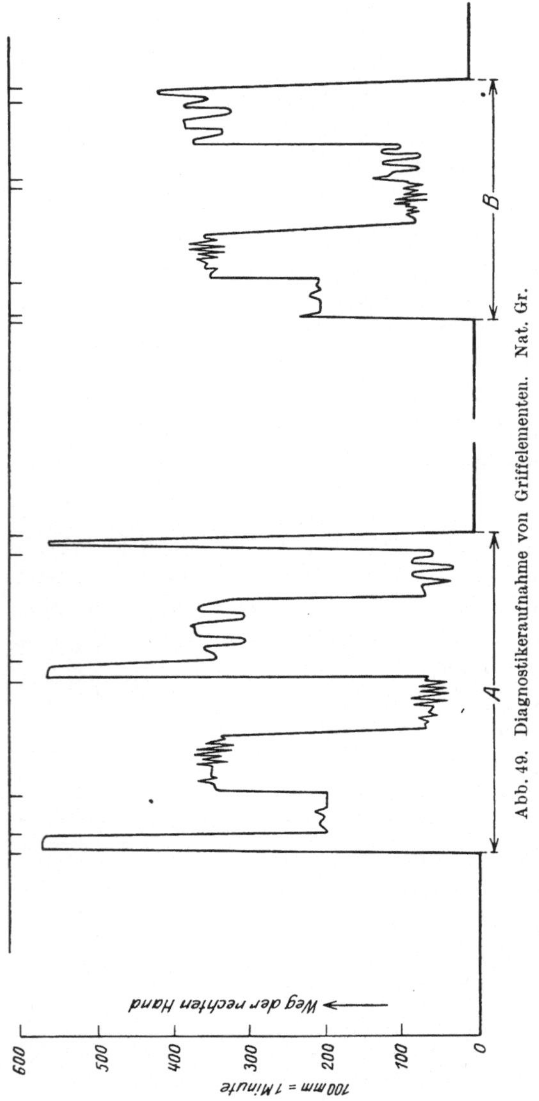

Abb. 49. Diagnostikeraufnahme von Griffelementen. Nat. Gr.

Die zu erfassenden Griffelemente sind:

1. Erfassen des Werkstückes und Heranbringen bis zur Vorrichtung;
2. Ablegen u. Ausrichten in der Vorrichtung;
3. Schließen der Vorrichtung;
4. Erfassen des Schlüssels und Ansetzen desselben;
5. Anziehen der Schrauben;
6. Ablegen des Schlüssels.

Die Gruppe *a* wurde vom Arbeiter, die Gruppe *b* vom Meister, die Gruppe *c* vom Zeitaufnehmer ausgeführt. Nach den Aufnahmen wurde das Papierband zurückbewegt, so daß alle Aufnahmen an der gleichen

Anfangslinie beginnen. Dadurch entstehen bereits gute Vergleichsbilder. Auffallend ist der Unterschied in den Zeitwerten für das Schließen der Vorrichtung. Der Meister kommt mit fast der halben Zeit aus gegenüber Arbeiter und Aufnehmer, weil er die Muttern mit beiden Händen aufdreht.

Die gleiche Arbeit zeigt Abb. 49. Die Aufnahme wurde so gemacht, daß am rechten Handgelenk des Meisters ein Band befestigt wurde, an welchem die Schnur zum Hauptschreiber des Diagnostikers angehängt war. Man hat zwar nur die Bewegungen der rechten Hand erfaßt, aber unter Zuhilfenahme des Zusatzschreibers sind alle Angrenzungen klar. Man könnte die linke Hand an ein zweites Gerät anschließen, oder die Bewegung beider Hände nacheinander mit dem gleichen Gerät gegebenenfalls auf das gleiche Papierband von der gleichen Anfangslinie aus aufnehmen. Aus der Aufnahme *A* erkennt man, daß große Wege ausgeführt worden sind, die man bei richtiger Arbeitsregelung vermeiden kann. Man brachte ein kleines Brett an der Vorrichtung an, so daß beim Fräsen ein neues Werkstück in günstiger Lage zur Vorrichtung und der Schlüssel unmittelbar neben der zuletzt bedienten Schraubstelle abgelegt werden konnte. Aufnahme *B* zeigt den Erfolg. Solche Aufnahmen machen eben viel besser auf außergewöhnliche Wege aufmerksam, als Zahlen oder die Abstoppstriche gemäß Abb. 48, deshalb sollte man solche direkten Aufnahmen immer dort machen, wo es zulässig ist.

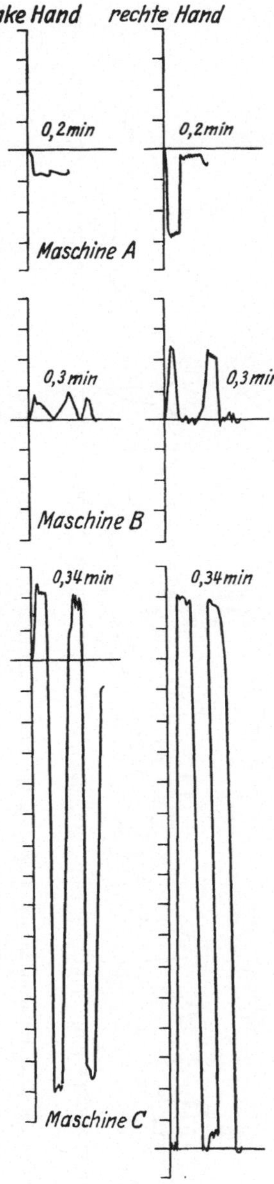

Abb. 50 bis 55. Diagnostikeraufnahmen der Handbewegungen beim Einschalten verschiedener Bohrwerke.

Dies gilt vor allem, wenn es sich darum handelt, durch Bewegungsstudien die zweckmäßigste Bedienung von Werkzeugmaschinen und dergleichen herauszufinden und zwar sowohl bei zu kaufenden Maschinen als auch bei Maschinen der eigenen Fertigung.

Abb. 50 bis Abb. 55 geben solche Aufnahmen wieder und zeigen die Wege der linken und der rechten Hand von der Normalstellung des Arbeiters aus beim Umschalten von Bohrwerken verschiedener Lieferfirmen. Man erkennt klar die Überlegenheit der Maschinen, mit denen die Schaubilder Abb. 50, 51 und Abb. 52, 53 aufgenommen wurden, gegenüber der Maschine, die gemäß Abb. 54 und 55 die großen Schaltwege verlangt. Papiervorschub 25 mm = 1 Minute.

Mechanische Zeitaufnahmen aus verschiedenen Industrien. Was bisher über die Mechanisierung der Zeitaufnahmen in Maschinenfabriken gezeigt wurde, ist natürlich sinngemäß auf alle anderen Industriezweige zu übertragen. Einige Beispiele mögen das belegen. Zugleich geben diese Beispiele einen Fingerzeig, wie man auch Sonderaufgaben in Maschinenfabriken beikommen kann.

Abb. 56 gibt eine mechanische Zeitaufnahme an der elektrischen Blockstraße eines Walzwerks. Man erkennt die voneinander abweichende Stichzahl und Anstellungen beim Auswalzen gleicher Blöcke infolge verschiedener Erwärmung. Abb. 57 gibt die Aufnahme einer großen Schmiedepresse in einem Stahlwerk wieder.

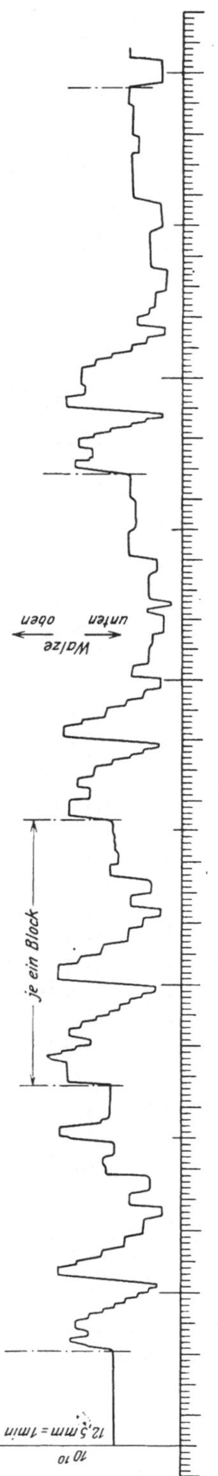

Abb. 56. Diagnostikeraufnahme: Auswalzen von Blöcken auf einer elektrischen Blockstraße. 4/5 nat. Gr.

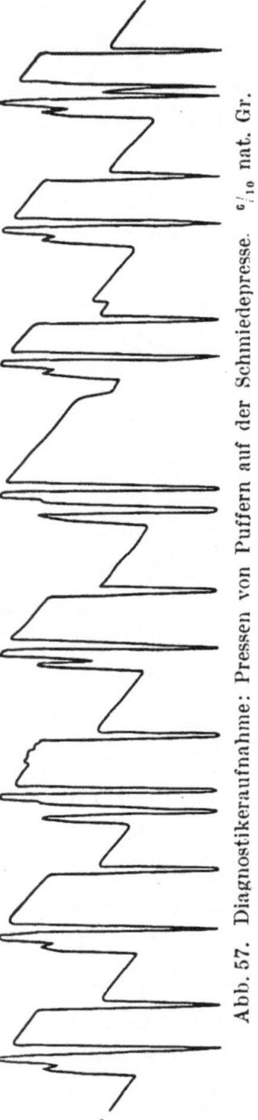
Abb. 57. Diagnostikeraufnahme: Pressen von Puffern auf der Schmiedepresse. 6/10 nat. Gr.

Schaubild 58 wurde in einer Pappenfabrik an der Pappenmaschine aufgenommen. Der Selbstschreiber war an einen Dickenmesser angeschlossen, so daß das Bild zugleich in vielfach vergrößertem Maßstab die erzeugte Pappenstärke anzeigt. Die Maschine arbeitete ungleichmäßig, denn die gleiche Dicke wurde in verschiedenen Zeiten erreicht.

Abb. 59 zeigt das Beschneiden und Aufteilen eines Papierstapels mittels Schnellschneidemaschine in einem Papierbearbeitungsbetrieb. Der Stapel wurde zuerst der Reihe nach auf den Seiten *a*, *b*, *c* und *d* beschnitten und dann nach den Linien *e* automatisch aufgeteilt. Mit dem Maßstab läßt sich jede geschnittene Stapelabmessung auch nachträglich wieder feststellen. Der Hauptschreiber war mit dem Sattel (Anlage des Stapels) und der Zusatzschreiber mit einem Teil der Maschine verbunden, der beim Auf- und Abwärtsgang des Messers stets gleiche Wege macht. Der letztere Anschluß ist wieder so auszuführen, daß unter Einschaltung einer Zugfeder die Schnur straff ist bei tief-

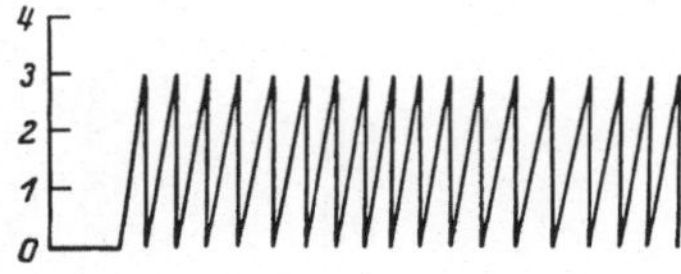

Abb. 58. Diagnostikeraufnahme: Das Arbeiten einer Pappenmaschine. $^3/_4$ nat. Gr.

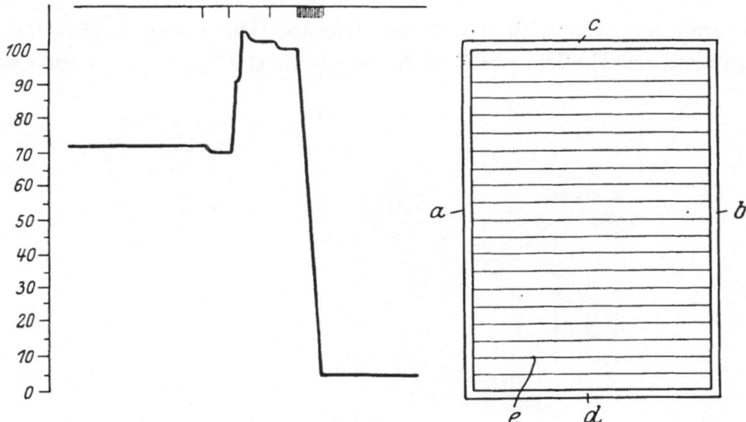

Abb. 59. Diagnostikeraufnahme: Das Beschneiden und Teilen eines Papierstapels auf der Schnellschneidemaschine. $^9/_{10}$ nat. Gr.

stehendem Messer. Diese Anschlußart läßt zugleich die Zeit eines Messerwechsels erkennen.

Als Beispiel für die mechanischen Aufnahmen in Werkzeugfabriken

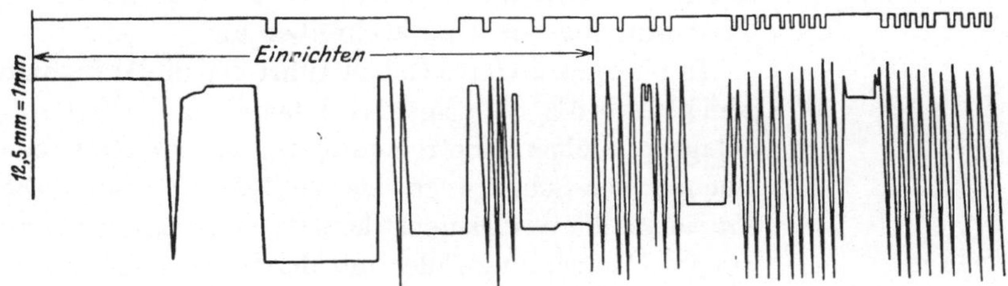

Abb. 60. Diagnostikeraufnahme: Das Hauen von Feilen. $^4/_5$ nat. Gr.

mit Sondermaschinen sei das Hauen von Feilen auf einer Feilenhaumaschine mit dem Diagnostiker gebucht (Abb. 60). Der Feilenkörper wird bekanntlich auf einem Schlitten an dem schlagenden Meißel vorbeigeführt. Der Meißel macht je nach Feilengröße und Hiebart bis zu

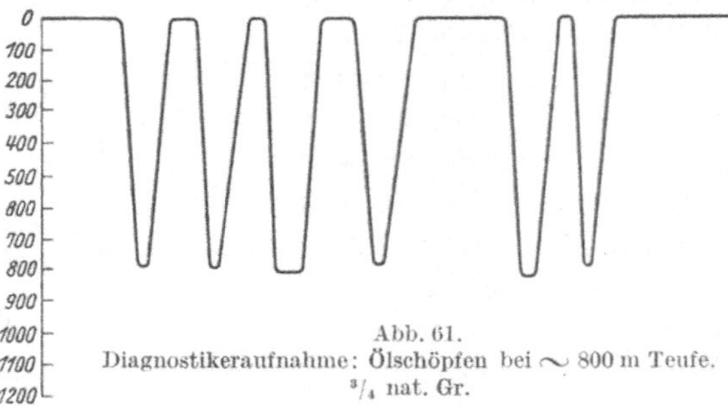

Abb. 61.
Diagnostikeraufnahme: Ölschöpfen bei ~ 800 m Teufe.
$^3/_4$ nat. Gr.

mehreren tausend Schlägen in der Minute. Die vielen stoßweisen Bewegungen des Meißels aufzuzeichnen ist nicht nötig, weil beim Laufen

Abb. 62a.

der Maschine der Meißel stets die gleiche Anzahl von Hüben ausführt. Wir haben hier ein Beispiel dafür, daß es genügt, die Einrück- und Ausrückbewegung für die Meißeltätigkeit an Stelle der Meißelbewegung selbst zu buchen. Diese letztere Buchung übernimmt der Zusatzschreiber, die Schlittenwege schreibt der Hauptschreiber auf.

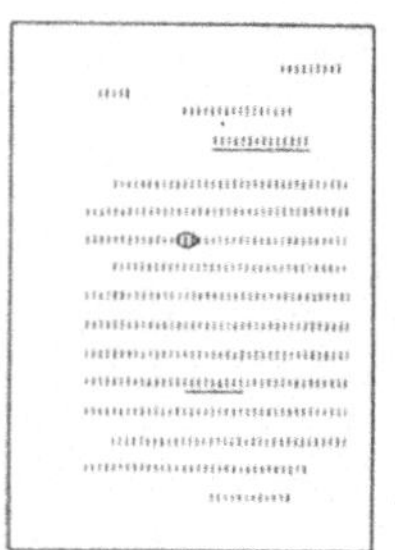

Abb. 62b.

In ein ganz anderes Gebiet führt uns die Aufnahme gemäß Abb. 61. Sie zeigt das Arbeiten einer Ölschöpfanlage auf einem Petroleumfeld und gestattet das Buchen der Schöpfwege bis zu 1200 m Teufe. Die Antriebswelle des Diagnostikers ist unter Einschaltung einiger Übersetzungsräder mit der Seiltrommel kraftschlüssig verbunden.

Auch bei Büroarbeiten können Zeitaufnahmen nützlich sein und zwar wird es z. B. beim Probeschreiben auf Schreibmaschinen wertvoll sein, den Einfluß eines persönlichen Beobachters auszuschalten. Abb. 62 a, b, c zeigt eine solche Aufnahme und dazu den geschriebenen Brief. Alle Absätze desselben, die unterstrichenen Stellen, die Lesepausen und die Radierstelle sind aus der Aufnahme zu erkennen. Bei dieser Aufnahme war der Hauptschreiber mit dem Schreibmaschinenwagen verbunden.

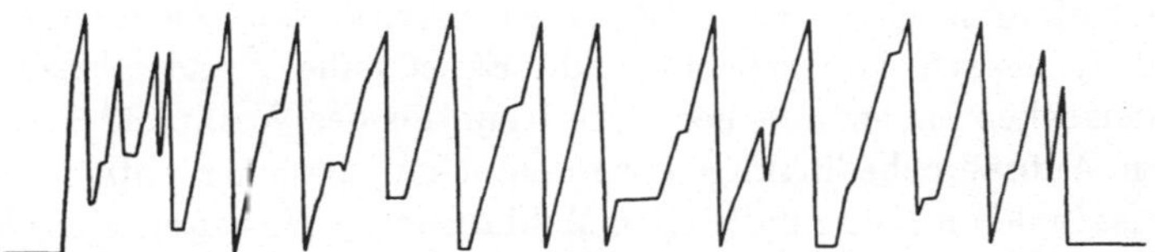

Abb. 62c. Diagnostikeraufnahme: Das Schreiben eines Briefes mit der Schreibmaschine.

Durch diese Auswahl von Beispielen mag zur Genüge gezeigt sein, wie man den verschiedensten Aufgaben der Praxis mit der mechanischen Zeitaufnahme beikommt.

Die Auswertung. Die so erhaltenen Schaubilder zusammen mit den Meldungen von Zeitaufnehmer, Meister und Arbeiter sind Dokumente der ausgeführten Arbeit. Das ist von nicht zu unterschätzender Bedeutung, wenn man bedenkt, daß gelegentlich doch eine Meinungsverschiedenheit über die vorgegebene Stückzeit entstehen kann. An Hand des Schaubildes, dieses eindeutigen Arbeitsdokumentes, sind dann jederzeit alle Fragen, die die Arbeit selbst betreffen, für beide Teile überzeugend geklärt. Damit ist die Aufgabe des Schaubildes erschöpft und alles Weitere ist Sache der Auswertung. Diese muß selbstverständlich mit der nötigen Fachkenntnis, einem umfassenden Wirtschaftsverständnis und mit einem gesunden sozialen Empfinden durchgeführt werden.

Die Auswertung muß natürlich nach derselben Richtung gehen, nach welcher die Zeitaufnahme angelegt wurde, deshalb muß immer wieder darauf hingewiesen werden, daß man sich vor Beginn der Zeitaufnahme darüber ganz klar sein muß, was man erfassen will.

Wenn wir bezüglich der Zeitaufnahme zur Stückzeitermittlung schon sagten, daß sie offen und verständlich auch für Meister und Arbeiter sein soll, so gilt das gleiche bezüglich der Auswertung. Auch in die Auswertung muß jederzeit Einblick gewährt werden. Sie soll helfen, das Vertrauen zu wecken und zu sichern.

Bei der Auswertung von Zeitaufnahmen mit der Stoppuhr, d. h. bei der Auswertung von Zahlenwerten, halten wir uns an die Refaveröffentlichungen. Bei der Auswertung von Schaubildern, die wir bei den mechanischen Zeitaufnahmen erhielten, wird man sich die Tatsache, daß man Bilder vor sich hat, weitgehendst zu Nutze machen und selbstverständlich die klaren Bilder nicht durch Aufmessen der Schaubildlinien in unklare Zahlenhaufen umwandeln.

Man läßt das Bild selbst auf sich wirken. Es bedarf naturgemäß einer gewissen Schulung und Übung, um die Zeichensprache der Schaubilder in ihren Einzelheiten schnell zu lesen. Jedoch diese Zeichensprache lernt man leicht.

Rationalisierungsüberlegungen. Auf den ersten Blick erkennt man, ob die Aufnahme einen wirtschaftlichen Arbeitsablauf wiedergibt, oder ob viel Verluststrecken gebucht sind. Es ist naheliegend, alsdann den Verluststrecken nachzuforschen. Die Kenntnis des Werkplatzes und der näheren Aufnahmebedingungen werden schon manches aufklären, das übrige ist in den meisten Fällen den Meldungen von Arbeiter, Meister und Aufnehmer zu entnehmen. Wenn solche Aufklärungen über die Verluststrecken fehlen, so handelt es sich meistens um vermeidbare Verluste, die durch den Arbeiter verursacht wurden, denn über alle anderen Störungen wird der Arbeiter den Aufnehmer im eigenen Interesse aufklären.

Unsere nächste Aufmerksamkeit gilt den unvermeidbaren, also abzugeltenden Verlusten, und durch Besprechung mit den Beteiligten und einfache Wirtschaftsrechnungen ist zu ermitteln, ob und wieweit eine Einschränkung dieser Verluststrecken durch Verbesserungen irgendwelcher Art (Konstruktion, Modell, Material, Vorrichtung, Werkzeug, Maschine, Transportmittel) wirtschaftlich ratsam ist.

Alle auffallenden Stellen im Schaubild markieren wir durch Farbstift, vielleicht mit fortlaufenden Nummern, wenn die Erläuterungen nicht mit wenigen Worten auf dem Schaubild selbst einzutragen sind.

Alsdann suchen wir aus dem Schaubild die besten Strecken heraus, sowohl für den Arbeitsablauf eines ganzen Arbeitsstückes als auch für die einzelnen Arbeitsstufen und Griffe, soweit letzteres erwünscht und lohnend erscheint, und kennzeichnen auch diese durch einen anderen Farbstrich. Damit haben wir uns zugleich die Frage zu stellen: Wenn die Arbeit einmal in dieser kurzen Zeit ausführbar war, warum dann nicht immer? Die Antwort auf diese Frage wird selten mit Berechtigung so lauten, daß wir dem Arbeiter die Schuld geben müssen. Wir werden uns vielmehr noch weiter fragen müssen, was können wir und was müssen wir dann noch tun, um den Arbeitsablauf in dieser kürzesten Zeit immer sicher zu stellen. Dies ist eine der wichtigsten Fragen bei der ganzen Auswertung und weil ihr bisher nicht die nötige Beachtung geschenkt wird, so wollen wir hier nachdrücklich darauf hinweisen. Bei der Einzelfertigung finden wir solche Vergleichsstrecken selten in einem Schaubild, wohl aber durch Zusammenlegen von Aufnahmen ähnlicher Arbeiten. Auffallend sind in diesem Sinne fast alle Aufnahmen der Reihenfertigung, während bei einer gut eingerichteten Massenfertigung die Schaubildlinien der einzelnen Arbeiten sehr gleichmäßig, die der Unterbrechungen wegen Werkzeugwechsel und dergleichen aber auch sehr ungleich verlaufen. Aus solchem Vergleich ersieht man, daß einerseits die verschiedenartigsten Störungen vielfach Schuld an der Zeitverlängerung sind und daß andererseits durch eine entsprechende Arbeitsvorbereitung und Regelung solche Störungen tatsächlich einzuschränken, wenn nicht ganz zu vermeiden sind. Solche Unterschiede erkennt man aber erst aus der klaren Diagnose, die auf Grund einer ausreichend langen Beobachtung gestellt wird. Und dadurch, daß die mechanische Zeitaufnahme solche Daueraufnahmen ermöglicht und den Aufnehmer auch für die kurze Zeit der persönlichen Beobachtung von der Uhrablesung und den Schreibarbeiten für eine ungestörte Beobachtung der Arbeit freimacht, ist aus solchen mechanischen Aufnahmen ein gar nicht zu überschätzender Vorteil für die Werkstattwirtschaft herauszuholen.

Nicht alle Aufnahmen werden zu solchen Vergleichen und Überlegungen Veranlassung geben. Wo aber die Voraussetzungen gegeben sind, da kann durch eine sachgemäße Auswertung der kürzesten Zeiten viel geholfen werden. Die durchgearbeiteten Aufnahmen sollten mit der technischen Leitung und je nach dem Ergebnis mit allen interessierten Stellen (Technisches Bureau, Arbeitsvorbereitung, Einkauf, Vorrichtungs- und Werkzeugbau, Werkstattbeamten und Arbeiter) durchgesprochen werden, um aus den Fehlern zu lernen und Störungen möglichst ohne große Kosten durch bessere Regelung und durch bessere Arbeit zu vermeiden, d. h. die Einhaltung der Bestzeiten zu sichern. So wird der Fluß der Arbeit gebessert, die Anlagen werden besser ausgenutzt, die Lieferzeiten werden verkürzt, also insgesamt die Fertigung verbilligt. Nach dieser Richtung sind also mehr oder weniger alle Zeitaufnahmen durchzuarbeiten, jedenfalls alle Aufnahmen für die Stückzeitermittlung, denn es ist immer wieder zu betonen, daß wir die Akkordzeiten nur für gut durchgearbeitete und befriedigend ablaufende Arbeiten festlegen wollen.

Auch bei der Auswertung stoßen wir also darauf, daß die Stückzeitermittlung mit den Rationalisierungsüberlegungen aufs engste zusammen gehören und daß die Zeitaufnahmen, die wir für die Stückzeitermittlung gebrauchen, in der Form von Schaubildern zugleich die besten Unterlagen für die Rationalisierung abgeben.

Die Zeitfestlegung nach Gutzeiten. Je klarer und eindeutiger die Unterlagen sind, aus denen die Stückzeiten abgeleitet werden sollen, um so größer ist die Wahrscheinlichkeit, das Richtige zu treffen. Denn wenn die Akkordzeit von beiden Seiten als richtig anerkannt werden soll, so muß sich die Auswertung jedenfalls im großen und ganzen nach vereinbarten Regeln abwickeln lassen. Zur Aufstellung solcher Regeln wie auch zur Durchführung derselben bedarf es natürlich vorab einer entsprechenden Kenntnis der Werkstatt- und Arbeitsbedingungen. Diese allein genügt aber nicht, sondern ein klares Wirtschaftsverständnis muß sich mit sozialem Empfinden paaren und die Beteiligten sollten einen geschulten Blick für die physischen und psychischen Auswirkungen der Arbeit haben. In diesem Sinne sei im folgenden ein Vorschlag herausgearbeitet.

Wir gehen bei der Auswertung der Schaubilder zur Stückzeitermittlung so vor, daß wir nach dem Ausscheiden der vermeidbaren Verluststrecken und nach kritischer Beurteilung der fernerhin unvermeidbaren Verluststrecken sowie der kürzesten Arbeitsstrecken Gutzeiten aus dem Schaubild heraussuchen. Das heißt mit anderen Worten: das Ergebnis der Rationalisierungsüberlegung ist voll und ganz zu würdigen, um dann unter Ausschaltung des einen oder anderen außergewöhnlich kurzen Zeitwertes einige gute Zeitwerte zu kennzeichnen und sie der Stückzeitfestlegung zugrunde zu legen. Bei zehn Arbeitsstücken wird man mindestens drei, bei zwanzig Arbeitsstücken mindestens fünf Gutzeiten auswählen. Ob man dabei die Werte für je ein Arbeitsstück geschlossen oder aber Einzelwerte für Arbeitsstufen und Griffe, wie sie bei verschiedenen Arbeitsstücken erzielt werden, für diese Gutzeiten herausgreift, wird von der scharfen Abgrenzung in dem Schaubild selbst mit abhängen. Diese gekennzeichneten Gutzeiten addieren wir im Schaubild mit Hilfe des Spitzzirkels und bilden aus Summe und Stückzahl den Mittelwert dieser Gutzeiten. Wenn auch Betriebsingenieure und Meister ihre Ehre darein setzen, daß bei der wiederholten Ausführung der gleichen oder einer ähnlichen Arbeit die erkannten Störungen vermieden werden, so ist doch daran festzuhalten, daß im allgemeinen ein tüchtiger Arbeiter dazu gehört, um diesen Mittelwert der Gutzeiten durchzuhalten. Damit haben wir eine verhältnismäßig richtige Verbindung hergestellt zwischen Stückzeit und Akkordwert. Trotzdem wird man Zeitaufnahmen bei sehr tüchtigen Arbeitern und bei solchen an der unteren Grenze der gut Brauchbaren daraufhin ansehen müssen, ob eine besondere Berichtigung der Gutzeit berechtigt und in welchem Ausmaß dann nötig ist. Die Praxis zeigt, daß die Mittelwerte der Gutzeiten bei normalen Maschinenarbeiten nur wenig auseinander liegen, wenn man die gleiche Arbeit von sehr Tüchtigen und gut Brauchbaren ausführen läßt, während die Durchschnittswerte der Gesamtarbeitszeiten bekanntlich stark voneinander abweichen. Die Abweichung ist in allen Fällen um so geringer, je mehr die Selbstgangzeiten und um so größer, je mehr die Handzeiten vorherrschen. Das gibt einen Fingerzeig, um einen Schlüssel für einen Ausgleichsfaktor aufzustellen. Dafür ist kein Schema zu geben, sondern die Abweichungen hängen sehr vom Stande der Fertigung im ganzen genommen und von der Art der Arbeiten im einzelnen ab, so daß die Ausgleichsfaktoren jeder Betrieb für sich feststellen muß. Der Weg dazu ist mit Hilfe der Schaubilder einfach und sicher. Man läßt gleichartige Arbeiten von Arbeitern verschiedener Tüchtigkeit ausführen und legt nach Bearbeitung der Schaubilder und nach Berechnung des Gesamtzeitmittelwertes sowie des Gesamtdurchschnittes aller Arbeiten nach Ausscheidung der vermeidbaren Verluststrecken die Schaubilder nebeneinander. Dann erkennt man aus dem Arbeitsrhythmus der Vergleichsbilder, wie die Unterschiede der Mittelwerte zu beurteilen sind, ob sie auf die verschiedene Tüchtigkeit der Ausführenden oder auf Störungen oder verschiedenen Fleiß oder dergleichen zurückzuführen sind. Nach einer sachlichen Berücksichtigung solcher Einflußgrößen wird man aus einem Vergleich der Gutzeitmittelwerte und der Gesamtdurchschnittszahlen einen gerechten Faktor ableiten können.

Auswertungsbeispiele. Wir wollen vorab an Hand eines einfachen Beispiels eine Auswertung durchführen. Natürlich mechanisieren wir auch diese Arbeit, d. h. wir erleichtern uns auch das Auswerten durch mechanische Hilfsmittel.

Das Papierband wird in einem Zelluloidstreifen mit Messingschieber ausgespannt (Abb. 63) und bei einem Durchziehen des Papierbandes in der Laufrichtung schaffen wir uns den ersten Überblick. Es folgt das Ausscheiden der vermeidbaren Verluste. Um die vom Aufnehmer gemeldeten Uhrzeiten im Schaubild schnell wieder zu finden, sind gemäß der häufig benutzten Papiervorschübe am unteren und am oberen Rand des Auswertestreifens Skalen aufgedruckt. Die in jedem Schaubild anzugebende Anfangsuhrzeit legt man auf eine entsprechende Uhrzeit der Skala und so ist das Schaubild durch die Skala des Auswertestreifens nach der Uhrzeit orientiert und man kann für alle Stellen des Schaubildes die Uhrzeiten ablesen und umgekehrt alle gemeldeten Uhrzeiten auf das Schaubild übertragen.

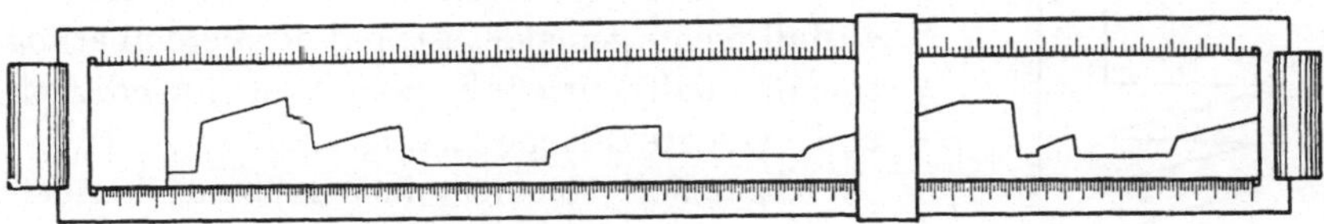

Abb. 63. Der Auswertestreifen.

Soweit die Länge des Zelluloidstreifens bei dem gegebenen Papiervorschub einem vollen Arbeitstag entspricht, kann man den Aufdruck mit den Zahlen der Tagesstunden und die Pausen durch Färbung der Skala kennzeichnen. Auch das hilft die Auswertung zu erleichtern.

Um die Uhrzeiten im Schaubild auch ohne Auswertestreifen schnell festlegen zu können, kann man das Diagrammpapier mit einem geeigneten Aufdruck versehen. Dadurch wird natürlich das Diagrammpapier verteuert und dies um so mehr, je vielseitiger der Aufdruck wegen der verschiedenen Papiervorschübe sein muß. Dazu kommt, daß man für

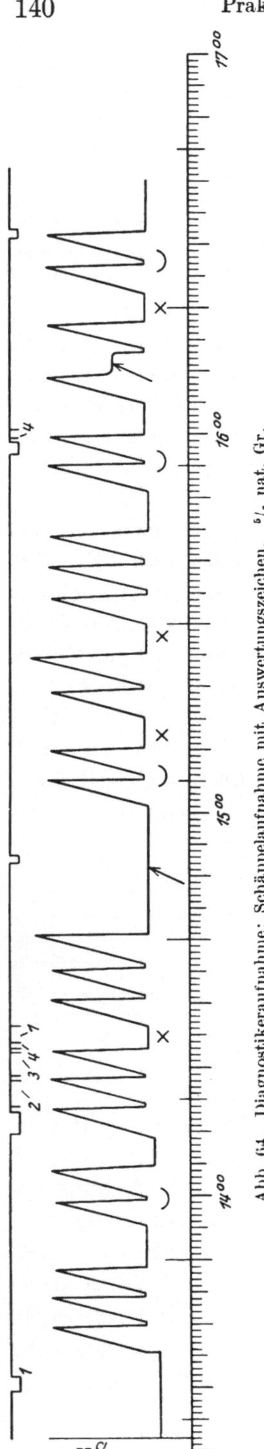

Abb. 64. Diagnostikeraufnahme: Schäppelaufnahme mit Auswertungszeichen. 5/6 nat. Gr.

jede Vorschubgröße einen Papiervorrat halten müßte, wenn nicht für die verschiedenen Papiervorschübe beim Diagnostiker ein Einheitsaufdruck geschaffen worden wäre.

Wir wählen zur Auswertung vorab die Aufnahme einer einfachen Schäppelarbeit. An 10 Gußstücken war eine Fläche zu schruppen und zu schlichten. Arbeitsbeginn 13,22; Papiervorschub 1 mm = 1 Minute (Abb. 64).

Meister und Arbeiter meldeten nichts. Der Aufnehmer trug in seinen Tagesplan ein:

14,10 reichlich Bearbeitungszugabe, 3 Späne nötig;
14,53 Arbeiter nicht am Werkplatz;
15,56 2 Späne reichten, da günstig eingespannt.

Die Arbeitsaufteilung lautete auf:

1. Einspannen
2. Schruppen
3. Schlichten
4. Ausspannen.

Der Aufnehmer war kurz vor Beendigung des Einrichtens und im weiteren Verlauf der Arbeit noch dreimal am Werkplatz, wie wir aus der Markierung mit dem Zusatzschreiber ersehen. Er hat insgesamt mehr als einen ganzen Arbeitsablauf gesehen. Da über den Arbeitsausfall nichts gemeldet ist, gilt der Vereinbarung gemäß, daß Vorschub, Schnittgeschwindigkeit und erzeugte Fläche richtig sind.

Abgesehen von der einen größeren Verluststrecke nach dem vierten Arbeitsstück würde die Aufnahme das Bild eines wirtschaftlichen Arbeitsablaufs machen, wenn nicht bald drei, bald zwei Schnitte für ein Arbeitsstück gebucht wären.

Der Aufnehmer meldet auf Grund seiner ersten Beobachtung, daß die Gußstücke zu viel Bearbeitungszugabe haben, überzeugt sich aber später, daß man bei günstiger Einspannung auch mit zwei Schnitten auskommen kann. Jedenfalls ist das Modell nachzuprüfen und bei richtigem Modell der Former wegen zu starken Losklopfens zu belehren. Die Spannzeiten zeigen beim Einspannen im Schraubstock keine auffallenden Abweichungen, die auf Störungen oder Fehler zurückzuführen wären. Damit können in diesem einfachen Beispiel die Rationalisierungsüberlegungen abgeschlossen werden.

Bei der Auswertung der einzelnen Diagrammstrecken bedienen wir uns stets des Längenmaßes, d. h. wir messen alles in Millimetern, und rechnen erst das Endergebnis in Zeitwerte um.

Aus den Markierungen mit dem Zusatzschreiber erkennen wir die Anteile für Ab- und Aufspannen, so daß wir die einmalige Einrichte- und Abrüstezeit mit 14 + 6,5 mm abgreifen können.

Die vermeidbaren, nicht abzugeltenden Verluststrecken kennzeichnen wir (in der Abbildung durch ↑), desgleichen die Gutzeiten für Schruppen und Schlichten (durch ◡) und auch für Ab- und Aufspannen (durch ×).

Viermal Spannen greifen wir mit dem Zirkel ab als 19 mm; viermal Schruppen und Schlichten als 35 mm.

Daraus ergibt sich eine ermittelte Stückzeit:

einmalig: Einrichten		20,5	Minuten
wiederholt: Spannen	4,8		,,
Schruppen und Schlichten	8,8	13,6	,,

Für eine spätere Stückzeitvorausbestimmung können wir auf Grund der Markierungen mit dem Zusatzschreiber auch noch abtrennen:

Einspannen	3,6	Minuten
Ausspannen	1,2	,,
Schruppen	4,4	,,
Schlichten	4,4	,,

Würde nicht 1 mm = 1 Minute sein, so hätten wir das Endergebnis im Verhältnis von Vorschub zu Zeit umzurechnen.

Die Zeitermittlung aus dem Schaubild ist also in wenigen Minuten durchzuführen. Dabei schützt uns das Bild vor irrtümlicher Überschätzung von Zufallswerten und gestattet uns dabei trotzdem den Einblick in Einzelheiten, soweit dies in der Praxis überhaupt notwendig ist.

Sehen wir uns zur Auswertung noch Abb. 37 an. Die Rationalisierungsüberlegung schickten wir oben schon größtenteils voraus. Es soll deshalb hier nur auf die Zeitermittlung eingegangen werden.

Bei solchen verwickelten Schaubildern wird man sich bezüglich der Zeitermittlung vorab die Strecken ansehen, die in Gegenwart des Zeitaufnehmers aufgenommen wurden. Diese Strecken stellen bei unterbrochener Beobachtung eine gewisse Norm dar. Mit einem solchen geschlossenen Arbeitsablauf unter Beobachtung, den wir gegebenenfalls mit dem Zirkel aus einzelnen Strecken zusammenfassen, vergleichen wir durch Anhalten der Zirkelöffnung an die einzelnen Bildstrecken diese letzteren. Ergeben sich dabei auffallend große Unterschiede und erkennt man außergewöhnliche Abweichungen in einzelnen Strecken, so greift man mit dem Zirkel kleinere scharf abgegrenzte Gruppen ab und vergleicht diese. So findet man ebenfalls sehr schnell Gruppen von Griffen und Arbeitsstufen heraus, die als Gutzeiten gelten können. Diese zusammengefaßt ergeben im Mittel die ermittelte Stückzeit. Eine Aufteilung der Gruppen in die einzelnen Griffe und Arbeitsstufen bietet dann an Hand der mit dem Zusatzschreiber markierten Strecken keine Schwierigkeit mehr, denn man wird die Gruppen der beobachteten Strekken nach den Gutzeitmitteln angenähert berichtigen. Selbstverständlich kann man diese Gruppen beliebig klein wählen, sofern sie im Schaubild noch deutlich abgegrenzt zu erkennen sind. So kommt man meistens bis zu jeder einzelnen Arbeitsstufe in Verbindung mit dem einen oder anderen Griff.

In Abb. 37 ist die beobachtete Strecke 7 länger als bei den anderen Arbeitsstücken, auch die Strecken 10 und 11 sind beim 3. Stück sowohl als auch beim 8. Stück kürzer. Beim 5. Stück wurde mit zu geringem Vorschub die Strecke 3 geschruppt.

Wenn man die Verluststrecken und die außergewöhnlich ausgedehnten Handarbeiten (12 und 16 beim 6. Stück; 1 beim 7. Stück, 10 beim 8. Stück) ausschaltet, so erhält man gut vergleichbare Strecken, die als Gutzeitmittel zu den Werten in der nebenstehenden Aufstellung führten. Wir greifen mit dieser Aufstellung insofern dem folgenden Abschnitt etwas vor, als wir zur Vermeidung einer doppelten Darstellung diese Aufstellung bereits mit einer sonst nicht üblichen Aufteilung der Selbstgangzeiten bringen. Das geschieht im Interesse eines gerechten Ausgleichs für die Behinderung bei Mehrfachbedienung, denn bei dieser Hobelarbeit bediente der Hobler zwei Maschinen. Der nächste Abschnitt bringt hierzu die Erklärung, hier genügt der Hinweis, daß wir aus dem angegebenen Grunde die kleinen Laufzeiten unter 5 Minuten, das sind im Schaubild 12,5 mm, abtrennen.

Auch diese größere Auswertung geht also an Hand des Bildes schnell und sicher.

Wir wollen noch ein weiteres Beispiel vornehmen und zwar die Aufnahme gemäß Abb. 39. Das Schaubild zeigt einen nicht gerade mustergültigen, aber auch nicht ungünstigen Arbeitsablauf. Außergewöhnliche Störungen sind nicht aufgetreten. Die Unterbrechung beim 4. Stück des I. Arbeitsganges kennzeichnet die Mittagspause, die stark gestufte Linie beim 4. Stück des III. Arbeitsganges entstand beim Ölen der Maschine. Der Arbeiter ist offenbar noch ungeschickt beim Spananstellen oder er hat schief aufgespannt, oder die Gußstücke waren nicht gerade, denn man erkennt bei dem Ansetzen der Schruppspäne eine zu große Spitze. Beim Ansetzen der Schlichtspäne erkennt man deutlich den wiederholten Spananfang. Das deutet auf Ungeschicklichkeit, gegebenenfalls auch auf zu geringe Bearbeitungszugabe. Die aufgeworfenen Fragen sind zu klären, und es ist für Abhilfe zu sorgen, sei es durch irgendwelche Änderungen, sei es durch Belehrungen.

	Wiederholt:	Hand-zeiten mm	Selbstgang unter 5 Min.	Selbstgang ab 5 Min.
1.	Aufspannen, Vorrichtung Z 1018 B . . .	6	—	—
2.	Werkzeug einspannen, Hub einstellen, Schnitt anstellen, Vorschub einstellen .	3	—	—
3.	Schruppen, obere Fläche 54 × 440, s=0,75 .	—	—	13
4.	Wechseln	3	—	—
5.	Schlichten, s = 1,25	—	9	—
6.	Wechseln	3	—	—
7.	Schruppen, Seitenfläche, s = 0,5	—	—	19,5
8.	Wechseln	1,5	—	—
9.	Schlichten, s = 0,75	—	—	13
10.	Wechseln	6	—	—
11.	Nute einstechen, s = 0,25	—	10	—
12.	Wechseln	3	—	—
13.	Nute auf Breite, Handvorschub	5	—	—
14.	Wechseln, Support schräg	6	—	—
15.	Nutenschräge, s = 0,25	—	6,5	—
16.	Wechseln, Support schwenken	4	—	—
17.	Nutenschräge, s = 0,25	—	6	—
18.	Wechseln, Support senkrecht	2,5	—	—
19.	Luftnute, Handvorschub	1,5	—	—
20.	Wechseln	1	—	—
21.	Anfasen, Handvorschub	3	—	—
22.	Wechseln	3	—	—
23.	Hohlkehle mit Formstahl, Handvorschub	8,5	—	—
24.	Abspannen und Ablegen	4	—	—
	Millimeter	64	31,5	45,5
	2,5 mm = 1 Minute. Minuten	25,6	12,6	18,2

Durch die eingezeichneten kurzen gestrichelten Linien beim I. Arbeitsgang sei gezeigt, wie ungeschickt der Arbeiter unnötige Wege mit dem Support ausführt, denn wenn er zum Umspannen mit der Supportstellung nach dem 2. Stück auskommt, warum dann den Support von Hand noch weiter vorbewegen? Das erscheint umso unzweckmäßiger, als die eingezeichneten kleinen senkrechten gestrichelten Linien erkennen lassen, daß zum Zurückkurbeln des Supports verhältnismäßig viel Zeit gebraucht wird. Und wenn man dann nicht einmal, sondern bei jedem Zurückkurbeln die Absätze sieht, so erkennt man in diesem Bedürfnis zum Ausruhen, daß dieses Zurückkurbeln für den Arbeiter jedenfalls recht mühsam war. Da der allgemeine Eindruck des Schaubildes nicht auf Trägheit schließen läßt, so ist eine Überprüfung der Maschine notwendig. Es kann auch sein, daß der Arbeiter zu klein ist, um günstig kurbeln zu können. Jedenfalls wird man ohne große Kosten helfen können Man möchte aus diesem Beispiel wegen der Zunahme und der Vergrößerung der Stufen und Pausen beim Zurückkurbeln im Verlauf des ersten Arbeitstages auch wohl den Einfluß der Ermüdung erkennen.

Jedenfalls gibt dieses Schaubild einen Fingerzeig, vor Neuanschaffung von Hobelmaschinen eine Wirtschaftsrechnung aufzumachen, ob schnelle Selbstgänge für die Supportverstellung nicht bald herausverdient werden können. Naheliegender ist die Frage, ob man bei geschickter Werkzeugeinspannung nicht ganz ohne das leere Zurückkurbeln auskommt. Man vergleiche Abb. 9 im vorigen Abschnitt. Im Beispiel Abb. 39 war das Hobeln von der gleichen Seite aus geboten, weil man von der nachher abzustechenden Kante aus beginnen wollte, um hier die beim letzten Hobelspan stets ausbrechenden Kanten zu vermeiden.

Soviel über die Auswertung nach der Seite der Rationalisierung.

Die Zeitermittlung ist wieder sehr einfach. Wir stellen mit dem Zirkel fest, daß die entsprechenden Laufzeiten innerhalb der Arbeitsgänge nur wenig voneinander abweichen. Das Gutzeitmittel ist also leicht als Mittel aus einigen abgegriffenen Laufzeiten gebildet. Die Handzeiten sind allerdings verschieden, zum Teil wegen der großen Pausen beim Zurückkurbeln. Wir nehmen hier einmal an, daß für das Zurückkurbeln des 430 mm langen Supportweges mit einer Ermüdung gerechnet werden muß, und wählen dementsprechend die mit $\times$ gekennzeichneten Gutzeiten heraus.

Im Auswertungsbogen würden dann als Mittel aus den Laufzeiten und den angekreuzten Handzeiten die in nebenstehender Tabelle angegebenen Gutzeitwerte einzusetzen sein.

Auch dieses Beispiel beweist uns die einfache und schnelle Auswertung der mechanischen Zeitaufnahmen für die Stückzeitermittlung. Es steht also außer Zweifel, daß der Weg der Mechanisierung der Zeitaufnahmen einfach und sicher bis zum Ziele führt. Man kommt mit dieser Feststellung zugleich zu dem Ergebnis, daß die bisher schlechteste Methode der Zeitermittlung, nämlich die Ermittlung der Stückzeiten aus den Werkstattbuchungen über ausgeführte Arbeiten zur wirtschaftlichsten und besten Methode wird, wenn die Werkstattbuchungen in einem automatisch aufgenommenen Schaubild des ganzen Arbeitsablaufs bestehen, das durch unterbrochene persönliche Beobachtungen ergänzt wurde. Wir sammeln wieder unsere Werte in der Werkstatt, für welche wir die Stückzeitvorausbestimmung aufbauen wollen, wobei wir die Werkstattarbeit nicht als unabänderlich hinzunehmen brauchen. Lange Auseinandersetzungen werden vermieden. Auch die technische Leitung kann mit einem Blick eine ganze Tagesarbeit übersehen. Das klare Schaubild wird zur eindeutigen Diagnose der Arbeit und zeigt außer richtigen Stückzeiten zugleich den Weg zu wirtschaftlichem Fortschritt.

	Einmal	Wiederholt		
		Handzeit	Selbstgang unter 5 Min.	Selbstgang ab 5 Min.
I. Arbeitsgang: erste Fläche schruppen.				
Einrichten	15,5	—	—	—
1. Aufspannen, Masch. einr. und Werkzeug anst.	—	8,5	—	—
2. Schruppen 430 • 835, $s = 1{,}55$ mm.	—	—	—	37
3. Abspannen	—	3,5	—	—
II. Arbeitsgang: zweite Fläche schruppen und schlichten.				
Einrichten	4	—	—	—
1. Aufspannen, Masch. einst. und Werkzeug anst.	—	8,5	—	—
2. Schruppen 430 • 835, $s = 1{,}55$ mm	—	—	—	37
3. Werkz.-Wechsel, Werkstück lösen und wieder festspannen	—	6,2	—	—
4. Schlichten, $s = 7$ mm	—	—	—	9,3
5. Abspannen	—	3,5	—	—
III. Arbeitsgang: 1. Fläche schlichten.				
Einrichten	2	—	—	—
1. Aufspannen	—	8,5	—	—
2. Schlichten, $s = 7$ mm	—	—	—	9,3
3. Abspannen	—	3,5	—	—
IV. Arbeitsgang: eine Seite abstechen.				
Einrichten	4	—	—	—
1. Aufspannen	—	2	—	—
2. Hobeln 11 × 670, $s = 0{,}78$	—	—	—	6
3. Abspannen	—	1	—	—
Abrüsten	12	—	—	—
Minuten = Millimeter	37,5	45,2	—	98,6

19. Von der ermittelten Zeit zur Akkordzeit.

Bei der praktischen Durchführung dieser Aufgabe fußen wir auf den Abschnitten 4 bis 6 des I. Teiles.

Im vorigen Abschnitt haben wir aus Zeitaufnahmen im Anschluß an die praktische Ausführung des Arbeitsstücks oder bureaumäßig aus den durch Zeitaufnahmen gewonnenen Werten die Einrichtezeit sowie die Haupt- und Nebenzeiten ermittelt, die ein Tüchtiger gebraucht, um unter Ausschaltung der Verlustzeiten eine Arbeit der Vorschrift gemäß auszuführen.

Zuschläge zur ermittelten Zeit. Würden wir diese ermittelte Zeit dem Tüchtigen als Akkordzeit nennen, so würden ihm am Schluß der Arbeitswoche die Verlustminuten, die wir als abzugeltende, allgemeine Werkstattverluste getrennt in vom Hundert der ermittelten Zeit feststellten, bei der Abrechnung fehlen. Wir haben also in allen Fällen die allgemeinen Werkstattverluste in vom Hundert der ermittelten Zeit hinzuzurechnen, um die Zeitvorgabe für den Tüchtigen zu erhalten.

Mit dieser Zeitvorgabe würden die weniger Tüchtigen natürlich nicht auskommen, und da in einer normalen Belegschaft etwa mit einem Drittel derselben als gut Brauchbare unter dem mittleren Drittel der Tüchtigen zu rechnen ist, so würde ein Drittel der Belegschaft mit den „richtigen" Akkorden unzufrieden sein. Nachdem diese Frage im I. Teil Abschnitt 4 ausführlich behandelt wurde, genügt hier die Feststellung, daß wir der Zeit für den Tüchtigen noch soviel hinzuschlagen, daß auch der Mann an der unteren Grenze der gut Brauchbaren einer normalen Belegschaft mit der vorgegebenen Zeit auskommt. Diesen Zuschlag nannten wir im I. Teil den Zeitausgleich. Ein Zeitausgleich fällt natürlich aus, wenn die Ermittlung nicht für den Tüchtigen, sondern bereits für den Mann an der Grenze der gut Brauchbaren erfolgte.

Ferner erkannten wir im Abschnitt 6 des I. Teiles, daß es für die Betriebe, welche nicht von vornherein alle Arbeiten auf bestimmte Maschinen verteilen können, wegen einer einfachen Akkordabrechnung praktisch ist, die Schwierigkeitszuschläge als Zeitzuschläge in Anrechnung zu bringen. Für die gekennzeichneten Betriebe kommt zu der ermittelten Zeit also auch noch der Schwierigkeitszuschlag.

Endlich haben wir bei der Mehrfachbedienung von Werkzeugmaschinen durch nur einen Arbeiter uns dahin festgelegt, daß wir die Zeiten ermitteln, als würde nur eine Maschine bedient, um dann die durch eine Mehrfachbedienung bedingte Behinderung durch einen Behinderungszuschlag auszugleichen.

Die praktische Durchführung dieser Zuschlagsrechnungen gestaltet sich sehr einfach, wenn wir erst die Vom-Hundert-Sätze festgelegt haben. Im Abschnitt 17 haben wir den Weg gezeigt, wie man schnell und ausreichend sicher die allgemeinen Werkstattverluste für jede Betriebsabteilung ermittelt. Wir nehmen hier also an, daß die richtigen Vom-Hundert-Sätze bekannt sind.

Über die berechtigte Spanne zwischen Brauchbaren und Tüchtigen geben auch Zeitaufnahmen Aufschluß. Auch dieser Zuschlag wurde im Abschnitt 17 und zwar zur Frage 9 behandelt.

Die Höhe der Schwierigkeitszuschläge kann nur ein jeder Betrieb für sich festlegen. Bei kleinen Stufen genügt das Ansetzen eines Wertes für jede Gruppe, etwa:

normal	Schwierigkeitszuschlag	= 0 vH
schwierig	,,	= 5 vH
sehr schwierig	,,	= 10 vH
besonders schwierig	,,	= 15 vH

Bei bestimmten Arbeiten sind aber auch größere Stufen berechtigt, und da bei den verschiedensten Arbeiten die Gruppen natürlich mehr oder weniger ineinander übergehen, so legt man dann die Zuschlagswerte besser wie folgt fest:

normal	Schwierigkeitszuschlag	0 vH
schwierig	,,	bis 10 vH
sehr schwierig	,,	,, 20 vH
besonders schwierig	,,	,, 30 vH

Die Zuschläge für die allgemeinen Werkstattverluste, für den Zeitausgleich und für die Schwierigkeitsgruppen rechnen wir gleichmäßig auf alle ermittelten Zeiten, also ganz gleich, ob es sich um einmalige oder wiederholte Zeiten, um Hand- oder Maschinenzeiten handelt. Verfeinerungen sind zwar möglich, aber nur in besonderen Fällen zweckmäßig.

Zeitbewertung bei Mehrfachbedienung. Ein Maß für die Behinderung bei der Mehrfachbedienung konnten wir gemäß Abschnitt 17 zugleich mit den allgemeinen Werkstattunkosten ermitteln. Der so gefundene Wert gibt einen Durchschnitt an, mit dem man sich behelfen könnte, wenn es nicht sehr einfach wäre, bei jeder Stückzeitfestlegung einen dieser Arbeit aufs beste angepaßten Behinderungszuschlag anzusetzen. Zu dem Zweck braucht man sich nur darüber klar zu sein, daß eine Behinderung grundsätzlich erst eintritt, wenn der Arbeiter durch Handzeiten an eine Maschine gefesselt ist, während die zweite Maschine zugleich eine Handarbeit verlangt. Die Behinderung wird also bei den verschiedenen Arbeitsstücken keineswegs gleich sein, ja sie wird bei der gleichen Arbeit auf einer Maschine verschieden sein je nach der Art der Arbeit auf der zweiten Maschine. Und zwar wird die Behinderung steigen, wenn die Handzeit im Verhältnis zur Selbstgangzeit steigt. Ganz kurze Selbstgangzeiten sind dabei ähnlich zu behandeln wie Handzeiten. Es sei in diesem Sinne ein Weg angedeutet, der zu brauchbaren Werten führt.

Ein Arbeiter bedient zwei mittelgroße Hobelmaschinen. Wir setzen von den ermittelten Zeiten an:

die	Einrichtezeit				mit	75	vH
,,	Handzeiten				,,	75	,,
,,	Selbstgangzeiten	ab	0	Minuten	,,	75	,,
,,	,,	,,	1	,,	,,	70	,,
,,	,,	,,	2	,,	,,	65	,,
,,	,,	,,	3	,,	,,	60	,,
,,	,,	,,	4	,,	,,	55	,,
,,	,,	,,	5	,,	,,	50	,,

Um der verschiedenen Wertigkeit der kurzfristigen Selbstgangzeiten einfach Rechnung zu tragen, stellen wir die einzelnen Selbstgangzeiten unter 5 Minuten in eine besondere Spalte, wie wir dies in einem Auswertungsbeispiel im vorigen Abschnitt durchführten.

Wir erhielten in diesem Beispiel als Selbstgangzeiten unter 5 Minuten: 12,6 Minuten.

Die 12,6 Minuten ergeben sich als Summe von vier einzelnen Posten. Es kommen also im Durchschnitt auf jeden Posten $\frac{12,6}{4} = 3,15$ Minuten. Nach obiger Aufstellung sind bei 3,15 Minuten 60 vH der ermittelten Zeit anzusetzen. Mit anderen Worten, man setzt nicht für jeden einzelnen kurzen Selbstgang den entsprechenden Vom-Hundert-Satz an, sondern der für den Durchschnitt ermittelte Vom-Hundert-Satz gilt für die Gesamtheit der kurzfristigen Selbstgangzeiten.

Die in obiger Aufstellung angegebenen Vom-Hundert-Sätze sind natürlich nicht als Regel für alle Fälle anzusehen, sondern man muß sich so einrichten, daß die durchschnittliche Behinderung, die wir durch Zeitaufnahmen feststellten, gedeckt wird. Bei Arbeiten mit sehr viel Selbstgangzeit im Verhältnis zur Handzeit werden die 75 vH für alle Handzeiten zu günstig, im umgekehrten Falle auch wohl zu ungünstig sein. Auch die Abstufung der Vom-Hundert-Sätze bei den kurzfristigen Selbstgängen kann nicht einheitlich angesetzt werden, wenn die Werkplätze mit ihrer Bedienungsmöglichkeit stark voneinander abweichen. Bei großen Hobelmaschinen wird man die Stufen von 75 auf 50 vH anstatt auf 5 vielleicht auf 10 Minuten verteilen. Bei kleinen, günstig zueinanderstehenden Fräsmaschinen genügt eine Aufteilung auf nur 3 Minuten. Die Feinheiten muß jeder Betrieb für sich herausfinden, wir müssen uns hier wieder damit begnügen, einen gangbaren Weg zu weisen.

Dem Meister kann man die günstige Verteilung der Arbeiten auf zusammen arbeitende Maschinen erleichtern, wenn man ihm auf den Akkordunterlagen angibt, wievielmal die Selbstgangzeit größer ist als die Handzeit. Je größer diese Zahl, umso günstiger ist die Arbeit für Mehrfachbedienung und es wird sich im Laufe der Zeit für jede Werkplatzgruppe eine Zahl ergeben, welche einer normalen Behinderung entspricht, die durch die angesetzte Bewertung von Selbstgang- und Handzeiten ausgeglichen wird.

Die Beispiele, die wir im vorigen Abschnitt auswerteten, wollen wir hier in dem angegebenen Sinne weiter behandeln. Vorab die Schäppelarbeit gemäß Abb. 64.

Das Ergebnis der Zeitermittlung für den Tüchtigen lautete:

einmal:		
	Einrichten	20,5 Minuten
wiederholt:		
	Spannen	4,8 Minuten
	Schäppeln	8,8 „
		13,6 Minuten

Die allgemeinen Werkstattverluste wurden für die Schäppelei z. B. mit 7,8 vH ermittelt.

Dann ist die Zeitvorgabe für den Tüchtigen:

$$\text{einmalig:}\quad 20{,}5 + \frac{20{,}5 \cdot 7{,}8}{100} = 22 \text{ Minuten,}$$

$$\text{wiederholt:}\quad 13{,}6 + \frac{13{,}6 \cdot 7{,}8}{100} = 14{,}6 \text{ Minuten.}$$

Der Zeitausgleich bei diesen Schäppelarbeiten betrage etwa 20 vH. Dann ergibt sich eine Zeitvorgabe für den Mann an der unteren Grenze der gut Brauchbaren:

$$\text{einmalig:}\quad 22 + \frac{20{,}5 \cdot 20}{100} = 26{,}1 \text{ Minuten,}$$

$$\text{wiederholt:}\quad 14{,}6 + \frac{13{,}6 \cdot 20}{100} = 17{,}3 \text{ Minuten.}$$

Das sagt also, daß wir für diese Arbeit, die von dem Tüchtigen in 14,6 Minuten erledigt wird, dem Brauchbaren 17,3 Minuten bewilligen, weil er erfahrungsgemäß (laut Aufnahme) 20 vH mehr Zeit gebraucht als der Tüchtige.

Die Arbeit gehört in die Schwierigkeitsgruppe „normal" mit dem Zuschlag = 0.

Der Schäppler bedient nur eine Maschine. Folglich ist in diesem Falle die richtige Akkordzeit:

einmalig: 26,1 Minuten,
wiederholt: 17,3 „

Bei der normalen Aufrechnung faßt man die Zuschlags-Vom-Hundert-Sätze zu einem Wert zusammen.

Als weiteres Beispiel sei die Aufnahme gemäß Abb. 37 bearbeitet. Die ermittelten wiederholten Zeiten lauten auf

	Hand-zeit	Selbstgang unter 5 Min.	Selbstgang ab 5 Min.
Wiederholt: bei 1 Maschine	25,6	12,6	18,2
Ermittelte Zeit	56,4		
Einschl. allgem. Werkst.-Verluste 9,2 vH; „ Zeitausgleich . . . . . 20 vH; „ Schwierigkeitszuschlag . 8,0 vH } 37,2 vH	77,5 Minuten wiederholt.		

Die Aufteilung der Zeiten in drei Spalten wurde gemacht, weil die Arbeit bei einer gleichzeitigen Bedienung einer zweiten Maschine ausgeführt wird.

Der Ansatz der Zeitanteile für die eine Maschine erfolgt dann gleich im Anschluß an die ermittelten Werte.

Wiederholt bei 2 Maschinen	Handzeit Min.	Selbstgang unt. 5 Min.	Selbstgang ab 5 Min.
Ermittelte Zeiten	25,6	12,6	18,2
Anzusetzende vH $\frac{12,6}{4} = 3,15$	75 vH	60 vH	50 vH
Ergibt	19,2	7,6	9,1
	35,9 Minuten		
Einschl. allgem. Werkst.-Verl. 9,2 vH „ Zeitausgleich 20,0 vH „ Schwierigkeitszuschl. 8,0 vH } 37,2 vH	49,2 Minuten wiederholt.		

Bei einem solchen Aufbau bleiben alle Einzelwerte klar erkennbar, so daß bei einer Änderung der ermittelten Zeiten oder der Zuschläge immer die zu ändernde Größe eindeutig erfaßt und geändert werden kann.

Wir wollen auch noch das dritte ausgewertete Beispiel Abb. 39 durchrechnen. Bei diesem ermittelten wir auch die Einrichtezeiten. Es handelt sich wieder um eine Hobelarbeit bei einer Bedienung von zwei Maschinen gleichzeitig.

	Einmal Min.	Wiederholt Handzeit Min.	Wiederholt Selbstgang unter 5 Min.	Wiederholt Selbstgang ab 5 Min.
Ermittelte Zeiten	37,5	45,2	—	98,6
Anzusetzende vH	75 vH	75 vH	—	50 vH
Ergibt	28,1	33,8	—	49,3
		83,1		
Einschl. allg. Werkst.-Verl. . 9,2 vH „ Zeitausgleich . . . . 20,0 vH „ Schwierigkeitszuschlag 0,0 vH } 29,2 vH	36,3	107 Minuten		

Natürlich ist es für diese hier durchgeführten Umwandlungen von ermittelten Zeiten zu Vorgabezeiten gleichgültig, ob die ermittelten Zeiten aus Zeitaufnahmen ausgewertet oder bureaumäßig vorausbestimmt wurden.

Es ist zweckmäßig, sich einmal in Stunden und Minuten auszurechnen, was der Behinderungsausgleich ausmacht, je nach dem Verhältnis der Selbstgang- und Handzeiten zu einander. Die Selbstgangzeiten sind gemäß der obigen Aufstellung mit 50, die Handzeiten mit 75 Teilen angesetzt. Die Steigerung der Gesamtzeit durch diese Höherbewertung der Handzeit gegenüber der Selbstgangzeit ist in der Spalte „Mehrwert" angegeben. Die Stundenberechnung fußt auf einem Arbeitstag von 8,5 Stunden:

Selbstgang	Handzeit	Mehrwert	Arbeit		Behinderungs-zuschlag	
			Std.	Min.	Std.	Min.
10,0 · 50	1 · 75	4,5 vH	8	8	0	22
5,0 · 50	1 · 75	8,2 vH	7	52	0	38
2,0 · 50	1 · 75	16,5 vH	7	44	0	46
1,0 · 50	1 · 75	25,0 vH	6	48	1	42
0,5 · 50	1 · 75	33,0 vH	6	23	2	07

Wenn man beachtet, daß die Aufnahme der Behinderung im Abschnitt 17 bei den drei Arbeitern 8,4 und 6 und 14 vH, also im Durchschnitt 9,5 vH ergab (unter Berücksichtigung der allgemeinen Verluste) und in der hier aufgestellten Mehrwertspalte ersieht, daß 9,5 vH sich bei etwa vier Teilen Selbstgang und ein Teil Handzeit ergeben, so erkennt man, daß die Bewertung der Handzeit mit 75 hoch gegriffen ist, denn im allgemeinen liegt das Verhältnis zwischen Selbstgang und Handzeit näher bei 2 : 1. Bei den hier durchgerechneten Hobelbeispielen liegt die Verhältniszahl noch günstiger. Jedenfalls erhält man aus einer solchen Aufstellung auch einen Fingerzeig, wieweit man bei den häufig vorkommenden Verhältnissen der Zeiten zu einander und den durchschnittlich festgestellten Behinderungs-Vom-Hundert-Sätzen gegenüber der Selbstgangzeit gehen sollte.

Auch sollte man sich einmal klar machen, wieviel Minuten täglich wegen der allgemeinen Werkstattverluste an Arbeitszeit verloren gehen. Bei 9,2 vH in den obigen Hobelbeispielen macht diese Verlustzeit bei den Arbeitstagen mit 8,5 Stunden Arbeitszeit täglich 43 Minuten aus.

Die im vorigen Abschnitt aufgestellten Vergleichsbilder (Abb. 24 und 28) könnte man auch einschließlich aller Zuschläge aufstellen, um dann für gleichartige Teile durch entsprechendes Einreihen schnell ohne jede Rechenarbeit die fertigen Akkordzeiten abzugreifen. Im Einzelbau mag dies bei normaler Wirtschaftslage zulässig sein. Es besteht aber die Gefahr, daß das unter vielerlei Voraussetzungen aufgebaute Ergebnis mit der Wandlung einer Einflußgröße nicht abgeändert wird.

Zuschlag von Fall zu Fall. Außer den bisher behandelten Zuschlägen zu der ermittelten Zeit, die bei der gleichen Arbeit unter den gleichen Verhältnissen stets gleich bleiben, sollte man, wie an früherer Stelle schon gesagt, für neue Akkordarbeiten, zu deren Erledigung keine gut eingerichteten Arbeiter verfügbar sind, von Fall zu Fall vorübergehende Zeitzuschläge bewilligen, um damit den Zeitverlust infolge des Anlernens ganz oder zum größten Teil abzugelten. Solche vorübergehende Zuschläge, die man in den Akkordunterlagen getrennt als solche klar kenntlich macht, verhindern oft unberechtigtes Hochdrücken der Akkordzeiten bei ersten Ausführungen, wenn keine Zeit und keine Möglichkeit für eine Zeitaufnahme besteht.

Ausgleich für Zeitermittlung bei weniger Tüchtigen. Bei Einzelakkorden werden wir in den meisten Fällen die Zeitaufnahmen bei Tüchtigen durchgeführt haben, so daß die ermittelten Zeiten durchweg als Zeiten für den Tüchtigen gleichmäßig um den ermittelten Zeitausgleich zu erhöhen sind. Ermitteln wir die Zeit bei der Reihen- oder Massenfertigung aus Schaubildern durch Herauslesen der Gutzeiten, so erhalten wir auch aus Aufnahmen bei weniger Tüchtigen für die Selbstgänge Zeiten, die im allgemeinen für den Tüchtigen gelten können, während bei den Handzeiten eine Richtigstellung erfolgen muß je nach dem Zeitausgleich, den man dem Ausführenden gegenüber einem Tüchtigen ansetzen müßte. Während man in solchen Fällen die Spanne vom Ausführenden bis zum Tüchtigen vorsichtig bemessen muß, wählt man im allgemeinen den Zeitausgleich aus taktischen und praktischen Gründen lieber zu hoch als zu niedrig, solange man mit dem im folgenden Abschnitt zu errechnenden Geldfaktor nicht unter den tariflichen Geldfaktor (d. i. der Mindestminutenverdienst des Arbeiters an der unteren Grenze der gut Brauchbaren) herunterkommt.

Schwieriger liegen die Verhältnisse bei Gruppenakkorden, denn man wird für Zeitaufnahmen wohl selten eine Gruppe finden, die bei einer üblichen Zusammensetzung zugleich aus nur Tüchtigen besteht. Zu der schon größeren Schwierigkeit bei der Zeitaufnahme von Gruppenarbeiten kommt also scheinbar noch eine Erschwerung bei der Umwertung der ermittelten Zeiten zu den vorzugebenden Zeiten. Im vorigen Abschnitt wiesen wir schon darauf hin, daß man zum Aufstellen von Vergleichswerten bei Gruppenakkorden mit Leistungszahlen rechnen kann. Im gleichen Sinne geht man bei der Aufstellung der Zeitvorgabe vor.

Greifen wir auf das Beispiel im vorigen Abschnitt zurück:

1 Gruppenführer mit der Leistungszahl	1,35
1 Schlosser mit der Leistungszahl	1,15
1 Schlosser mit der Leistungszahl	1,00
1 jüngerer Schlosser mit der Leistungszahl	0,80
1 jüngerer Schlosser mit der Leistungszahl	0,70
Leistungszahl der ganzen Gruppe	5,00

Ermittelten wir bei der Zeitaufnahme, daß zur Erledigung einer Arbeit die ganze Gruppe geschlossen 420 Minuten arbeitete, und halten wir uns ferner an die Feststellung, daß die Leistungszahl eines brauchbaren Schlossers mit 1 angesetzt wurde, so kann man auch sagen, daß die Arbeit, an welcher eine Gruppe mit der Leistungszahl 5 geschlossen 420 Minuten arbeitete, einen Zeitwert von $5 \cdot 420 = 2100$ Minuten hat, wie solches im vorigen Abschnitt für den Zeitvergleich auch schon angedeutet wurde. In diesem Falle ist also die ermittelte Zeit multipliziert

Und Ihre Aufgaben für den Diagnostiker?

Nehmen Sie sich bitte die Zeit, diese paar Seiten zu lesen, es wird Ihnen bestimmt nützen, denn auch Ihre Diagnostiker-Aufgaben sind so vielseitig, daß nur einige der wichtigsten hier herausgegriffen werden können:

1. Werkplatzbilanzen:

Ein neues Wort und ein neuer Begriff, erst mit der Anwendung des Diagnostikers entstanden. Buchbilanzen geben Aufschluß über abgelaufene größere Wirtschaftsabschnitte. Die **Werkplatzbilanzen des Diagnostikers** legen aber Zeugnis ab über das Geschehen von heute, sodaß man **sogleich bessernd eingreifen kann.** Sie zeigen auf den ersten Blick, ob die gesamte Arbeit in der gehofften Wirtschaftlichkeit abläuft, wie das Verhältnis von Nebenarbeit zu produktiver Hauptarbeit, von Maschinenzeit zu Handzeit ist, ob eine klare Regelung der Arbeit erkennbar ist, wann und wodurch Störungen und Verluste eintreten, ob der Werkplatz richtig ausgenutzt und die Maschinen richtig benutzt und nicht überlastet werden usw. **Noch jeder war über solche Werkplatzbilanzen in seiner eigenen Werkstatt überrascht und dem Diagnostiker dankbar für seine treffsicheren Diagnosen.** Der Werkplatz selbst schreibt seine Arbeit auf, das ist das Entscheidende. Durch Schnurzug werden seine jeweils charakteristischen Wege in dem Diagnostiker zu einem übersichtlichen **Zeit-Weg-Diagramm** zusammengestellt.

Sind mehrere charakteristische Wege zu erfassen, so geht solches durch geeignete Verbindung derselben mit nur einem Schnurzug und **Rollenführung** oder durch Anschließen einer Bewegung an den **großhubigen Zusatzschreiber.**

2. Gerechte Akkorde.

Sollen Akkorde gerecht sein, so müssen sie richtig sein. Richtige Akkorde kann man aber nicht aus dem Ärmel schütteln. Sie verlangen **Daueraufnahmen,** um den wirklichen Betriebsverhältnissen Rechnung zu tragen. **Der Diagnostiker macht seine Aufnahmen über Tage und Wochen automatisch,** immer gleich zuverlässig, unermüdlich, außerordentlich billig und dabei werkstattgerecht. Betriebsleiter und Meister machen dabei mit einem Zusatzschreiber die Eintragungen ihrer **persönlichen Beobachtung** und der Arbeiter stellt willig die **Verlustmarkierung** ein, denn er weiß, daß solche Aufnahmen in aller Interesse zu gerechten Akkorden führen.

Aus der fertigen Aufnahme lassen sich schnell die Akkordzeiten ermitteln. Die berechtigten Zuschläge für unvermeidbare Störungen und besondere Werkstatt- und Arbeitsbedingungen sind z. T. aus diesen, sonst aber aus persönlichen **Vielfachverlustaufnahmen** mit dem Diagnostiker leicht zu ermitteln.

Bei Handarbeiten kann man benutzte Geräte (Schraubstock) oder Werkzeugablagen an den Diagnostiker anschließen und auch so automatische Buchungen über den Arbeitsrhythmus erhalten. Andernfalls ermöglichen **Schreibschablone** und **Rastzutat** praktische und billige persönliche Aufnahmen.

3. Stückzeitvorausbestimmung:

Aus solchen, den wirklichen Werkstattverhältnissen entsprechenden Aufnahmen sind schnell die Einzelzeiten herausgezogen, die als typisch sich oft wiederholen, um sie für eine zuverlässige Stückzeitvorausbestimmung zu sammeln.

4. Arbeitsuntersuchungen:

Wie viele Schwierigkeiten an Maschinen und Anlagen hatten darin ihren Grund, daß man die Vorgänge bei Beschleunigungen und Verzögerungen, bei Stößen, Schaltvorgängen und dergleichen, d. h. die **Zusammenhänge von Zeit und Weg** nicht klar durchschauen konnte. Und wie einfach liegt die Sache heute: man schließt den Diagnostiker an und sein **Zeit-Weg-Diagramm** gibt die gesuchte Aufklärung.

5. Prüfstand- und Abnahmeversuche:

Eigene Fabrikate sollte man bei der Arbeit mit dem Diagnostiker genau überprüfen und bei guten Ergebnissen die Diagnostikeraufnahmen in den Werbedrucksachen verwerten. Ebenso wichtig sind solche Diagnostikeraufnahmen vor dem Ankauf neuer Maschinen. An neuen Werkzeugmaschinen sollten Sie Stutzen und Schnurführung zum Aufsetzen des Diagnostikers verlangen und Ihre eigenen Fabrikate damit versehen.

6. Betriebsüberprüfungen:

Hierher gehören sehr viele Einzelaufgaben, die je nach Art des Betriebes verschieden sein werden, z. B.

Fahrstuhlüberwachung, wann stark belastet, auf welchen Stockwerken lange aufgehalten, geschickt und richtig geführt?

Kranüberwachung, durch welche Werkplätze und wann übermäßig beansprucht?

Ofenüberwachung, wann beschickt und entleert, wie lange stehen die Türen offen, wurden sie der Vorschrift entsprechend bedient?

Wann und wielange fuhr die Rangierlokomotive unter Last?

Wielange, wie oft und wann wurde eine Wage benutzt?

Wie ist die Belastung der Preßwasser- und Preßluftanlagen, sind sie immer oder wann zeitweise überlastet; sind also Pumpen und Compressoren oder Vorratsbehälter nötig? Wann und wie oft wird im Laufe einer Woche eine Türe benutzt, kann man sie entfernen und den Verkehr umleiten?

Welche Stenotypistin arbeitet gut? Eignungsprüfung zwecks Einstellung.

In jedem Betrieb gibt es immer wieder solche und ähnliche Aufgaben, die ohne genaue Unterlagen allzuoft falsch gelöst werden. **Die Diagnostikeraufnahme gibt die zuverlässigen Unterlagen, die dem verantwortlichen Führer die richtige Entscheidung leicht machen.**

Ein Aufnahme-Beispiel:

Bohren von 3 verschiedenen Löchern in 10 Werkstücke. Aufnahme stark verkleinert. Unterer Linienzug bei a mit dem Hauptschreiber automatisch gebucht, oberer Linienzug bei A mit dem Zusatzschreiber vom Zeitnehmer, Meister und Arbeiter von Hand eingestellt.

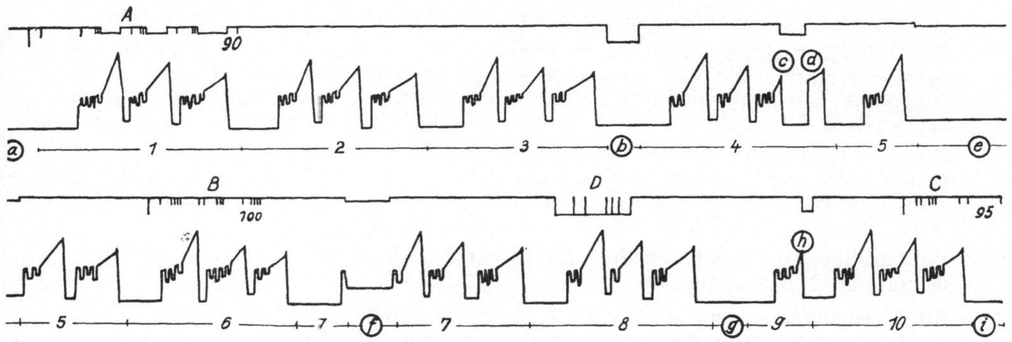

Abb. 2. Diagnostiker-Aufnahme einer Bohrarbeit

Die schräg ansteigenden Linien sind Bohrarbeiten mit verschiedenen Bohrvorschüben, dazwischen Ankörnen, Messen, Werkzeugwechsel. Bei a Einrichten, b laut Einstellung des Zusatzschreibers vom Arbeiter zu vertretende Störung, c drittes Loch mit dem Vorschub des zweiten gebohrt, Bohrer gebrochen, d Loch mit richtigem Vorschub fertig gebohrt, e Mittagspause, f Betriebsstillstand, g Werkzeugschleifen, h Ausschuß verschuldet durch Werkstück (porös), i Abrüsten. Die Marken bei A, B und C, sowie die Eintragung von Leistungszahlen (90; 100; 95) machte der Zeitaufnehmer, die Marken bei D der Meister während der Dauer der damit belegten persönlichen Anwesenheit. Wir haben also die **Verbindung einer vollautomatischen Aufnahme mit einer unterbrochenen persönlichen Beobachtung vor uns d. h. eine Idealaufnahme.**

Die gesamte Bohrarbeit dauerte 6,3 Stunden; der Zeitaufnehmer war nur knapp 1 Stunde am Arbeitsplatz. Der Arbeitsrythmus ist ziemlich regelmäßig, die eigentliche Bohrzeit beträgt aber nur 30%, sodaß auf die Neben- und Verlustzeiten 70% entfallen. Wenn solche Teile häufiger vorkommen, müßte sich eine Vorrichtung lohnen.

Der Arbeiter ist beim 4. Werkstück unaufmerksam, er hätte die Verlustmarkierung auf persönlich stellen sollen. Er ist entweder ungeschickt und läßt sich durch die Anwesenheit des Zeitaufnehmers beeinflussen (viel Handarbeit) oder die Mäschine läßt sich schlecht auf die Ankörnung einstellen. Beim dritten Loch ist der Vorschub zu groß gewählt oder die Maschine ist für die Lochgröße überhaupt zu schwach, denn am Lochende schießt der Bohrer infolge starker Maschinenabfederung durch. Das führt zu übergroßem Maschinen- und Werkzeugverschleiß.

Der Werkstoff ist nicht einwandfrei (9), man wird auf die Lieferung der Gießerei achten müssen. Die Kraftanlage verursachte einen Stillstand von 11 Minuten.

Alles das erkennt der Fachmann aus dieser Diagnostiker-Aufnahme!
An Hand dieser Aufnahme bietet die Ermittlung eines gerechten Akkordes und das Herauslesen von Zeiten für die Stückzeitvorausbestimmung gar keine Schwierigkeiten.

Deshalb das Urteil der Praxis: Glänzend!

Viele Nachbestellungen angesehenster Firmen des In- und Auslandes beweisen am besten die Richtigkeit und Wichtigkeit des Diagnostikers. Und zwar ist besonders zu betonen, daß der Diagnostiker nicht nur für Massen- und Reihenfertigung, sondern gerade in der Einzelfertigung sich lohnt.

Das Gerät als Vorrichtung:

Das Gerät ist in einem kräftigen, bequem zu tragenden Aluminiumgehäuse untergebracht. Es ist mit einem hervorragenden Uhrwerk und einem mustergültigen Papierbandlauf ausgerüstet. Beim Normalgerät betragen die Papiervorschube 0,5; 1; 2,5; 5; 12,5 und 25 mm in der Minute bei einer Gangdauer von 11 Stunden. Bei einem Sondergerät mit 25 Stunden Gangdauer ist der größte Vorschub 12,5 mm. Ein Forschungsgerät hat Papiervorschübe von 0,5 bis 250 mm in der Minute, dabei ist die Gangdauer bei den großen Vorschüben reichlich 1 Stunde, bei den Vorschüben bis 10 mm beträgt sie 25 Stunden. Die Schnurwege lassen sich von 2000 bis herunter auf 150 mm mittels stufenloser Übersetzungsregelung auf volle Diagrammhöhe nach Tabelle einstellen.
Eine Anleitung gibt wertvolle Fingerzeige. Außerdem sei auch an dieser Stelle auf das Buch: „Richtige Akkorde, Verlag Springer" und: „Zweites Refabuch, Beuth-Verlag" hingewiesen. Von den im zweiten Refabuch auf S. 50 und 52 wiedergegebenen verschiedenen Schaubildarten lassen sich Nr. 1, 2, 3, 8, 9, 10, 11, 12, 13 mit dem in Abb. 1 wiedergegebenen Gerät aufnehmen, der beste Beweis für die das ganze hier in Frage kommende Gebiet überdeckende **Vielseitigkeit des Diagnostikers B.**

Die Schreibschablone, zugleich Handauflage bei handschriftlichen Eintragungen, dient zur Markierung von mehreren gleichzeitig ablaufenden Arbeiten sowie zur Aufnahme von allgemeinen Werkstattverlusten bei mehreren Werkplätzen gleichzeitig (Refa Diagr. Nr. 13).

Die neue Rastzutat gestattet ein stufenweises (Knopf drehen) und ein sprungweises (Knopf abheben) Schalten des Schreibstiftes vorwärts und rückwärts, eignet sich also zum Buchen von Zähldiagrammen, Treppen- und Säulendiagrammen (Refa Diagr. Nr. 1; 2; 3; 9; 10; 11; 12).

Der großhubige Zusatzschreiber ermöglicht das Anschließen einer zweiten Bewegung an den Diagnostiker.

Die Verlustmarkierung wird vom Arbeiter eingestellt und zwar auf 5 oder auch mehr Stufen für auftretende Störungen, etwa verursacht durch 1. Werkstatt, 2. Maschine, 3. Werkzeug, 4. Werkstoff, 5. den Arbeiter persönlich. Man ist dann über die Störungen nach Uhrzeit, Dauer und Art genau unterrichtet.

Ein Sonderstativ sollte stets mitbestellt werden, um in wenigen Minuten den Diagnostiker von einem Werkplatz zum anderen umstellen zu können. Mit Hilfe der mitgelieferten **Sicherheitsschnurrollen** kann man stets eine günstige, die Arbeit nicht hindernde Aufstellung des Diagnostikers finden.

Einrichtung und Zubehör des Universal-Werkstattgerätes:

1 Hauptschreiber und 1 großhubiger Zusatzschreiber mit Stellzeug zur Verlustmarkierung 1 Schreibschablone und 1 Rastzutat; 3 Satz Wechselräder für 6 Papiergeschwindigkeiten, Silberdraht für Schreibstifte, Schnurwegtabelle, Schraubenzieher, eine Universalklemme, um das Gerät in jeder Richtung an Stutzen oder Stativ anklemmen zu können, 2 Sicherheitsschnurführungsrollen, 1 Auswertestreifen mit Zeitaufdruck, 1 Karton mit Tabelle zum Aufbewahren der fertigen Aufnahmen, 3 Rollen Diagrammpapier und eine Anleitung.

Diese betriebswirtschaftliche Ausrüstung gehört heute in jeden Betrieb, in dem ein die Verantwortung tragender Führer nur auf Grund eindeutiger Unterlagen wissend seine Entscheidungen treffen will.

Ich liefere alle Sondergeräte für Arbeitsbuchungen in Abhängigkeit von der Zeit auf Grund jahrelanger Erfahrung!

mit der Leistungszahl, die auf dem Brauchbaren mit der Zahl 1 aufbaut, die vorzugebende Stückzeit. Auf diese Weise bietet die Umwertung der ermittelten Zeit zur Zeitvorgabe auch bei Gruppenakkorden keine Schwierigkeit, wenn die Leistungszahlen der Gruppen festliegen. Über deren Bemessung sei im folgenden Abschnitt noch gesprochen.

20. Von der Akkordzeit zum Akkordgeld.

Unsere Aufgabe, richtige Akkorde festzulegen, ist erst gelöst, wenn wir aus den richtigen Akkordzeiten richtige Akkordwerte entwickelt haben, denn letzten Endes beurteilt der Akkordarbeiter nicht die Akkordzeiten sondern die Akkordverdienste. Man möchte anstreben, daß alle Akkorde so gestellt werden, daß sie „gleich gut" sind, d. h. so, daß mit Rücksicht auf den Verdienst der Arbeiter die eine Akkordarbeit ebenso gern ausführt als jede andere. Mit der Einführung der Schwierigkeitsgruppen ist das aber nicht restlos möglich. Die Regelung der Verdiensthöhe nach Schwierigkeitsgruppen bringt bei Arbeiten der höheren Schwierigkeitsgruppen einen höheren Stundenverdienst. Das ist vom Wirtschaftsstandpunkt des Unternehmens aus berechtigt und deshalb müssen wir uns daran halten.

Errechnen der Geldfaktoren. Wir setzen dem Abschnitt 5 des I. Teiles gemäß für den Tüchtigen der verschiedenen Berufsgruppen je einen Stundenverdienstwert fest, aus dem wir den Geldfaktor unter Berücksichtigung des Zeitausgleichs errechnen nach der Gleichung:

$$\text{Geldfaktor} = \frac{\text{angesetzter Stundenverdienst für den Tüchtigen in Schwierigkeitsgruppe „normal"}}{60 + \text{Zeitausgleich.}}$$

Die Werte, die zugleich den Minutenverdienst der gut Brauchbaren angeben, stellen wir in einer Tabelle für die verschiedenen Berufsgruppen zusammen. Die Wertzahlen, die wie in den folgenden Tabellen angeben, sollen nicht Pfennige sondern Verhältniszahlen bedeuten, die je nach dem Wirtschaftswert für die betreffende Arbeit zu bemessen sind.

Berufsgruppe	Angesetzter Stundenverdienst für den Tüchtigen in den Schwierigkeitsgruppen			Zeit-ausgleich vH	Errechneter Geldfaktor
	normal	schwierig	sehr schwierig		
Hobler	112	bis 8 vH 122	bis 16 vH 130	20	$\frac{112}{72} = 1{,}56$
Dreher	117	bis 7 vH 125	bis 14 vH 134	20	$\frac{117}{72} = 1{,}63$
Schlosser	120	+ 5 vH 126	+ 10 vH 132	20	$\frac{120}{72} = 1{,}67$

Die in dieser Tabelle zur Errechnung der Geldfaktoren eingesetzten Zeitausgleichssätze müssen natürlich die gleichen sein, die für die entsprechenden Berufsgruppen bei der Umwandlung der ermittelten Zeiten zu den vorgegebenen Zeiten angesetzt wurden. Diese Geldfaktoren werden den Beteiligten, d. h. den Lohnabrechnungsstellen, den Arbeitern und dem Kalkulationsbureau mitgeteilt.

Wenn die Zeiten für den Tüchtigen richtig ermittelt waren, so muß eine Multiplikation der von ihm erarbeiteten vorgegebenen Zeiten mit dem Geldfaktor den für ihn gewollten Stundenverdienst ergeben, natürlich mit den Abweichungen nach unten oder oben, wie solches in der Art von Werkstattakkordarbeit liegt. Und zwar werden die Abweichungen wieder eine Funktion der Störungen sein, die bei der Massenfertigung geringer, bei der Einzelfertigung größer sind als bei der Reihenfertigung. In einem Wochenverdienst werden sich bei der Abrechnung mehrerer Akkorde die Abweichungen meistens ausgleichen.

Mit dieser Errechnung des Geldfaktors aus einem angesetzten Stundenverdienst für den Tüchtigen ist zugleich die Verdienstregelung getroffen bei den Akkorden, die durchweg von Jugendlichen oder Frauen ausgeführt werden. Die Ermittlung der Stückzeiten ist für den Tüchtigen dieser Gruppen erfolgt und so muß auch für diesen ein Verdienstsatz angesetzt werden, wie er für diese Gruppe von Arbeitnehmern wirtschaftsberechtigt ist.

Bei Gruppenakkorden haben wir zu beachten, daß die vorzugebende Zeit aus der ermittelten Zeit so aufgebaut wurde, daß man die Leistungszahl eines mit der Arbeit vollauf vertrauten, älteren Arbeiters an der unteren Grenze der gut Brauchbaren als Einheit ansetzte. Es wird also genügen, wenn wir als Geldfaktor den Minutenverdienst dieses Brauchbaren festlegen, auch hier wieder vorausgesetzt, daß eine klare Regel zur Aufstellung der Leistungszahlen vorliegt, die mit dem Aufbau der Einzelakkorde im Einklang steht.

Zu solchen Leistungszahlen gelangt man am sichersten, wenn man für die Tüchtigen der einzelnen zusammenarbeitenden Alters- oder Ausbildungsstaffeln den gewollten Stundenverdienst ansetzt, z. B.:

	Schwierigkeitsgruppen		
	normal	schwierig + 5 vH	sehr schwierig + 10 vH
Für den Gruppenführer	135	142	149
„ „ Schlosser	120	126	132
„ „ jüngeren Schlosser	100	105	110
„ „ ausgelernten Schlosser . .	70	74	77

d. h. man setzt den Stundenwert so an, wie er sich gerechterweise für die Wirtschaft des Unternehmens darstellt. Wir haben dann nur noch die Spanne zu bemessen, die normalerweise zwischen dem Tüchtigen und dem Brauchbaren bezüglich der Leistung besteht. Bei Schlosserarbeiten wird infolge des großen Einflusses der persönlichen Tüchtigkeit die Spanne im allgemeinen verhältnismäßig groß sein, obwohl durch Übung die Spanne wiederum weitgehend ausgeglichen werden kann. Es kann also unser Beispiel selbst für Schlosser nicht verallgemeinert werden. Nehmen wir einen durchschnittlichen Zeitausgleich von 20 vH an, so erhalten wir für den brauchbaren Schlosser: $\frac{120}{1+\frac{20}{100}} = 100$ als Stundenverdienst. Damit haben wir für die Bewertung der Schlosser die Spanne von 100 bis 120 vom Brauchbaren zum Tüchtigen, die Wertigkeit des Tüchtigeren geht über 120 hinaus. So erhält man für die obigen Staffeln folgende Wertzahlen:

	Schwierigkeitsgruppe „Normal“	
	Tüchtig	Brauchbar
Gruppenführer	135	120
Schlosser	120	100
Jüngerer Schlosser	100	84
Ausgelernter Schlosser	70	58

und an diesen Zahlen gemessen sind die einzelnen Arbeiter einer Gruppe ihrer Leistung gemäß einzureihen. Setzt man dann den Stundenwert für den brauchbaren Schlosser als Leistungszahl gleich 1, so sind aus dem Verhältnis der Stundenwerte die Leistungszahlen der anderen leicht zu errechnen. Man könnte auch den Stundenwert gleich als Leistungszahl annehmen, würde sich aber damit die Übersichtlichkeit bei der Umrechnung der ermittelten Zeit zur vorgegebenen Zeit unnötig erschweren. Das von einer Akkordgruppe verdiente Geld wird bei der Lohnabrechnung der Leistungszahl und der Zahl der geleisteten Arbeitsstunden der Einzelnen entsprechend auf diese verteilt.

Ausgleich für minderleistungsfähige Werkplätze. Wenn es bei der Anpassung der einzelnen Betriebsanlagen nicht gelungen ist, alle auf die gleiche normale Leistung zu bringen, so daß wir mit minderleistungsfähigen Werkplätzen arbeiten müssen, so soll darunter der Arbeiter in seinem Verdienst nicht leiden. Wir legten deshalb im I. Teil fest, daß in solchen Fällen zwar nicht die Zeitvorgabe, wohl aber der Geldfaktor für diesen Werkplatz entsprechend erhöht werden sollte. Gebraucht man also auf einer Fräsmaschine für alle auf diese Maschine gegebenen Arbeiten 8 vH mehr Zeit als auf den anderen Fräsmaschinen, so wird man die auf dieser Maschine erarbeiteten vorgegebenen Minuten bei der Lohnabrechnung mit einem um 8 vH erhöhten Geldfaktor multiplizieren.

Es seien die ausgewerteten Beispiele hier bis zu Ende durchgerechnet. Bei der Schäppelarbeit kamen wir auf

einmalig:	26,1 Minuten
wiederholt:	17,3 ,,

Nehmen wir an, daß die Schäppler denselben Geldfaktor erhalten wie die Hobler, so wäre für diese Schäppelarbeit zu zahlen

einmal	26,1 Minuten
10 Stück wiederholt	173,0 ,,
Gesamt vorgegeben	199,1 Minuten
mal Geldfaktor 1,56	3,12 RM.

Bei der Hobelarbeit mit 49,2 Minuten Vorgabezeit wäre der Geldfaktor gleichfalls 1,56. Für die Lohnabrechnung der aufgenommenen Arbeit ist aus dem Schaubild außer den Werten für die Stückzeitermittlung zu entnehmen, daß bei zwei Ausschußstücken die Arbeit nach 66 vH, und bei einem Ausschußstück die Arbeit nach 22 vH der Gesamtzeit abgebrochen wurde. Die Lohnabrechnung würde also unter anderem für diesen Hobler enthalten:

7 Stück gut		7 · 49,2 = 344,4	
2 ,, 66 vH	154 vH	1,54 · 49,2 = 76,0	
1 ,, 22 vH			
vorgegeben			420,4 Minuten
mal Geldfaktor 1,56			6,56 RM.

Bezüglich der anderen Hobelarbeit sei angenommen, daß sie auf einer minderleistungsfähigen Maschine mit Ausgleichsfaktor 6 vH zu einer Zeit gemacht wurde, in welcher für die Hobler ein Konjunkturzuschlag von 5 vH bewilligt war. Die Lohnabrechnung bleibt dann ebenso einfach, nur der Multiplikationsfaktor ist geändert und zwar lautet derselbe unter den gemachten Voraussetzungen:

Geldfaktor		= 1,56
einschließlich Ausgleich 6 vH	1,56 · 1,06	= 1,65
einschließlich Konjunkturfaktor 5 vH	165 · 1,05	= 1,73

Die Lohnabrechnung ergibt dann für diese Hobelarbeit:

einmal	36,3 Minuten
wiederholt 5 · 107	535,0 ,,
vorgegeben	571,3 Minuten
mal 1,73	9,86 RM.

Konjunkturfaktor. Eine im obigen Beispiel gezeigte Einführung eines Konjunkturfaktors würde sicher von Nutzen für alle Teile sein, sie setzt aber allseitiges Verständnis für die Wirtschaft voraus. Wenn man in einem Betrieb geschlossen oder für einzelne Berufsgruppen einen solchen Konjunkturfaktor einführt, so vereinigt man diesen dem Beispiel gemäß für die Lohnabrechnung mit dem Geldfaktor, läßt ihn aber in allen Tabellen, mit denen man den Beteiligten die Geldfaktoren bekannt gibt, stets getrennt erscheinen, damit bei einem Konjunkturwechsel die Änderung des Konjunkturfaktors klar erkannt wird. Vor allem vergesse man nach der Einführung eines solchen Konjunkturfaktors nicht, denselben bei einem Abflauen der Konjunktur wieder abzubauen, weil sonst der Konjunkturfaktor sinnwidrig und seine Einführung aus den verschiedensten Gründen wirtschaftlich falsch sein würde.

Umrechnung alter Akkorde. Es bleibt zum Schluß noch übrig, daß wir uns einen Weg zurechtlegen, um die alten und neuen Akkorde bei der Lohnabrechnung einheitlich behandeln zu können. Da die Abrechnung von Zeitakkorden so erfolgt, daß man die erarbeiteten Minuten einer ganzen Löhnungsperiode zusammenzählt und die Summe mit dem Geldfaktor multipliziert, um den Akkordverdienst zu erhalten, so müssen wir die alten Akkorde, ganz gleich ob es Zeit- oder Geldakkorde sind, so umrechnen, daß sie mit dem gleichen Geldfaktor multipliziert den angenähert richtigen Geldwert ergeben. Der Umrechnungsfaktor ist verhältnismäßig leicht zu finden, wenn man für einige Arbeitsgänge von typischen Werkstücken, für welche alte Akkorde bestehen, nach neuer Art die vorzugebenden Zeiten feststellt und dann den Umrechnungsfaktor als Mittel aus den Verhältniszahlen der alten zu den neuen Werten ansetzt. Mit Hilfe einer Rechenmaschine sind dann die alten Akkorde schnell auf den Umrechnungswert gebracht, in dem sie jetzt auch vorgegebene Minuten bedeuten, wenn sie auch vorher Geldakkorde darstellten. Je größer die Zahl der umzurechnenden alten Akkorde ist, umso vorsichtiger muß der Umrechnungsfaktor bei einer größeren Anzahl von Werkstücken ermittelt werden, denn umso länger wird es ja dauern, bis alle gängigen Akkorde nach neuer Art umgestellt sind, wenn auch die Mechanisierung der Zeitaufnahmen eine schnelle Umstellung auf richtige Akkorde außerordentlich erleichtert.

Buchdruckerei
Otto Regel G. m. b. H.,
Leipzig.

Lehrbuch der zeitgemäßen Vorkalkulation im Maschinenbau. Von Ingenieur **Friedrich Kresta,** Beratender Ingenieur, Wien. Unter Mitarbeit von Oberingenieur Theodor Käch, Betriebsleiter, Ravensburg/Wttbg. Zweite, umgearbeitete Auflage. Mit 132 Abbildungen, 116 Tabellen und 7 logarithmischen Tafeln. IX, 294 Seiten. 1928. Gebunden RM 22.—

Neuzeitliche Vorkalkulation im Maschinenbau. Von **Fr. Hellmuth,** Techn. Chefkalkulator, Zürich, und **Fr. Wernli,** Betriebsingenieur, Baden. Mit 128 Abbildungen im Text und zahlreichen Tabellen. V, 219 Seiten. 1924. Gebunden RM 11.—

Betriebswirtschaftslehre der Industrie. Von Dr.-Ing. **Karl Wilhelm Hennig,** a. o. Professor der Betriebswirtschaftslehre an der Technischen Hochschule Hannover. Mit 57 Textabbildungen und 6 Anlagen. VII, 167 Seiten. 1928. RM 11.—; gebunden RM 12.50

Industriebetriebslehre. Die wirtschaftlich-technische Organisation des Industriebetriebes mit besonderer Berücksichtigung der Maschinenindustrie. Von Dr.-Ing. **E. Heidebroek,** Professor an der Technischen Hochschule Darmstadt. Mit 91 Textabbildungen und 3 Tafeln. VI, 285 Seiten. 1923. Gebunden RM 17.50

Das Problem der Industriearbeit. Mechanisierte Industriearbeit, muß sie im Gegensatz zu freier Arbeit Mensch und Kultur gefährden? Von **Hugo Borst,** Kaufmännischer Leiter der Robert Bosch A.-G. — Die Erziehung der Arbeit. Von Dr. **W. Hellpach,** Staatspräsident und Professor in Karlsruhe. Zwei Vorträge, gehalten auf der Sommertagung 1924 des Deutschen Werkbundes. V, 70 Seiten. 1925. RM 2.—

Die psychologischen Probleme der Industrie. Von **Frank Watts,** M. A., Dozent der Psychologie an der Universität Manchester und an der Abteilung für industrielle Verwaltung der Gewerbeakademie von Manchester. Deutsch von Herbert Frhr. Grote. Mit 4 Textabbildungen. VIII, 221 Seiten. 1922. RM 5.50; gebunden RM 7.—

Das ABC der wissenschaftlichen Betriebsführung. Primer of Scientific Management by **Frank B. Gilbreth.** Nach dem Amerikanischen frei bearbeitet von Dr. Colin Ross. Vierter, unveränderter Neudruck. Mit 12 Textfiguren. VII, 78 Seiten. 1925. RM 2.50

ISBN 978-3-642-98333-7
9 783642 983337